军队双重建设项目

无人驾驶航空器系统工程专业系列教材

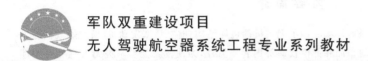

无人机构造与动力系统

主　编　沈如松　矫永康

副主编　李　亮　王　超

北京航空航天大学出版社

内 容 简 介

本书兼顾固定翼无人机和旋翼无人机,详细介绍了无人机的机体结构、航空活塞发动机、航空燃气涡轮发动机、起飞回收系统、飞行操纵系统、气动布局和部位权衡等内容。另外,为使读者能够掌握无人机飞行中涉及的结构与动力方面的特情分析方法,在附录中给出了失效树分析法。本书可帮助无人机系统操控人员全面了解并掌握无人机的机体结构特性、气动布局特点、起飞回收方式、动力装置结构原理和工作特性,为其未来操控无人机打下良好的无人机平台知识基础,建构一定的特情分析能力。

本书既可作为高等院校无人机操控相关本科专业的教材,也可作为从事无人机相关论证、操控和保障管理人员的参考用书。

图书在版编目(CIP)数据

无人机构造与动力系统 / 沈如松,矫永康主编. --
北京:北京航空航天大学出版社,2020.10
ISBN 978 - 7 - 5124 - 3354 - 0

Ⅰ.①无… Ⅱ.①沈… ②矫… Ⅲ.①无人驾驶飞机
－结构②无人驾驶飞机－动力系统 Ⅳ.①V279

中国版本图书馆 CIP 数据核字(2020)第 168610 号

无人机构造与动力系统
主 编 沈如松 矫永康
副主编 李 亮 王 超
策划编辑 董 瑞 责任编辑 孙兴芳
＊
北京航空航天大学出版社出版发行
北京市海淀区学院路 37 号(邮编 100191) http://www.buaapress.com.cn
发行部电话:(010)82317024 传真:(010)82328026
读者信箱:goodtextbook@126.com 邮购电话:(010)82316936
北京建宏印刷有限公司印装 各地书店经销
＊
开本:787×1 092 1/16 印张:20 字数:525 千字
2020 年 10 月第 1 版 2025 年 2 月第 5 次印刷 印数:3 201～4 200 册
ISBN 978 - 7 - 5124 - 3354 - 0 定价:58.00 元

总序言

随着无人机技术的快速发展及其地位的日益显赫,无人机装备渐次形成体系,使命任务领域逐步拓展。做好无人机人才培养顶层设计,为无人机装备尽快形成战斗力、加快无人机部队现代化建设提供有力支撑,成为当前的一项紧迫任务。新时代军事教育方针要求"坚持党对军队的绝对领导,为强国兴军服务,立德树人,为战育人,培养德才兼备的高素质、专业化新型军事人才"。这些要求是我们推动高素质专业化无人机运用和指挥人才培养改革遵循的基本原则。对标教育部"无人驾驶航空器系统工程"专业,规划无人机专业系列教材建设,是推动无人机专业建设和教学改革落地生根的重要抓手。

适应新体制、新变革、新时代要求,从军队院校教育、部队训练实践和军事职业教育"三位一体"的角度准确定位院校教育的使命任务,精准对接院校与部队,紧密衔接课堂与战场,突出问题导向,坚持面向战场、面向部队、面向未来,固化教学改革创新成果,在大学、学院领导和机关的支持下,在北京航空航天大学出版社的配合下,依据"无人系统工程(无人机运用与指挥)"专业人才培养方案,策划编写无人机专业系列教材。首批规划了《无人机飞行原理》《无人机飞行原理实践教程》《无人机构造与动力系统》《无人机导航与控制》《无人机任务载荷及运用》《无人机作战运筹分析》《无人机任务规划与作战运用》《无人机飞行综合实践教程》《无人机指挥控制系统及运用》《无人机飞行保障》系列教材,后续将根据教学改革进展适度前推至"工程力学""计算机系统与网络""自动控制原理""人工智能"等课程。

本系列教材着眼无人机运用和指挥人才学习能力、创新能力、实践能力、作战运用能力的培养,针对学历教育与首次任职岗位四年一贯制培养要求,兼顾国家无人机本科专业教育质量标准,依据人才培养目标要求,打破学科专业框架的束缚,一体化设计首次任职课程、专业背景课程和通识教育课程,从通专整合的角度打造综合化主干课程,构建难度梯度合理、有效衔接贯通的内容体系。教材力求:体现应用性,本着源于实际运用的原则,突出专业理论的实践应用,从飞行操控视角和满足特情处置需要重构内容体系;体现共用性,本着高于实际运用的原则,突出共性基础理论,力求各类型无人机通用理论的求同存异;体现前瞻性,本着引领实际运用的原则,着眼无人机技术和运用的发展,适度拓展新技术、新战法。

感谢海军航空大学副校长兼教育长朱兴动教授、教务处处长徐伟勤教授在无人机专业人才培养方案制定和系列教材规划中提供的宝贵指导和支持,感谢编审委员会专家为教材内容优选提供的把关定向作用,感谢大学、学院业务机关和相关教研室提供的大力支持和配合,感谢北京航空航天大学出版社为本系列教材的策划、选题、编写、出版提供的建设性建议和支持。

本系列教材主要面向无人机应用的相关专业,希望能对无人机应用型人才培养提供一定的借鉴,也恳切地希望能得到同行的批评指正。

本书编委会
2020 年 5 月

前　言

　　无人机是指不携带驾驶员，能够自主控制或遥控有动力飞行的航空器。无人机的结构和动力技术来源于有人机，许多基本结构和工作原理与有人机类同。由于无人机不携带驾驶员，因此在其结构特性、气动布局和部位权衡、起飞回收方式、飞行操纵系统方面可以不必顾及机上驾驶员的舒适问题，但是要考虑自主控制和遥控飞行对这些系统的影响。因此其有许多独有的特点，而且发动机的结构特点和工作特性也要适应这些特点。本书兼顾固定翼无人机和旋翼无人机，本着求同存异的原则，系统介绍了两大类无人机的机体结构、动力装置、飞行操纵系统、起飞回收系统、气动布局和部位权衡等，对不同的部分进行了单独介绍。鉴于本书的目的主要是为了培养学生操控无人机时的特情分析和处置能力，因此本书将重点放在系统结构和工作特性方面。

　　全书共分7章。第1章对无人机系统进行了概述，简要介绍了典型无人机的系统组成和特性。第2章介绍了无人机的机体结构，包括机身所受载荷、机翼和机身的结构型式与载荷传递、安定面和操纵面的结构，鉴于固定翼和旋翼无人机除气动布局差异较大外，机身结构的构成没有本质差别，因此只介绍了固定翼无人机的机体结构。另外，本章还介绍了无人机机身携带的外部照明灯和防冰除冰系统。第3章介绍了航空活塞发动机的种类和工作原理，重点介绍了发动机的结构组成、控制和工作特性。第4章介绍了航空燃气涡轮发动机的种类和工作原理，在重点介绍涡轮喷气发动机的结构组成、工作原理的基础上，着重介绍了无人机用到的涡轮喷气发动机、涡轮风扇发动机和涡轮轴发动机的高度、速度等工作特性。此外，本章还简单介绍了无人机用到的冲压发动机和固体火箭发动机的组成和工作原理。第5章介绍了无人机的典型起飞回收系统，重点对起落架式起飞着陆系统进行了介绍，包括无人机上所用液压系统的基本结构部件及工作原理。第6章简要介绍了固定翼无人机的飞行操纵系统，着重介绍了无人直升机的操纵系统。第7章介绍了无人机的气动布局和部位权衡，包括水平起降、垂直起降无人机布局和混合式气动布局，并且对无人机涉及的结构、动力、起落装置等部位权衡问题进行了简要介绍。为使读者掌握系统失效和故障模式的基本分析方法，提升对无人机飞行特情分析和处置的能力，附录给出了失效树分析法。

　　本书由沈如松、矫永康担任主编，李亮、王超担任副主编，教研室全体同事参与了本书目录的审查，陈芊月、姜姝彤两位同学绘制了思维导图。在本书编写过程中，参考了许多国内外的文献资料和兄弟院校的有关教材，在此对原作者表示衷心的感谢。

　　由于编者水平有限，加之无人机技术发展迅速，书中难免会有不当及疏漏之处，敬请读者批评指正。

编　者

2020 年 5 月

目　　录

第1章 绪 论

无人机是无人驾驶飞机(Unmanned Aerial Vehicle,UAV)的简称,美国《国防部字典》将无人机定义为:"有动力航空器,不搭载驾驶员,利用气动力提供所需升力,能够自主飞行或遥控飞行,可以一次性使用或再回收使用,能携带致命或非致命载荷"。

无人机系统(Unmanned Aerial System,UAS)是由无人机、测控分系统(通信链路)、地面控制站、任务设备等组成的能完成特定任务的系统。此外,很多无人机系统还包括发射与回收系统、综合保障系统等,如图1-1所示。

图1-1 典型无人机系统组成示意图

按照无人机系统的定义,无人机只是被作为整个系统的空中部分,包括机体、动力装置、机载导航控制系统、电气系统等。飞行数据终端被安装在无人机上,但它只是测控系统的机载部分。有效载荷虽然装载在无人机上,但通常将其看作是独立的子系统,能够在不同的无人机之间通用,完成各种不同的任务。虽然无人机仅是无人机系统的一个子系统,但在所有子系统中,它对其余子系统的影响最大。本章将针对不同的类型,介绍无人机的典型特性。

1.1 长航时无人机

长航时无人机的典型代表是诺斯鲁普·格鲁曼(Notthrop Grumman,简称诺·格)公司的高空长航时无人机"全球鹰"(Global Hawk)和通用原子公司的中空长航时无人机"死神"(Reaper),如图1-2所示。

两种类型的无人机都采用常规布局,使用后置的推进系统。"全球鹰"采用涡扇发动机,"死神"采用涡桨发动机。每种无人机都有水平和垂直尾翼或V形翼,以保证俯仰和偏航方向的稳定性。

这种类型无人机的主要任务是远程侦察,需要携带多功能先进任务载荷(通常较重)远距离飞行抵达目的地,并长时间滞留在任务区,测控系统需通过卫星进行中继。

除了较重的载荷外,无人机还必须携带大量的燃油,以保证完成长航时任务。燃油和油箱、油泵和油滤等部件的总质量大体上决定了无人机的最大起飞质量,它们远大于有效载荷的质量。

但是,在无人机设计中存在放大效应,即无人机的质量越大,就需要越大的面积、越重的机翼来支撑它。这样,其自身的质量也进一步增加,并产生更大的阻力,导致更大的推力需求和使用更重的发动机,更进一步促使发动机需要更多的燃油,从而进一步增加无人机的质量,导致质量增加的恶性循环。

"全球鹰"——高空长航时

"全球鹰"	
翼展	39.9 m
机长	14.5 m
最大起飞质量	14 628 kg
最大续航时间	35 h
实用升限	19 800 m
载荷质量	1 360 kg
载荷种类	可见光和红外电视
	合成孔径雷达(SAR)

"死神"——中空长航时

"死神"	
翼展	20 m
机长	10.6 m
最大起飞质量	4 536 kg
最大续航时间	32 h
实用升限	12 000 m
载荷质量	1 360 kg
载荷种类	可见光和红外电视
	SAR机载武器

图 1-2　长航时无人机

因此,有必要使燃油需求量最小。一方面,无人机在飞行途中以经济速度飞行,即以一定的燃油消耗获取最大的飞行距离;另一方面,以燃油消耗最小的速度在任务区飞行。但是,经济速度一定要大,否则,抵达任务区时间变长,无人机会由于延迟太多而不能执行重要的侦察、监视、打击等任务。

在所有无人机设计中,都是对多种因素的折中,以保证任务执行效果最佳。因此,长航时无人机设计者不再把降低油耗作为最重要的任务,而是设法压缩任务载荷质量,使系统在保持执行任务能力的同时具备更小的任务载荷质量。为达到这一要求,无人机设计者一定要考虑以下三方面:

① 尽可能减小无人机的气动阻力,综合考虑无人机的实际安装和操作使用,包括任务载荷、动力系统和无线电天线等。

② 使用最新的结构技术,以实现无人机可用载荷与总质量的比值最大,即可用载重比最大。

③ 配置可靠的发动机,能够在无人机大部分工作状态下提供足够的功率,但要重量轻,耗油率低。

1. 低气动阻力

利用成熟和新的技术设计无人机外形来获得低气动阻力,此外,通过限制无人机的飞行速度可减小寄生阻力,但低速飞行时会使诱导阻力增加。

在高空飞行时,由于空气密度低,寄生阻力会减小,但是,诱导阻力会增加,除非无人机的翼展载荷小(翼展载荷为无人机重量除以翼展长),即在质量一定的情况下,翼展更大。

为了能够实现远程飞行,设计的无人机要在高空巡航飞行,要求翼展很大以减小高空飞行时的诱导阻力。机翼面积不必大于无人机滑跑起飞和在高空以最小速度飞行所需要的机翼面积,否则寄生阻力会增加。

满足以上条件将导致机翼很细长,展弦比在 20～25 之间。如果不增加额外的重量,将对机翼结构设计带来很大的挑战。

长航时无人机尤其是高空远程长航时无人机,其典型特征是机翼展弦比大。图 1-3 所示为"全球鹰"A 无人机与波音 747-200 客机展弦比的对比。其中,"全球鹰"无人机的展弦比为 25,波音 747-200 客机的展弦比仅为 7。作为高空、远程无人机,二者之间明显的差异是无人机的翼展载荷为 3.23 kN/m,波音 747-200 客机的翼展载荷为 28.28 kN/m(翼展载荷为无人机重量除以翼展)。

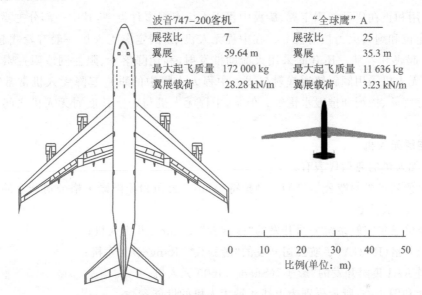

图 1-3 波音 747-200 客机与"全球鹰"A 的对比

"全球鹰"和波音 747 相对于各自任务而言,其机翼都是最优的。其中,后者的巡航飞行高度是前者高度的 1/2,续航时间比前者续航时间的 1/4 稍大一些。

2. 高比例的可用载荷

该类型无人机并不要求具有特别的机动性,加速性能可以低于战斗机,但必须能够承受高空气流干扰和着陆时产生的载荷。除了具有审慎的结构设计之外,可考虑采用先进材料,这种材料是金属和复合材料的混合物,其费用和适用性也合适。

相比客机,无人机的优点还表现在不需要对机身加压,这样会降低任务载荷以及全飞行周期内的疲劳载荷,但某些为任务设备提供低压、低温、防腐蚀等工作环境防护的载荷还是有必要的。该类型无人机的可用载重比大于 60%,其中,可用载荷主要包括任务载荷和燃油。

3. 最佳的发动机选择

对于长航时无人机,其发动机选择的相关原则如下:

① 使动力装置重量和燃油消耗达到最佳平衡。通过平衡可使动力装置和长航时飞行时所需燃油的总重量最小。如果轻型发动机燃油消耗较多,那么发动机最轻并不意味着动力装置整体最轻。

② 确保动力装置在一定高度具有满意的性能。发动机的输出推力或功率将会随高度的增加而减小,因此,为使无人机达到所要求的性能,要求有足够的推力或功率余量。燃油消耗

在 11 000 m 的高度以下基本保持不变,这是因为随着高度的增加,空气密度的降低引起发动机燃烧效率的降低,但同时由于空气温度的降低而得到补偿。在这个高度之上,空气的温度基本保持不变,而空气的密度会继续减小,导致燃油消耗率持续增加。在高空飞行时,燃油消耗率的增加意味着所获得的功率减小,这可以通过减小机体阻力进行补偿。

③ 其他相关问题,如防止进气道结冰,低温时燃油黏性增加对燃油测量的影响等。后一种情况在使用"重油"时尤为重要。

1.2　中程无人机

正在使用和正在研发的固定翼、旋翼中程无人机有很多种类型,其中一部分主要用于完成侦察、目标定位和炮兵火力校射任务。在中程无人机中,固定翼无人机一般有轮式起落架,用于在跑道上起飞和着陆。还有的采用火箭助推发射,利用降落伞、阻拦网或阻拦索等进行回收。"影子"无人机采用倾斜轨道弹射起飞。中程无人机中的垂直起降无人机常常应用在海上,包括跟踪舰队、探测和摧毁水雷等。但是,中程无人机与中空长航时无人机之间的区别正在逐渐模糊。

1. 固定翼无人机

固定翼无人机的典型代表有:

① 由以色列飞机制造公司(IAI)、马拉特(Malat)公司和美国诺·格公司开发的 RQ-5A "猎人"(Hunter)无人机;

② 南非单尼尔宇航系统公司开发的"搜索者"(Seeker)Ⅱ无人机;

③ 瑞士罗格(RUGA)宇航公司开发的"游骑兵"(Ranger)无人机;

④ 美国 AAI 集团开发的"影子"(Shadow)600 无人机。

图 1-4 和图 1-5 所示分别为上述 4 种无人机的性能参数。

RQ-5A "猎人" 无人机

最大起飞质量	727 kg
发动机功率(重油)	2×50 kW
巡航速度	202 km/h
活动半径	200 km
续航时间	12 h
载荷质量	125 kg
载荷种类	SAR,通信情报和电子支持通信中继,核生化探测用户特定载荷

"搜索者" Ⅱ无人机

最大起飞质量	240 kg
发动机功率	37.3 kW
巡航速度	220 km/h
活动半径	250 km
续航时间	12 h
载荷质量	50 kg
载荷种类	可见光与红外电视电子侦察

图 1-4　RQ-5A"猎人"和"搜索者"Ⅱ无人机

"游骑兵"无人机	
最大起飞质量	285 kg
发动机功率	31.5 kW
巡航速度	240 km/h
活动半径	180 km
续航时间	9 h
载荷质量	45 kg
载荷种类	可见光与红外电视
	激光目标指示器

"影子"600无人机	
最大起飞质量	266 kg
发动机功率	39 kW
巡航速度	190 km/h
活动半径	200 km
续航时间	14 h
载荷质量	41 kg
载荷种类	可见光与红外电视
	用户特定载荷

图 1 - 5 "游骑兵"和"影子"600 无人机

与在此讨论的典型无人机一样,大多数中程无人机的机身结构布局是:前部装有用于侦察的任务设备,或在前机身下面装有任务载荷的球状吊舱,在机身后部装有驱动螺旋桨的动力装置,两者前后平衡。油箱安装在两者中间重心附近。为了气动力稳定和控制,提高尾翼效率,尾翼安装于双尾撑上。

"猎人"无人机在机身前部装有第二个发动机,这就妨碍了前部照相机、红外和摄像系统的工作视野,只能将其安装在悬挂于机腹下的旋转吊舱内。

虽然"猎人"A 型无人机在中程无人机中仍有广泛应用,但经过 B 型和 C 型的升级研发后,其续航时间和实用升限都增加了,具体情况参见表 1 - 1。

表 1 - 1 "猎人"系列无人机性能参数

"猎人"型号	最大起飞质重/kg	翼展/m	翼展载荷/(N・m^{-1})	续航时间/h	巡航速度/(km・h^{-1})	实用升限/m
RQ-5A	727	8.84	807	12	202	4 600
MQ-5B	816	10.44	767	15	222	6 100
MQ-5C	998	16.61	590	30	222	7 620

从表 1 - 1 中可见,为了提高续航时间和飞行高度,无人机翼展载荷持续减小。无人机的活动半径主要是受到相对较低的巡航速度和测控链路作用距离的限制,其活动半径均为 125 km,用一架无人机作为通信中继时活动半径可达 200 km。由于其巡航速度的限制,采用卫星中继是不值得的。但是,"猎人"C 型无人机携载有导弹,增加了打击能力。

2. 垂直起降无人机

在 21 世纪之前,垂直起降无人机系统几乎没有得到发展,人们对垂直起降无人机系统在中程,尤其是近程应用时的优点认识不足。现在人们已认识到垂直起降无人机系统的应用价值,并研发了一些型号。在中程无人机类型中,典型的有:

① 诺・格公司的"火力侦察兵"(Fire Scout)无人机,采用一种四座直升机的动力系统,设计了新的机身。

② 思坎贝尔公司的 S100 无人机,是专门作为无人机进行开发的。

③ 泰克斯通-贝尔公司的"海鹰"无人机(一种倾转旋翼无人机),利用了民用和军用直升机技术,是一种小型无人机系统。

④ 中国的"海鸥"无人机,是一种共轴双旋翼无人机,体型比 S100 无人机稍大。

图 1-6 和图 1-7 给出了上述 4 种无人机的性能参数。

"火力侦察兵"无人机

最大起飞质量	1 432 kg
旋翼直径	8.36 m
发动机功率	315 kW
巡航速度	220 km/h
活动半径	275 km
续航时间	6 h
载荷质量	273 kg
载荷种类	可见光与红外电视 激光目标指示器 地雷探测系统

S100无人机

最大起飞质量	200 kg
旋翼直径	3.39 m
发动机功率	30 kW
巡航速度	220 km/h
活动半径	150 km
续航时间	6 h
载荷质量	50 kg
载荷种类	可见光与红外电视 合成孔径雷达

图 1-6　"火力侦察兵"和 S100 无人机

"海鸥"无人机

最大起飞质量	300 kg
旋翼直径	5.0 m
载荷质量	70 kg
发动机功率	45 kW
巡航速度	100 km/h
活动半径	150 km
续航时间	4 h

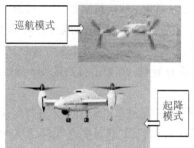

巡航模式

起降模式

"海鹰"无人机

最大起飞质量	1 023 kg
旋翼直径(2)	2.9 m
载荷质量	230 kg
发动机功率	480 kW
巡航速度	400 km/h
活动半径	200 km
续航时间	8 h

图 1-7　"海鸥"和"海鹰"无人机

作为对比,表 1-2 给出了几种典型的中程无人机的性能参数。

表 1 - 2　典型中程无人机的性能参数

无人机类型 数　值 参　数	"猎人" RQ - 5A	"搜索者"Ⅱ	"游骑兵"	"影子"	"火力侦察兵"	"海鸥"	S100	"海鹰"
最大起飞质量/kg	727	275	285	266	1 432	300	200	1 023
翼展长/m	8.84	7.0	5.71	6.83	—	—	—	3.1
旋翼直径/m	—	—	—	—	8.36	5.0	3.39	2×2.9
展弦比	7.7	6.35	8.5	10.29	—	—	—	—
机翼面积/m²	10.14	7.7	8.5	4.5	—	—	—	—
桨盘面积/m²	—	—	—	—	54.89	19.6	9.03	13.21
翼展载荷/(N·m⁻¹)	807	385	472	382	—	—	—	3 240
机翼载荷/(N·m⁻²)	703	350	317	580	—	—	—	—
桨盘载荷/(N·m⁻²)	—	—	—	—	256	150	217	760
发动机功率/kW	2×50	37.3	31.5	39	315	45	30	480
功率载荷/(N·kW⁻¹)	87	71	85.6	66.9	44.6	65.4	65.4	20.9
巡航速度/(km·h⁻¹)	202	220	240	190	220	100	220	400
续航时间/h	12	12	9	14	6	4	6	8
活动半径/km	200	250	180	200	275	150	150	200

　　无论垂直起降还是水平起降,对于所有使用活塞发动机的无人机,单位重量的发动机功率需求大小是接近的。而使用燃气涡轮发动机的无人机,如"火力侦察兵"和"海鹰"无人机,具有较大的发动机功率,部分原因是两者的桨盘载荷(无人机重量与桨盘面积之比)较大(尤其是"海鹰"无人机),而且燃气涡轮发动机的推重比大。

　　除了"海鹰"无人机和"海鸥"无人机以外,所有类型的无人机都具有基本相同的巡航速度,大约为 200 km/h。"海鹰"无人机的巡航速度为其他无人机的 2 倍,这正是人们所期望的,当然发动机需要能够提供相应的功率。"海鸥"无人机的真实速度可能比其他无人机的慢,这是因为它是唯一采用可选装单个飞行员座舱结构布局的无人机,由于结构不够紧凑,空气阻力比专门设计的无人机要大。

　　水平起降无人机的续航时间通常都要大于垂直起降无人机。这是由于燃油效率的不同,完成的任务也不同。各种无人机的活动半径主要是受到通信距离和动力装置的限制。

1.3　近程无人机

　　近程无人机系统具有多种功能,在军事、准军事和民用中发挥多种作用。众多任务都要求无人机在低空飞行且响应时间短,这些要求对设计者而言,是最大的挑战。

　　低空军事应用通常是在敌方上空飞行,要求无人机系统,特别是无人机能够应对敌方的干扰,不但能够生存,而且能够坚持完成任务。频繁地在低空飞行意味着是在大气扰流中飞行,因此要求其有载荷稳定平台,使任务传感器能够稳定精确地照射地面目标。

　　不像前两类无人机系统,对于军用和民用,近程无人机除了具有上述要求以外,还要求全系统机动,包括地面控制站和发射回收设备的机动。一般这类无人机系统的操作使用限定在一个非常有限的区域,通常在丘陵地域,没有简易跑道可供使用,因此必须采用其他发射回收方式。

与微小型、超小型无人机相比,该类型无人机相对较重,无法采用手抛式发射。为分析方便,将该类型无人机进一步分为以下两类:

① 非垂直起降无人机。系统需要借助另外的设备进行无人机的发射和回收。

② 垂直起降无人机。无人机具备垂直起降能力。

1. 非垂直起降无人机

设计无人机时经常是折中考虑起飞和飞行性能。如果有较长的可供使用的起飞跑道,无人机能够以中等的加速度达到飞行速度,那么无人机所需的推力(动力)只比机动飞行所需的推力大一点。机翼面积也仅取决于正常机动飞行时所需的机翼面积,没有必要仅仅为了起飞需要而增加推力(功率)或机翼面积。

但对于战场中使用的无人机则没有这样的跑道可用,其起飞装置必须作为系统的一部分。通常采用固定在运输车辆上的倾斜轨道,沿着倾斜轨道,无人机加速达到起飞离地速度。对于无人机系统设计者来说,实现满意的折中是比较困难的。轨道太长显得笨拙,并且难于运输;但是如果轨道太短,则无人机需要有大的加速度,该加速度不但施加于无人机上,还施加到昂贵的任务载荷和传感系统上。显然对无人机和任务载荷坚固耐用要求的提高会增加其重量和成本。

通过降低无人机的最小飞行速度,来保证当无人机离开轨道时能够可靠飞行,这就要求增大机翼面积或增加襟翼,这两种方式不仅会增加无人机的重量,而且会增加气动阻力以及巡航飞行时所需的燃油消耗。

设计了发射系统并不意味着问题结束了,还有其他问题需要解决。无人机在完成任务后必须安全回收。鉴于没有简易的跑道可用,也没有倾斜轨道使其减速回收,所以一般选择以下所述的回收方法。

最常用的方法是利用无人机上的降落伞回收,利用安全气囊缓冲与地面的撞击。但回收子系统及其操作机构必须安装在无人机上,这将增加无人机的重量、体积和成本。

非垂直起降无人机系统的代表有:IAI 的"先锋"(Pioneer)、英国宇航公司(BAE)的"不死鸟"(Phoenix)、英国克兰费尔德(Cranfield)公司的"观察者"(Observer)和波音的"扫描鹰"(Scan Eagle)无人机系统等。

IAI 的"先锋"无人机采用常用的推进式螺旋桨、双尾撑的布局形式,这是中程和近程无人机系统中最常见的结构布局,如图 1-8 所示。

正如上面所描述的中程无人机那样,这种布局使机身紧凑,在机头可安装可选择的任务载荷和电子设备,机身后部安装发动机和螺旋桨,它们距离前视任务载荷较远,发动机及其电子点火系统不会对任务载荷产生干扰,双尾撑为人员提供了某种保护。为了回收,在油箱上部安装的降落伞正好位于无人机重心上。这种布局的主要挑战是双尾撑的强度,需防止尾翼的扭转振动和垂直振动。

"不死鸟"无人机系统经过进一步开发完善之后,于 1990 年前后在英军开始应用。其技术特点是:在机身下方、无人机重心处悬挂独立的任务载荷和航空电子设备吊舱。这样设计的可能原因是为了在机身前部安装发动机。该系统在巴尔干冲突和海湾战争中得到大量应用,但现在已不再使用。

图 1-8 "先锋"无人机

　　"观察者"无人机有一个比较简单、结实的机体,为了提高在扰流条件下的稳定性,设计了垂直尾翼,结构布局尽可能使其具有中性气动稳定性。该无人机安装有灵巧的侦察设备,利用三个微型电视摄像机,使沿无人机主轴的观测仰角增加,可提供连续的观测获得高分辨率的大幅面图像,使操控人员的工作强度降至最低。

　　"观察者"和"不死鸟"无人机的性能参数如图 1-9 所示。

最大起飞质量	36 kg
翼展	2.42 m
机翼面积	1.73 m²
发动机功率	5.25 kW
机翼载荷	184 N/m²
翼展载荷	120 N/m
巡航速度	130 km/h
活动半径	25 km
续航时间	2 h

最大起飞质量	177 kg
翼展	5.5 m
机翼面积	3.48 m²
发动机功率	19 kW
机翼载荷	500 N/m²
翼展载荷	316 N/m
巡航速度	158 km/h
活动半径	50 km
续航时间	4 h

图 1-9 "观察者"和"不死鸟"无人机

　　"扫描鹰"无人机系统采用新型的空中钩回收方式,但这需要增加额外的车辆和辅助设备。该无人机为了满足回收系统的要求,选择飞翼布局的无人机结构,从而避免采用尾翼可能会缠绕回收钩的问题。该系统已经在一些国家的陆军、海军中得到了成功的应用,包括美国、澳大利亚、加拿大和新加坡的军队。该系统在第一个五年应用期间,累计飞行时间超过了 20 万小时。"扫描鹰"无人机的性能参数如图 1-10 所示。

最大起飞质量	18 kg
翼展	3.10 m
机翼面积	0.62 m²
发动机功率	1.1 kW
最大飞行速度	120 km/h
巡航速度	90 km/h
续航时间	15 h
载荷种类	可见光和红外成像,小型SAR

图 1-10　波音的"扫描鹰"无人机

2. 垂直起降无人机

在 20 世纪 60 年代 Gyrodyne Dash 系统终止研究之后,垂直起降近程无人机系统的开发就完全被忽视了,但有两个例外:1980 年 ML 航空公司研制成功的"小精灵"系统(见图 1-11)和雅马哈公司从 1997 年开始开发的 R Max 系统(见图 1-12)。尽管两者的应用领域完全不同,但由于它们使用广泛,可以作为该类无人机的典型代表。EADS 的"天蝎座"30 系统是众多开发的垂直起降型无人机中的一种,如图 1-12 所示。

最大起飞质量	36 kg
旋翼直径	1.60 m
发动机功率	5.25×2 kW
最大飞行速度	126 km/h
续航时间	3 h

多种可更换的任务载荷包括彩色摄像机、低照度摄像机、热成像仪、核生化监测仪+低照度摄像机、激光目标指示器+低照度电视、雷达干扰辐射器+电视摄像(进行半球视场观测)

由于采用自动垂直起降,所有系统安置在一辆越野车上,由两名人员操控。

图 1-11　"小精灵"近程垂直起降无人机

R Max	
最大起飞质量	95 kg
旋翼直径	3.11 m
发动机功率	15.4 kW
载荷质量	7.4 kg+16 kg
载荷种类	喷撒设备和液体

"天蝎座"30	
最大起飞质量	38 kg
旋翼直径	2.20 m
最大飞行速度	50 km/h
续航时间	2 h
载荷质量	未知
载荷种类	可见光与红外电视

图 1-12　R Max 和"天蝎座"30 垂直起降无人机

（1）"小精灵"无人机

该系统设计之初就考虑兼顾民用和军用两方面的需求。其在地面控制站和无人机上都有备份系统。无人机上有两个独立的动力系统及供油系统，可以利用一个发动机进行悬停飞行。地面控制站与无人机之间的通信是通过两个工作频率间隔很大的无线电系统并行工作完成的。机载的处理系统选择信噪比高的通信频率工作。地面控制站和无人机均采用模块化结构，使其制造和维护比较方便，尤其对于无人机，使其结构更紧凑，能够放入地面控制站内一并运输。

"小精灵"系统的无人机设计为中性的气动稳定性，依靠自动飞行控制系统提供空间稳定性，在扰流中飞行时，具有很好的稳定性。"小精灵"无人机具有极低的可探测性特征。

（2）R Max 无人机

与"小精灵"无人机不同，R Max 无人机是为了给农作物喷洒液体（农药等）而专门设计的。它可以携带 30 kg 的液体和喷洒装置，是"小精灵"无人机总重量的 2.5 倍。设计时不需要考虑远距离飞行，但要考虑如何在一定区域低速高效地飞行。相对"小精灵"无人机，该无人机旋翼直径大，桨盘载荷小。

3. 近程无人机系统的比较

在巡航飞行时，水平起降无人机的效率要高于无人直升机，这是无人直升机具备垂直起降和盘旋能力所付出的代价。但是，倾斜轨道发射和回收的无人机也要付出代价。

通过比较可以看出，无人机各种不同的发射回收方式都有其优缺点，表 1-3 列出了一些垂直起降和水平起降近程无人机的性能参数。

表 1-3　垂直起降和水平起降近程无人机的性能参数

数值参数＼无人机类型	"先锋"	"不死鸟"	"观察者"	"扫描鹰"	"小精灵"A	"小精灵"B	R Max
最大起飞质量/kg	203	177	36	18	36	36	95
翼展长/m	5.11	5.5	2.42	3.10	—	—	—
旋翼直径/m					1.60	1.60	3.11
机翼面积/m²	3.05	3.48	1.73	0.62	—	—	—
桨盘面积/m²					2	2	7.6
翼展载荷/(N·m⁻¹)	390	316	120	57			
桨盘载荷/(N·m⁻²)					176	176	122.5
机翼载荷/(N·m⁻²)	653	500	184	285			
发动机功率/kW	20	19	5.25	1.1	5.25×2	5.25×2	15.4
功率载荷/(N·kW⁻¹)	100	108	67.3	160	67.3	67.3	59.9
起飞速度/(km·h⁻¹)	127	110	65	80	—	—	—
巡航速度/(km·h⁻¹)	158	158	130	90	126	216	72

（1）机翼载荷

为了使发射轨道的长度在可控范围内，无人机的加速度必须达到一定的值，倾斜轨道发射无人机在离开轨道时，必须获得支撑其飞行所需的速度，该速度比利用跑道滑跑起飞获得的速度要低得多。也就是说,倾斜轨道发射的无人机必须具有较大的机翼面积以支撑其重量,即较低的机翼载荷。倾斜轨道发射无人机的机翼载荷一般为高空长航时无人机的1/10、中程无人机的1/2,在巡航飞行时其付出的代价是摩擦阻力较大。

（2）螺旋桨效率

当倾斜轨道发射的无人机离开轨道时,无人机最易受到气流干扰的影响。如果此时的速度高于失速速度的余度有限,那么任何侧阵风都可能会引起无人机横向滚转、侧滑或坠地。向上阵风可能引起无人机抬头,造成升力和阻力增加,即使没有立即失速,空速的减小也会造成恶性循环。随着迎角的增大,阻力将增大,空速会减小,如此循环直至失速。

为了克服这种情况,此时设计的螺旋桨应提供最大推力,使无人机从低速较快地加速。除非采用可变桨距的螺旋桨,固定桨距(无人机加速离开轨道顶端的最佳角度)的螺旋桨通常在巡航飞行时效率低,这就增加了所需功率和燃油消耗。另外,倾斜轨道发射无人机的螺旋桨半径受到轨道距无人机中心线距离的限制,使问题进一步恶化。

（3）着陆设备

作为该类无人机系统的代表,"不死鸟"和"观察者"无人机都携带有降落伞和安全气囊,以减小触地时的撞击。这些设备及其附属设备增加了无人机的重量、体积和成本。"扫描鹰"无人机利用垂直绳索回收,避免了上述设施引起的负面影响,但该系统也需要承担增加回收立杆所增加的额外费用和承载车辆。

（4）发射方式

"观察者"、"小精灵"A 和"小精灵"B 无人机的功率/速度曲线如图 1-13 所示。由于这些无人机最大起飞质量、载荷质量相等,并且使用相同的发动机(MLH88 型双缸、二冲程发动机,是由 ML 航空公司专门为"小精灵"无人机开发的,后来用于由英国皇家航空机构赞助的无人机项目),所以选择它们进行倾斜轨道发射无人机与垂直起降无人机的比较,具有代表性。

由图 1-13 可以看出,"小精灵"A 无人机轴对称的机身阻力较大,阻力/重量比限制了其最大速度,为 35 m/s(126 km/h)。

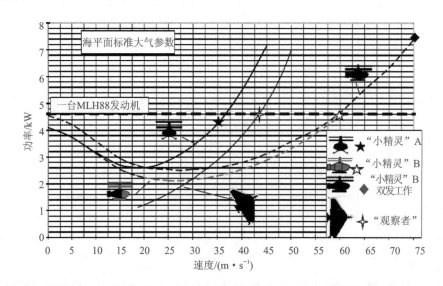

图 1-13　"观察者"、"小精灵"A 和"小精灵"B 无人机的功率/速度曲线

"观察者"无人机的最大速度约为 43 m/s(155 km/h),但制造商给出的最大速度为 130 km/h,与"小精灵"A 无人机相差不大。另一种"小精灵"B 无人机,机身更加流线型,但隐身性能较差,受旋翼后行桨叶气流分离失速的限制,估算的最大飞行速度为 60 m/s(216 km/h)。但是,如果发动机转速增加,并利用第二台发动机提供的部分动力,则飞行速度可达 75 m/s(270 km/h),付出的代价是旋转噪声会少量增加。

比较这两种无人机(包含机上设备)的重量,它们用于发射和回收的"额外"设备的重量基本相等。"观察者"无人机上的降落伞和安全气囊的总重等于"小精灵"无人机上的传动系统和第二台发动机的总重。"小精灵"无人机上的另一台发动机是备份发动机,当一台发动机出现故障时,无人机仍能够继续盘旋飞行,这种无人机为在城市中应用提供了卓越的安全保障。

1.4 小型/微型无人机

1. 小型无人机

小型无人机(MUAV)系统是指该系统最多需两人就可以背负运输、组装展开使用。由于多数人认为小型无人机是由航模无人机简单地改装而来的,所以他们认为小型无人机的生产量很大。对于航模无人机,如果无人机轻于 10 kg(最初是 5 kg),则在一些特定环境中可以任意飞行。

人们通常认为在航模无人机的机身上安装简易的视频摄像装置,利用航模无人机的无线电设备进行控制,就可以获得一架便宜的小型无人机,这种想法并不完全正确。但这样的想法使一些制造商没有进行正确的无人机系统集成,而是生产了大批劣质的、不可靠的无人机系统。虽然一些生产商已经体会到了该过程的艰难,但是,已经给小型无人机造成了很坏的影响。几乎没有任何航模无人机不经过精心设计和必要的测试,就可以满足无人机实际使用的要求。基于该原因,这里选择讨论的两个无人机例子来自拥有丰富航空制造经验的生产商,其外形及性能参数如图 1-14 所示。

"沙漠鹰"Ⅲ

最大起飞质量	3.86 kg
空载质量	2.95 kg
翼展	1.32 m
机翼面积	0.323 m²
机翼载荷	120 N/m²
巡航速度	92 km/h
续航时间	90 min
活动半径	最大15 km
载荷质量	0.91 kg
载荷种类	可见光低照度或红外电视

"知更鸟"(Skylite)

最大起飞质量	6.0 kg
翼展	2.4 m
机翼面积	0.8 m²
机翼载荷	74 N/m²
巡航速度	75 km/h
续航时间	1.5 h
活动半径	10 km
载荷质量	1.2 kg
载荷种类	红外或可见光电视

图 1-14 小型无人机系统

起初希望小型无人机采用手抛式发射,由笔记本电脑完成控制、视频图像、导航和状态数据的显示。为此,无人机(手抛发射)实际总起飞质量不能超过 6 kg,整个系统的总质量约 30 kg,装于两个背包中。最初,系统采用小型汽油或柴油发动机提供动力,因此燃油供应设备也应装在这两个背包内。随着电池技术和轻型电动机的发展,电动机采用背负或更容易实现。

考虑地面使用的安全性,采用可充电电池提供动力应是首选,而不是采用易燃的燃油,但是要注意电池的低温特性。

随着电子技术的发展,热成像监视任务载荷、飞机姿态传感器、飞行控制装置、GPS 导航设备和无线电通信设备供电,并且有足够的电池功率为无人机提供推动力,以维持无人机飞行。

任何无人机的设计都是在几个目标要求之间进行折中,目标之一就是无人机可以拆装背负,这是一种特殊的要求。折中考虑之一是在机翼的大小、面积、翼展之间平衡,并要求机翼可拆卸。机翼面积大,对于低速发射和低空监视是有利的,但无人机易受气流扰动的影响。大翼展无人机在低速飞行时动力需求小,但会影响无人机的背负式运输。

"沙漠鹰"和"知更鸟"两种无人机的最低空速分别为 50 km/h 和 40 km/h,除非发射人员力大无比,否则利用手抛是无法达到这样的速度的。因此,这两种无人机利用其他的手段使无人机加速达到最低空速。

"沙漠鹰"无人机操作员猛拉 100 m 长的弹簧,在发射无人机之前,使弹簧压缩绷紧,该弹簧连着无人机。这时对于另一个操作员存在一定的危险,但实际工作就是这样的。"知更鸟"无人机采用的是一种利用机械式绷紧弹簧提供动力的可折叠弹射器,用于发射较重的无人机。两种无人机都进行了成功的飞行。据"沙漠鹰"无人机操作员说,"沙漠鹰"无人机具有较低的机翼载荷,仅限于中等风状态下使用;"知更鸟"无人机的机翼载荷更低,但据称其使用不受天气影响。

2. 微型无人机

微型无人机(MAV)系统是指仅一个人即可展开使用,通过平板电脑或类似设备控制的个人系统。微型无人机最初是指翼展或旋翼直径不超过 150 mm 的飞行器,后来该定义被放宽了。虽然微型无人机尺寸小,但要求其能携带监视照相机、控制设备和图像传输设备。微型无人机主要用于城市和室内侦察。

微型无人机的开发可采用下面 4 种机体型式中的一种:固定翼型、旋翼型、扑翼型和涵道式升力风扇型。

(1)固定翼型无人机

很明显,大多数微型无人机都采用固定翼结构布局,因为这样布局的微型无人机制作简单。图 1-15 给出了著名飞机公司的两类微型无人机。

虽然制造商认为该系统是微型无人机,但其尺寸却大于微型无人机的定义。无人机要在如此小的空间内携带光电任务载荷、通信设备、控制设备、动力和推进装置等,而且要具有一定的续航能力,这是一项艰难的任务。

无人机尺寸减小有利于无人机结构和机械装置设计的实现,但对空气动力性能是不利的。对于非常小的微型无人机,研究雷诺数很小的空气动力学特性就很重要,同时,进一步小型化需要新的技术手段。

图 1-15 中也给出了世界上一些大学研发的 4 种典型的固定翼微型无人机,其质量小,机翼载荷小,飞行时容易受到气流干扰和急速变化的影响。由于固定翼微型无人机没有悬停能力,因此其用途有限。

"蚋蚊"

翼展	0.4 m
机翼面积	0.075 m²
最大起飞质量	0.5 kg
发动机功率	未知
续航时间	1 h
载荷种类	光电成像电视

MISQUITO

"黄蜂"

翼展	0.41 m
机翼面积	0.056 m²
最大起飞质量	0.275 kg
发动机功率	10 W电动
巡航速度	70 km/h
续航时间	1 h
导航	GPS
载荷种类	光电成像电视

WASP

图 1－15　微型无人机系统

（2）旋翼、扑翼和涵道式升力风扇型无人机

如果强调能够在室内飞行、悬停观测，那么这类无人机就有优势。正如前面讨论的那样，尺寸减小带来的尺度效应对这类无人机的机械装置是有利的，旋翼型和扑翼型无人机的摆动空气动力特性比固定翼无人机更有助于升力的产生。但是，开发扑翼使其拍打的频率为20 Hz，甚至更快依然是一个挑战。微型无人机的机翼载荷越大，受气流干扰和气流急速变化的影响越小，这与固定翼无人机相同。

随着适合旋翼的微小尺寸电动机和机械装置的发展，研制涵道式升力风扇型无人机在技术上不存在大问题。在尺寸非常小的情况下，考虑风扇-涵道的极小间隙以及极低雷诺数时的高比例涵道摩擦阻力等困难，风扇涵道的效率会存在问题。此外，涵道的表面也使无人机易受城市上空扰流的影响。

所有类型的微型无人机的研制成功还要依赖于姿态传感器、控制系统等装置的小型化。普罗克斯动力（Prox Dynamics）公司的超微型旋翼无人机的研制成功说明了这些小型化装置的出现，具体见下面介绍。

3. 超微型无人机

超微型无人机最初由国防先进制造局（DARPA）赞助，现在其他一些机构也在支持该类无人机的发展，预计该类无人机的长、宽、高均小于 5 cm，最大起飞质量不超过 10 g，包括 2 g 的任务载荷质量。这些尺寸本身并不意味着结构部件是纳米级。在无人机前面增加"纳米"是指在研制这些无人机的子系统时需要纳米技术，如计算机、传感器、通信系统、机体结构、电动机和电池等。这些子系统的精确集成将使无人机足够小，以满足指定尺寸和重量等约束，还具有充足的动力，能够完成实际任务。

同样值得关注的是超微型无人机在有风、急速变化等状态下的使用，如同对微型无人机要求的那样，甚至更为严峻。两个超微型无人机的示例如图 1－16 所示。

"皮飞行器"   "槭树籽"

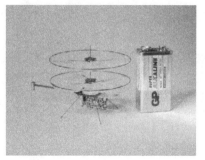 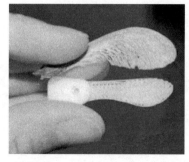

旋翼直径	60 mm
最大起飞质量	3.3 g
电池	1×3.7 V, 30 mA·h
续航时间	1 min
无线电链路	900 MHz
前向速度	约10 m/s

续航时间	2 min
照相机质量	2 g
前向速度	10 m/s

图 1-16 超微型无人机

其中,普洛克斯动力公司的"皮飞行器"(Picoflyer)无人机是该公司现有系列中最小的。该系列还包括"纳飞行器"(Nanoflyer)无人机,其旋翼半径为 85 mm,续航时间 10 min;最大的"微飞行器"(Micoflyer)无人机,最大起飞质量为 7.8 g,旋翼半径为 128 mm,续航时间为 12 min。该公司的 Hornet 3 型无人机,最大起飞质量为 15 g,旋翼半径为 100 mm,在室外条件下续航时间达 12 min。

1.5 新型布局无人机

1. 飞翼布局无人机

图 1-17 给出了无人作战飞机的例子——诺·格公司的 X-47B 和 BAE 系统公司的"雷神"(Taranis)无人机,前者是在 DARPA 和美国海军资助下开发的,后者是在英国国防部支持下开发的。

无人作战飞机系统用于完成早期的攻击性任务,目的是在有人机发动攻击之前,摧毁敌人的防空系统,因此无人作战飞机必须在性能与隐身之间进行折中。

无人作战飞机要具有大翼展载荷和大推重比,在没有额外功率的要求下,获得较大的突防速度。无人机采用飞翼布局,机翼展弦比小,内埋式武器舱,实现雷达反射面最小。

2. 混合布局无人机

考虑无人机的适应性,理想的无人机能够垂直起降,高速飞行,相比利用跑道滑跑起飞或倾斜轨道发射的无人机,垂直起降无人机系统需要的其他配套起降设备较少。在旋翼无人机中,直升机在悬停飞行时的效率最高,但是,前向飞行的能力有限。

多年以来,人们已经尝试开发在两种飞行模式下都具有良好飞行性能的无人机,两者折中的结果是效率低于"专业"的悬停(直升机)或巡航飞行(大机翼载荷的固定翼无人机)的无人机,因此出现了倾转旋翼和倾转机翼无人机。由于不需要考虑飞行员,所以这种无人机开发变得相对简单一些。类似"鱼鹰"这种飞机的无人机有 3 种不同的实现方法,如图 1-18 和图 1-19 所示。

X-47B	
翼展	18.92 m
最大起飞质量	约21 000 kg
推力	106 kN
实用升限	12 000 m
活动半径	2 800 km
巡航速度	高亚声速
载荷质量	2 050 kg
载荷种类	可见光/红外/SAR/动目标指示/电子支持

"Taranis"	
翼展	约10 m
最大起飞质量	约8 000 kg
推力	约30 kN
实用升限	10 000 m?
活动半径	未知
巡航速度	0.8 Ma

注：? 表示不确定。

图 1-17　无人作战飞机

"Sky Tote"	
最大起飞质量	110 kg
翼展	2.4 m
发动机功率	38.22 kw
巡航速度	370 km/h
续航时间	1.5 h
活动半径	278 km
载荷质量	23 kg

涵道式风扇微型无人机

最大起飞质量	大约8 kg，不含燃油
涵道直径	0.33 m
动力	一台3.38 kW内燃发动机
巡航速度	74 km/h
活动半径	10 km
续航时间	50 min
载荷种类	可见光和红外传感器

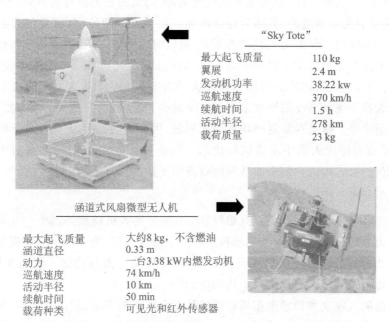

图 1-18　倾转机体无人机和涵道式风扇微型无人机

（1）Sky Tote 无人机

空中提包（Sky Tote）无人机本质上是倾转机体无人机。该无人机与 20 世纪 60 年代美国坎维尔（Canvair）和洛克希德（Lockheed）公司的作为垂直起降战斗机开发的样机的结构布局类似，但是，这两个项目被迫取消，因为当无人机背朝下、脚朝上时，操作员很难使其安全着陆。

美国航空环境公司正在开发 Sky Tote 无人机的样机，它采用大展弦比的主机翼和尾翼面，不同于 Convair 和 Lockheed 公司的原型机，后者采用小展弦比的三角翼。存在的一个问题是，Sky Tote 无人机的这种布局会造成旋翼对前视图像传感器的遮挡。

Selex S&AS公司的"Damselfly"

这种无人机正处于早期开发阶段，几乎没公布什么数据，只给出了进气道直径是1 m的信息。

图 1 - 19　喷气升力无人机

（2）涵道式风扇微型无人机

虽然按照微型无人机设计，但根据无人机质量，人们认为它更适合划分到微小型无人机范畴，无人机在满足应用要求之前，其质量还会增加。在开发早期阶段，该背负式系统在伊拉克军事行动中得到了应用。但该无人机动力不足，续航时间不够，振动容易造成传感器出问题。

正在开发的此类无人机发动机功率为 3.38 kW（见图 1 - 18），简单的估算表明：在海平面标准大气压条件下，无人机离地悬停所需功率大约为 2.6 kW。0.78 kW 的功率裕度仅仅弥补发动机温度太高和飞行高度的增加造成的功率减少、发动机磨损造成的功率损失、机动飞行时的额外功率需求等。这里容易忽略功率裕度问题，因为有时需要从垂直向下的运动中突然向上拉升，在垂直起降无人机中不常这样使用。但是对于小型无人机，尤其对于涵道式无人机，这个问题就很突出，因为它们不能从地面效应中受益。

（3）喷气升力无人机

塞勒克斯（Selex S&AS）公司的"豆娘"（Damselfly）无人机模型如图 1 - 19 所示。该无人机基于喷气升力原理，用电动或内燃发动机驱动一个内置气扇，为 4 个出气口提供气流。这些出气口可以在 90°角度旋转，提供垂直或水平推力，实现飞行控制功能。该无人机具有"直升机一样的盘旋能力"和"显著的抗阵风干扰的能力"。

这种极高的喷气速度和长涵道布局必然导致对大功率的需求，就尺寸而言，发动机会占用更大空间。低速飞行意味着燃油消耗更大，大机翼易受阵风影响，使其在城市楼宇间低速飞行执行任务成为一种挑战。

3. 验证用途无人机

无人机的另一个越来越多的用途是服务新型无人机研发。使用全尺寸无人机的气动缩比模型，能够快速地评估新型无人机的飞行特性，并且成本低，风险很小，直到全尺寸样机研制成功。如果需要进行必要的结构布局调整，相比于全尺寸样机，缩比模型的调整更快，成本更低。图 1 - 20 所示为美国国家航空航天局与波音公司联合研制的试验型无人机 X - 48。

X - 48 无人机被设计用来研究翼身融合飞行器的特性，与常规飞行器相比，采用翼身融合体设计的 X - 48 无人机具有更好的结构强度、更远的航程和更便宜的飞行成本，具有静音、隐

图 1-20 翼身融合模型

身等诸多优势,在军事领域的应用潜力十分巨大,美国空军希望将此类无人机作为加油机、运输机、指挥控制机或多用途无人机使用。

本章小结

本章简要介绍了不同种类典型无人机的使用用途、气动布局、性能特点等,为后续学习提供了一个总体概念,也留下了一定悬疑供后续学习寻求答案。图 1-21 所示为本章思维导图,为梳理知识点和相互间的关联关系提供参考。

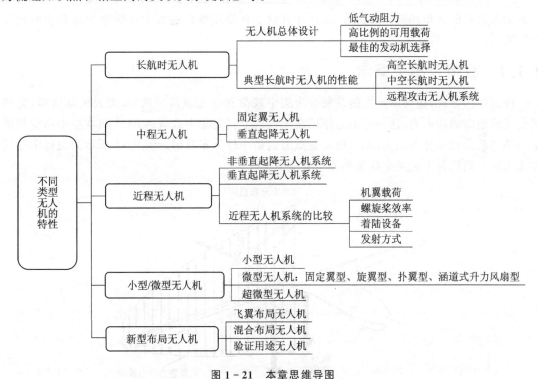

图 1-21 本章思维导图

思考题

1. 对比分析不同种类无人机的性能特点。
2. 畅想舰载无人机在结构布局、动力装置、起飞回收等方面的技术需求。

第 2 章　机体结构

固定翼无人机的机体由机身、机翼、安定面、飞行操纵面等组成。无人直升机的机体由机身、旋翼及其相关的减速器、尾桨(单旋翼直升机)等组成,有些直升机还安装有安定面和飞行操纵面。机体是构成无人机外形的基本部分,无人机上的动力装置、燃油、机载飞控系统、传感器、机载测控链路、任务载荷、电气系统等都装在它的内部。机体将这些部件组装在一起并形成良好的气动外形。机体各部件由多种材料组成,通过铆钉、螺栓、螺钉、焊接或胶接等形式连接起来。飞行中,机体除了直接承受空气动力和自身重力外,还要承受固定于其上的各种部件传来的载荷,它是无人机的基本受力结构。

2.1　机体载荷

在无人机飞行过程中,机体要承受很大的载荷。在使用过程中,由于各种载荷的作用以及自然条件的影响,机体结构的强度和刚度会逐渐降低,以致出现变形、裂纹等故障。因此需要了解无人机载荷分布和机体的构造,这样才有利于在使用维护过程中正确地预防和及时地发现故障,防止事故的发生。

2.1.1　载荷及相关概念

按照作用方式,构件所承受的载荷分为集中载荷和分布载荷。例如,无人机降落时,起落架会受到地面的冲击力,这一冲击力作用在无人机上就是集中载荷;而无人机在空中所受到的空气动力载荷就是分布载荷,无人机所受重力也是一种分布载荷。图 2-1 所示为飞行中作用在无人机左侧机翼上的集中载荷和分布载荷示例。

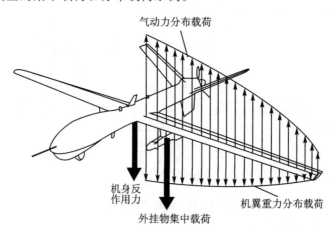

图 2-1　飞行中作用在无人机左侧机翼上的集中载荷和分布载荷示例

按照作用性质,构件所承受的载荷分为静载荷和动载荷。如果载荷是逐渐施加给构件的,或者在载荷施加过程中,其大小和方向变化非常小,那么这种载荷就是静载荷;如果载荷是突然施加给构件的,或者在载荷施加给构件后,其大小和方向有显著的变化,那么这种载荷就是动载荷。

　　一般构件在载荷作用下,其尺寸和形状都会有不同程度的改变,这种尺寸和形状的改变就叫作变形。无人机在空中飞行、起飞、降落过程中,一定会有变形发生。当去掉载荷后,构件在载荷作用下所产生的能够消失的变形叫作弹性变形,不能消失的变形叫作永久变形,也称残余变形。无人机机体在空中飞行时的变形一般都是弹性变形,但当所受载荷超过设计范围或长时间承受过大载荷时,所产生的变形就可能成为永久变形。

　　构件承受载荷的情况不同,它所产生的变形形式也不一样,基本上可分为拉伸、压缩、剪切、扭转和弯曲这五种变形,如图 2-2 所示。实际上,无人机结构受力时,各构件的变形往往是比较复杂的,都是由几种变形组合而成的,是复合变形。例如,无人机飞行过程中机翼的变形一般都是复合变形的结果。

　　当构件受到外力作用而变形时,材料分子之间的距离必然会发生变化,这时分子之间就会产生一种反抗变形并力图使分子间的距离恢复原状的力,这个力就是内力。与构件受载荷时所发生的五种基本变形相对应,构件可以产生的五个基本内力分别是拉力、压力、剪力、扭矩和弯矩。

　　应力是对构件受力严重程度的描述。一般地,构件在外力作用下,单位截面面积上所产生的内力叫作应力。如果内力是均匀分布的,则构件任意截面上的应力就等于截面上的总内力除以截面面积。应力可分为正应力和剪应力,前者垂直于所取截面,后者平行于所取截面。在实际受力时,构件所受的应力常常是不均匀的。如图 2-3 所示,小孔所在横截面上的应力就不可能是均匀的。

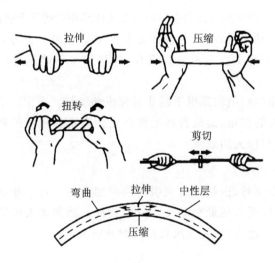

图 2-2　构件所产生的五种变形

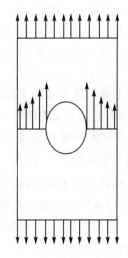

图 2-3　小孔横截面上的不均匀应力

　　构件在传力过程中,其横截面上的应力会随着载荷的增大而增大。生活常识告诉我们,任何构件当其截面上的应力增大到一定程度后,就会发生损坏,产生显著的永久变形或断裂。一般把构件在外力作用下抵抗破坏(或断裂)的能力叫作构件的强度。构件的强度越大,表示它开始损坏时所承受的载荷越大。所以,要使构件在规定的载荷作用下还能可靠工作,就应保证它具有足够的强度。

　　但生活中常常发现,即使构件强度足够,有时在载荷作用下,还可能出现由于其变形量过大而影响工作的情况。因此,构件要能正常工作,还应具有足够的抵抗变形的能力。一般构件在外力作用下抵抗变形的能力称为构件的刚度。构件的刚度越大,在一定的载荷作用下产生的变形就越小。

细长杆和薄壁结构在承受压力载荷时容易突然失去原有的平衡状态,这种现象叫作失去结构稳定性,简称失稳。例如,无人机蒙皮在受压后可能产生的皱折现象就是由于蒙皮受压失稳造成的。一般构件在外力作用下保持其原有平衡状态的能力被称为构件的稳定性。

2.1.2　机体承受的载荷

与其他任何构件一样,无人机无论是在地面上还是在天上,无论是起飞过程中还是着陆过程中,都要承受一定的载荷。

飞行过程中,作用于无人机上的外载荷主要有无人机重力、空气动力(升力、阻力、侧力)和发动机推力或拉力;在做机动飞行时还会受到机动过载的作用。在着陆接地时,除了承受上述载荷外,无人机还要承受地面撞击载荷;而无人机在地面停放时,则只有无人机重力和地面的反作用力。无人机各部件之间还会有相互的拉伸、压缩、扭转和剪切等内载荷。在无人机所承受的各种载荷中,以无人机在空中所受到的升力以及着陆过程中所受到的地面撞击力对无人机结构的影响最大,是无人机设计和使用过程中要重点考虑的载荷。

1. 载荷的类别

无人机各部件或部位实际可能遇到的最大载荷即使用载荷(或称为限制载荷)是各不相同的;也就是说,不可能用一种载荷情况所发生的载荷作为全机各部件或部位的设计载荷。

(1)机动载荷

无人机做大过载机动飞行时,在各部件上产生的气动力会导致整个机体结构承受很大载荷。

对称机动是无人机在对称平面内的机动飞行,通常是各种无人机主受力和次受力结构的一种主要受载情况。俯仰机动所产生的载荷主要用于检验机身、机翼和水平尾翼等部件的强度。

非对称机动是指无人机在横向操纵和(或)航向操纵下做非对称机动飞行。在滚转机动情况下,机翼上除了受大的弯矩外,还受到大的扭矩,而机身和尾翼将受到弯矩和扭矩的联合作用。在侧滑和偏航机动时,垂直尾翼将受到较大的载荷。

(2)突风载荷

突风载荷是无人机在不平稳的大气中飞行,由扰动气流引起的附加载荷。对于非高机动无人机,由突风所引起的载荷值有时会超过无人机做机动飞行时的载荷。通常无人机的展弦比较大,重量相对较轻,机翼载荷较小,飞行速度慢,受突风载荷的影响更大。

(3)进气道载荷

喷气式无人机的进气道主要考虑两种载荷情况:一种是空中飞行的冲压载荷;另一种是地面发动机开车时产生的管道吸力。最大冲压载荷可能发生在最大速压时,常常是无人机飞行包线的一个边界条件,一般可能达到 0.1 MPa 以上。地面开车时,进气道如无辅助进气门,其管道吸力可达 $-50 \sim -40$ kPa。

(4)着陆载荷

影响无人机着陆载荷大小最主要的因素为无人机着陆重量和重心位置、下沉速度、机场高度和温度、地面风向和风速、着陆速度、着陆姿态、地面摩擦因数、缓冲器的功能等。同样由于无人机的气动布局特点,着陆重量、下沉速度、着陆速度和着陆姿态对无人机所受到的载荷影响较大。固定翼无人机机翼载荷小于有人机,着陆时受大气扰流的影响较大,加之无人机降落时主要靠差分卫星导航和无线电高度表估计位置、姿态和降落高度,不如有人机机上飞行员估计的精确,因此着陆冲击会相对较大。此外,一些采用伞降回收的无人机还会受到开伞和地面撞击的载荷。

(5)着舰载荷

无人机在舰船上着陆时,由于大风的干扰、海浪状况、甲板的摇摆和移动、着舰反弹等因素,会受到较大的速度撞击,所受冲击载荷很复杂。无人直升机还可能遭受与舰面共振的风险。采用阻拦索回收的固定翼无人机在挂钩瞬间会受到很大的冲击载荷。

2. 部件气动载荷分布

在研究气动载荷问题时,除严重受载情况的选择和总载荷大小的确定之外,还应当解决力的分布问题。所谓力的分布,对于机翼、尾翼而言,给出了沿展向和弦向的力的分布。通常可以使用标准翼型提供的算法和数据,最好用风洞吹风试验结果。图 2-4 所示为平直机翼的升力分布。

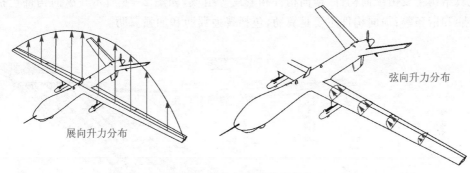

图 2-4 平直机翼的升力分布

图 2-5 给出了普通常规翼型沿弦向的升力分布,其中 b 为弦长;图 2-6 给出了上述翼型当操纵面偏转后的近似附加载荷。

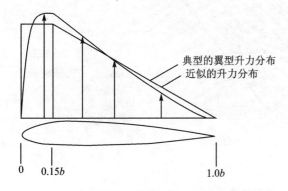

图 2-5 普通常规翼型沿弦向的升力分布

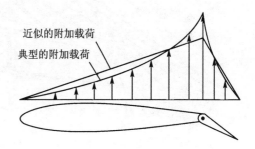

图 2-6 操纵面偏转后的近似附加载荷

3. 各部件的内力分布

在各部件的气动载荷和分布已经确定的条件下,可考虑各部件上的气动力和惯性力的综合作用,据此求出该部件的结构内力,即剪力、弯矩、扭矩的分布情况。

当无人机在垂直平面内机动时,机身对称平面内的外载荷有机翼升力 L、平尾平衡和机动载荷、机身上的气动力以及结构、设备引起的惯性力。全机的剪力 Q 和弯矩 M 分布如图 2-7 所示。

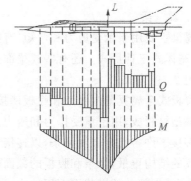

图 2-7 机身对称平面内的外载荷和内力图

2.2　机翼结构

机翼是无人机的一个重要部件,其主要作用是产生升力。当它具有上反角时,可为无人机提供一定的横侧稳定性。在机翼上安装有一些操纵面,在其后缘有副翼和后缘襟翼;大型无人机前缘有前缘襟翼、缝翼,在其上表面有扰流板。机翼的内部空间常用来收藏主起落架和储存燃油。

2.2.1　机翼的主要构件

机翼结构主要由纵向构件、横向构件和蒙皮等组成,如图2-8所示。纵向构件包括翼梁(或纵墙)和桁条等;横向构件主要是翼肋,包括普通翼肋和加强翼肋。

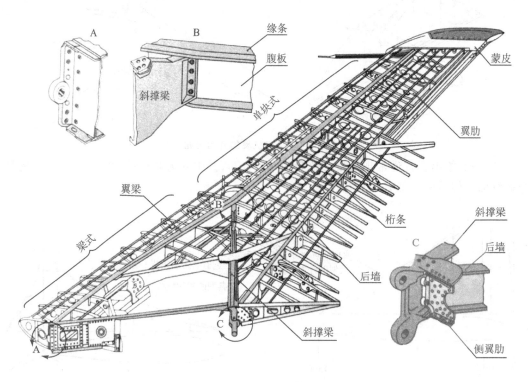

图 2 - 8　机翼结构

1. 翼　梁

翼梁主要用于承受剪力和弯矩,有的也承受部分扭矩。翼梁主要有腹板式、构架式(桁架式)和整体式三种形式。还有些翼梁部分用整体式,部分用腹板式,称为复合式翼梁。翼梁结构如图2-9所示。

腹板式金属翼梁由缘条和腹板铆接而成,截面多为T形或L形。缘条用铝合金或合金钢的厚壁型材制成,用于承受拉力和压力。腹板用铝合金板制成,用于承受剪力。薄壁腹板上往往还铆接了许多铝合金加强条,以连接翼肋和增强其抗剪稳定性。为了合理地利用材料和减轻机翼的结构重量,缘条和腹板的截面面积一般都是沿翼展方向改变,即翼根部分的横截面面积较大,翼尖部分的横截面面积较小。翼梁根部有接耳,通过螺栓与机身隔框上的接耳连接。

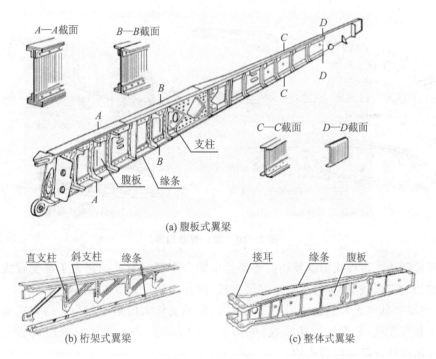

A—A截面   B—B截面   C截面   D
支柱
腹板   缘条
A   B
(a) 腹板式翼梁

C—C截面   D—D截面

直支柱   斜支柱   缘条
(b) 桁架式翼梁

接耳   缘条   腹板
(c) 整体式翼梁

图 2 - 9   翼梁结构

有些机翼的连接点处有偏心衬套,用于调整机翼的安装角度。腹板式翼梁的优点是:能够较好地利用机翼结构高度来减轻重量,制造方便。腹板式翼梁如图 2 - 9(a)所示。

在翼型较厚的低速重型无人机上,常采用桁架式翼梁。这种翼梁由上、下缘条和许多直支柱、斜支柱连接而成,如图 2 - 9(b)所示。翼梁受剪力时,缘条之间的加强条承受拉力和压力。缘条和加强条,有的采用铝合金管或钢管制成,有的则用厚壁开口型材制成。

整体式翼梁(见图 2 - 9(c))是一种用铝合金(或高强度的合金钢)锻制成的腹板式翼梁,它的优点是:刚度大,截面面积尺寸可以按照等强度要求进行设计加工。

有些纵向构件的缘条很弱(或无缘条),只用于承受剪力,或与蒙皮组成密闭盒段承受扭矩,这种构件又称为纵墙(或腹板)。纵墙(或腹板)与机身的连接在受力分析时一般认为是铰接,即接点处不承受弯矩。

2. 翼 肋

翼肋的功用是形成和维持机翼翼型,承受和传递局部空气动力载荷或集中载荷。按承受载荷功能分为普通翼肋和加强翼肋,按结构型式分为腹板式、整体式、构架式(桁架式)和围框式翼肋等。部分翼肋构造如图 2 - 10 所示。普通翼肋的功用是:构成并保持规定的翼型;把蒙皮和桁条传给它的局部空气动力传递给翼梁腹板,而把局部空气动力形成的扭矩通过铆钉以剪流的形式传给蒙皮;支持蒙皮、桁条、翼梁腹板,提高它们的稳定性等。加强翼肋除了具有上述作用外,还要承受和传递较大的集中载荷;在开口边缘处的加强翼肋,则要把扭矩集中起来传给翼梁。

腹板式普通翼肋通常用铝合金板制成,其弯边用来同蒙皮和翼梁腹板铆接。周缘弯边和与它铆接在一起的蒙皮,作为翼肋的缘条承受弯矩,翼肋的腹板则承受剪力。这种翼肋的腹板,其强度一般都有富余,为了减轻重量,腹板上往往开有大孔。利用这些大孔还可穿过副翼、襟翼等传动构件。为了提高腹板的稳定性,开孔处往往还压成卷边,有时腹板上还铆着加强

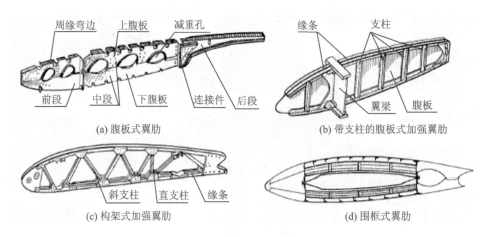

图 2 - 10　部分翼肋构造

条,或者压成凹槽。腹板式加强翼肋的缘条是由铝合金型材制成的。为了承受较大的集中载荷,加强翼肋的腹板较厚,有时还采用双层腹板,或者在腹板上用加强条加强。

翼型较厚的低速无人机也采用构架式翼肋,以承受较大的集中载荷。构架式加强翼肋由上、下缘条和直支柱、斜支柱连接而成(见图 2 - 10(c)),缘条和支柱有采用铝管或钢管制成的,也有采用厚壁开口型材制成的。

围框式翼肋(见图 2 - 10(d))既易于保证机翼外形,又便于各种系统的导管、传动杆和钢索、电缆通过;但当结构受力时,分成上下两个高度较小(小于半肋高)的"梁"各自独立受载,故结构重量大。

3. 桁　条

桁条的主要功用是支持蒙皮,防止蒙皮在承受局部空气动力时产生过大的局部变形,与蒙皮一起把空气动力传给翼肋;提高蒙皮抗剪和抗压稳定性,使之更好地承受机翼的扭矩和弯矩;与蒙皮一起承受由弯矩引起的轴向力。

图 2 - 11 所示为各种不同剖面形状的桁条。按制造方法分,桁条可分为板弯型材和挤压型材,其中板弯型材一般用于梁式机翼。梁式机翼的桁条一般都用薄铝板制成,它有开口和闭口两种。开口截面桁条的稳定性很差,而且由于壁很薄,实际上不能参与承受机翼的弯矩。闭口截面的桁条稳定性较好,可以参与承受机翼的弯矩。但是,当这种桁条与蒙皮铆接时,有两

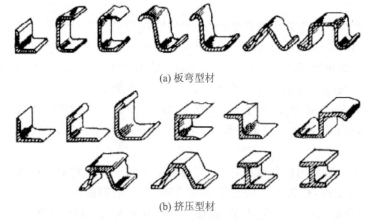

(a) 板弯型材

(b) 挤压型材

图 2 - 11　各种不同剖面形状的桁条

道铆缝,对于保持机翼表面光滑不利。单块式机翼的桁条是用铝合金挤压而成的,壁较厚,稳定性很好。

4. 蒙　皮

机翼蒙皮的材料有布质材料、金属材料和复合材料 3 种。

各种机翼蒙皮都具有承受局部空气动力载荷和形成机翼外形的作用。除布质蒙皮外,蒙皮还要参与承受机翼的扭矩和弯矩。当蒙皮参与机翼总体受力时,与翼梁或墙的腹板组合在一起,形成封闭的盒式薄壁结构以剪流的形式承受扭矩;当蒙皮较厚时,它还与桁条一起组成壁板,与翼梁的缘条共同承受机翼弯矩引起的轴向力。

金属蒙皮按照构造可分为单层蒙皮和夹层蒙皮。其中,单层蒙皮一般都由铝合金板制成,其厚度有从零点几毫米到 20 mm 不等的尺寸;夹层蒙皮通常由铝合金板与蜂窝夹芯胶接而成,如图 2-12 所示。

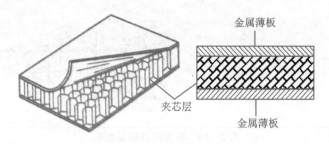

图 2-12　夹层蒙皮

大型无人机的机翼通常采用铝合金蒙皮。不同无人机蒙皮的厚度可能不同,小型无人机的蒙皮可薄至 0.4 mm,而大型无人机的蒙皮可厚达 16 mm。即使同一架无人机的机翼,其蒙皮因受力大小不同,厚度也不同。机翼前缘承受的局部空气动力较大,飞行中又要求它能够更准确地保持外形,而翼根部位承受的扭矩和弯矩通常较大,所以一般机翼的前缘和翼根部位蒙皮最厚,而后缘和翼尖部位蒙皮较薄。为了避免由于各块蒙皮的厚度不同而影响机翼表面的光滑性,某些无人机还采用了变厚度的过渡蒙皮。

2.2.2　机翼的结构型式

1. 布质蒙皮机翼

这种机翼的结构特点是采用了布质蒙皮。布质蒙皮在机翼承受弯曲、扭转作用时,很容易变形,因此它不能承受机翼的弯矩和扭矩,只能承受由于局部空气动力(吸力或压力)所产生的张力。图 2-13 所示为一种布质蒙皮机翼结构。在这种机翼结构中,弯矩引起的轴向力全部由翼梁缘条承受;剪力由翼梁腹板承受;扭矩则由翼梁、加强翼肋和张线组成的桁架来承受。

由于机翼前缘的局部空气动力较大,布质蒙皮机翼的前缘常采用金属蒙皮制成。这种机翼的扭矩,一部分由加强翼肋和张线等组成的桁架承受,另一部分则由前缘蒙皮和前梁腹板组成的合围框承受。

布质蒙皮机翼的抗扭刚度较差,而且蒙皮容易产生局部变形(鼓胀和下陷),当飞行速度较大时,会使机翼的空气动力性能受到很大影响,所以只适用于低速轻型无人机。

2. 金属或复合材料蒙皮机翼

现代无人机广泛应用了金属或复合材料蒙皮机翼。无人机出于减轻重量的需要,加之机翼载荷较小,因此大量采用了复合材料。这类机翼不仅能承受局部空气动力,而且能承受机翼

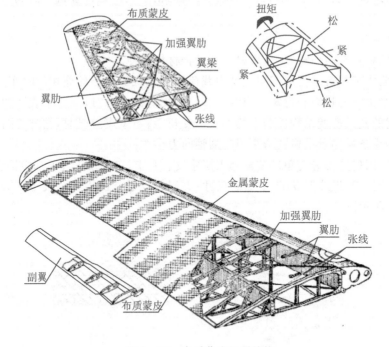

图 2-13 布质蒙皮机翼结构

的扭矩和弯矩。翼梁腹板承受剪力,机翼上下蒙皮和腹板组成的合围框承受扭矩,同时蒙皮还参与承受弯矩,是这类机翼结构受力的共同点。然而,机翼的具体构造不同,蒙皮参与承受弯矩的程度也有所不同。

(1)梁式机翼

如果弯矩主要由翼梁缘条来承受,则这种机翼称为梁式机翼。梁式机翼中桁条较弱,蒙皮较薄。剪力由翼梁腹板来承受,扭矩由蒙皮和翼梁腹板形成的闭室来承受。

根据翼梁的数目,梁式机翼可以分为:单梁式、双梁式和多梁式。

单梁式机翼的翼梁通常位于翼剖面结构高度最大处,这有利于减轻机翼的结构重量。翼梁根部的固接接头很强,将弯矩和剪力传递给机身。为了形成抗扭闭室,单梁式机翼上还布置有两个纵墙,如图 2-14 所示。

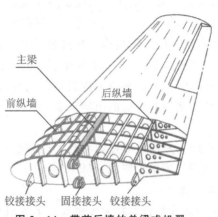

图 2-14 带前后墙的单梁式机翼

在双梁式机翼(见图 2-15)中,前梁布置在 20%~30% 弦长处,后梁位于 60%~70% 弦长处,翼梁根部有固接接头。前梁的横截面积、剖面高度和惯性矩比后梁大,因此它分担大部分的剪力和弯矩。

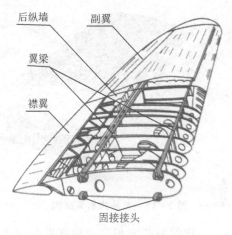

图 2-15 双梁式机翼结构

在多梁式机翼(见图 2-16)中,虽然蒙皮较薄,但是由于采用较密的翼梁或纵墙(或两者)来加强蒙皮,得到的机翼结构不仅刚度大,生存力强,而且重量也轻。翼梁通过固接接头将剪力和弯矩传递到机身加强框的接头上。

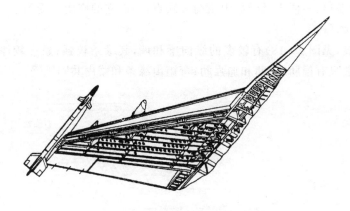

图 2-16 多梁式机翼结构

(2) 整体结构机翼

如果弯矩主要由蒙皮或机翼壁板承受,则这种机翼称为整体式机翼。这种机翼的蒙皮较厚、桁条较多且较强,翼梁的缘条较弱,各受力构件的临界失稳应力大致相同。整体式机翼又可以细分为单块式机翼和多腹板式机翼。

1) 单块式机翼

单块式机翼的蒙皮较厚,桁条较多且较强,翼梁的缘条较弱,有时缘条的横截面积和桁条差不多,如图 2-17 所示。有的单块式机翼还用波形板代替桁条。蒙皮、桁条和缘条组成的整块构件用来承受弯矩引起的轴向力,剪力由翼梁腹板来承受,扭矩由蒙皮和翼梁腹板形成的闭室来承受。

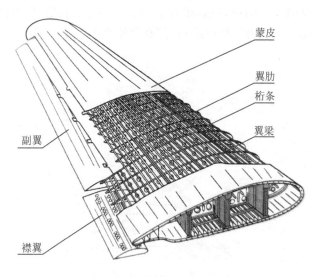

图 2 - 17　单块式机翼结构

　　双墙单块式(也叫沉箱式)结构的内部容积和结构高度得到较好的利用,因而应用较广。三墙和四墙单块式结构多用在翼弦较长的大型无人机上。

　　单块式机翼的蒙皮较厚,因此在飞行中能够较好地保持翼型,结构的抗扭刚度较大。它的受力构件比较分散,能较好地利用结构高度来减轻重量,同时结构的生存力也较强。所以这种结构型式的机翼,在现代高速飞机上得到了较广泛的应用。但这种机翼存在着连接接头比较复杂、不便于开大舱口、不便于承受集中载荷等缺点,因而它的应用也受到了一些限制。

　　2)多腹板式机翼

　　多腹板式机翼(见图 2 - 18)有较多的纵向梁和墙,其缘条较强;蒙皮较厚,通常是变厚度的;翼肋较少,一般只有根肋、尖肋和加强肋;弯矩由缘条和蒙皮共同承受。

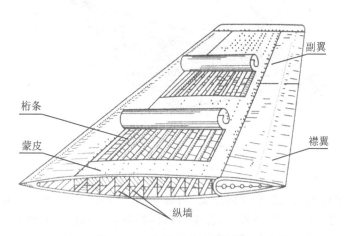

图 2 - 18　多腹板式机翼结构

　　如今,单纯的梁式机翼很少采用,一般只用在低速或小型无人机上。速度较高的无人机大多采用带两三根翼梁的单块式结构或多腹板式结构。

　　(3)复合式机翼

　　为了充分利用梁式机翼和单块式机翼的优点,目前许多无人机的机翼采用梁式和单块式复合的结构,即在靠近翼根要开舱口的部分为梁式结构,其余部分为单块式结构。在复合式结构内,单块式部分的受力是分散的,梁式部分的受力是集中的,为了把单块式部分各构件分散承受的力集中传递到梁式部分的翼梁上,在单块式结构过渡到梁式结构的部位,通常都装有一些加强构件(例如加强翼肋或加强内蒙皮等),把两部分的受力构件很好地连接起来。

(4)夹层结构机翼

这种型式的机翼结构,在较大的局部空气动力作用下,仍能精确地保持翼型;在翼型较薄的条件下,可以得到必要的强度和刚度。此外,超声速飞行时,机翼结构的强度和刚度受气动增温的影响也较小。因此,它们在现代飞机上得到了广泛应用。

图 2-19(a)所示的结构采用了夹层壁板来做蒙皮和其他构件。夹层壁板由内外两层薄金属板和夹芯层组成。夹芯层有用轻金属箔制成的蜂窝状结构,也有用泡沫塑料或轻质金属制成的波形板状结构。夹芯层与内外层金属板胶接或焊接在一起。目前应用较广泛的是蜂窝夹层壁板,如图 2-19(b)所示。

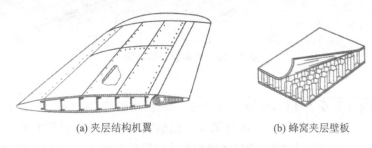

(a) 夹层结构机翼　　　　　　　(b) 蜂窝夹层壁板

图 2-19　夹层结构机翼

夹层壁板依靠内外层金属薄板承受载荷,夹芯层主要起支持作用。与同样重量的单层蒙皮相比,夹层结构的优点是:能够承受较大的局部空气动力而不致发生鼓胀和下陷现象;能够更好地承受弯矩所引起的轴向压力而不易失去稳定性。因此,夹层结构机翼能够在大速度飞行时很好地保持外形,同时它的结构重量也比较轻。

由于夹层壁板的稳定性较好,所以这种机翼结构可以只用少量翼肋,不用桁条(为了承受剪力和固定蒙皮,有时采用一些纵墙),这样就使机翼表面的铆缝大量减少。铆缝少既能改善机翼的空气动力性能,又能减少由铆钉孔引起的应力集中现象。此外,铆钉孔少还提高了蒙皮的气密性。

因此,有些无人机利用这种机翼的部分结构作为整体油箱,有些无人机则用夹层壁板做气密的机身结构。

在蜂窝夹层结构中,对外层薄板因温度改变而引起的膨胀或收缩变形限制不大。因此,这种结构能减少超声速飞行时由于气动增温产生的变温应力。此外,内外层薄板之间的空气是很好的隔热层,外层薄板所受的热量不易传递给内层薄板,所以,它还可以避免机翼内部构件产生过大的变温应力。有的蜂窝夹层壁板是用不锈钢或钛合金做的,这样又进一步提高了结构的耐高温能力。目前,许多无人机的活动舵面都采用全蜂窝夹层结构。

夹层结构虽然具有上述一系列优点,但目前并未完全代替单层蒙皮结构,因为它还存在一些缺点。例如,很难在夹层壁板上开舱口,不便于承受大的集中载荷,损坏后不容易修补,各部分连接比较复杂,等等。

（5）翼身融合体结构

翼身融合体是指将机翼和机身之间以光滑的曲线连成一体的结构。由于翼根区加厚而使无人机容积增加，从而增加结构空间；翼身光滑连接，有利于隐身设计；机身也产生升力，从而增加了升力，减小了阻力。这类机翼一般由中央翼和两个外翼组成，如图 2 - 20 所示。

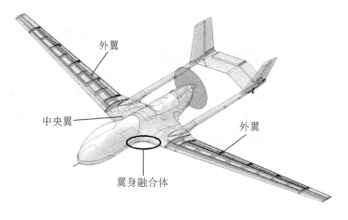

图 2 - 20　翼身融合体结构

1）中央翼

中央翼为机体主要受力部件，也属于机身的一部分，由纵梁、加强框、蒙皮、地板等组成。机身的前后部、外翼、尾撑管、发动机、主起落架及它们的整流包皮都固定在中央翼上，如图 2 - 21 所示。中央翼布置了结构整体油箱，即机体结构作为油箱的组成部件，结构整体油箱沿无人机中心线对称分布，并由无人机上下蒙皮、纵梁、地板及框等组成。

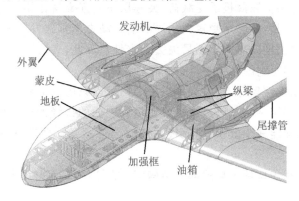

图 2 - 21　中央翼结构

2）外　翼

外翼主要由前缘、后缘、机翼盒段和下蒙皮组成，如图 2 - 22 所示。机翼盒段采用整体共固化技术，由前梁、后梁、中段肋和上蒙皮一次固化成型。

2.2.3　机翼载荷及传递

1. 机翼上的外部载荷

如图 2 - 23 所示，飞行中作用于机翼的外部载荷（简称外载荷）有：空气动力、机翼结构质量力和部件的质量力。机翼结构质量力是机翼结构重力和它在飞行中产生的惯性力的总称，

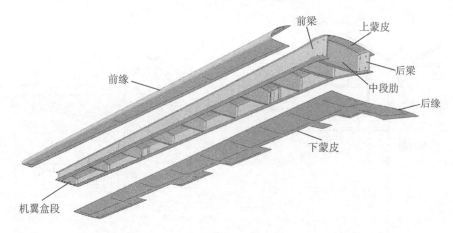

图 2 - 22　外翼结构

即机翼结构重力和变速运动惯性力。

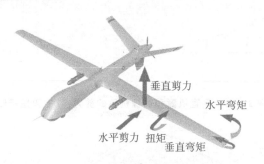

图 2 - 23　机翼上所受的剪力、弯矩和扭矩

　　机翼在外部载荷作用下，像一根固定在机身上的悬臂梁一样，要产生弯曲和扭转变形，因此在这些外载荷作用下，机翼各截面要承受剪力、弯矩和扭矩。由于机翼结构沿展向尺寸较大，因而水平剪力和水平弯矩对飞机结构受力影响较小，在受力分析时只分析垂直剪力、扭矩和垂直弯矩。

　　作用于机翼各截面的剪力、弯矩和扭矩是不相等的。图 2 - 24 所示为平直机翼和后掠机翼的剪力、弯矩和扭矩图，它们分别描述了机翼截面剪力、弯矩和扭矩沿机翼翼展方向的变化情况。可以看出：如果机翼上只有空气动力和机翼结构质量力，则越靠近机翼根部，横截面上的剪力、弯矩和扭矩越大；如果机翼上同时作用有部件集中质量力，则上述力会在集中质量力作用处产生突变或转折。

　　机翼的外部载荷是由许多构件组成的一定型式的结构来承受的。机翼通常是由翼梁、桁条、翼肋和蒙皮等构件组成，如图 2 - 25 所示。翼梁由缘条和腹板铆接而成，翼肋铆接在翼梁腹板上，桁条铆接在翼肋上，蒙皮则铆接在翼梁缘条、翼肋和桁条等构件上。在机翼结构中，各种构件的基本作用有两方面：一方面是形成和保持必需的机翼外形；另一方面是承受外部载荷引起的剪力、弯矩和扭矩，如图 2 - 26 所示。

　　剪力 Q 要使截面外端沿垂直方向向上移动。由于机翼的蒙皮、翼梁缘条和桁条沿垂直方向很容易产生变形，而翼梁腹板抵抗垂直方向变形的能力却很大，所以它能有效地阻止机翼向上移动。所以，剪力 Q 主要是由翼梁腹板剪力 $Q_{前腹板}$ 和 $Q_{后腹板}$ 承受的，如图 2 - 26(a)所示。

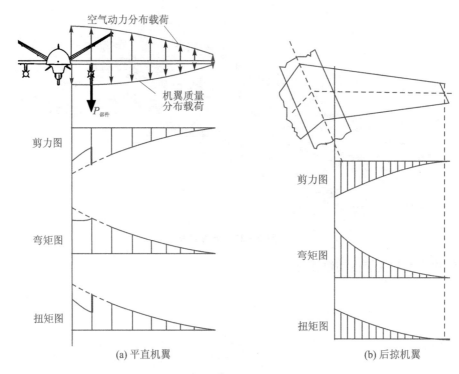

(a) 平直机翼　　　　　　　　　　　　　(b) 后掠机翼

图 2 - 24　平直机翼和后掠机翼的剪力、弯矩和扭矩图

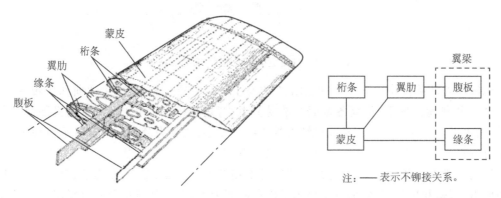

注:—— 表示不铆接关系。

图 2 - 25　机翼的基本组成构件及其连接关系

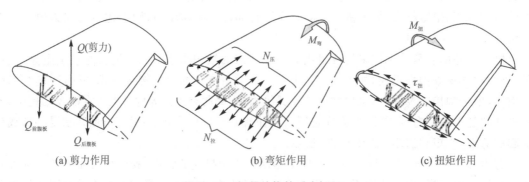

(a) 剪力作用　　　　　　　　　(b) 弯矩作用　　　　　　　　　(c) 扭矩作用

图 2 - 26　机翼结构的受力概况

弯矩 $M_弯$ 要使机翼产生弯曲变形。当向上弯曲时,翼梁下缘条、机翼下表面的桁条和蒙皮都会产生拉伸的轴向内力 $N_拉$,而翼梁上缘条、机翼上表面的蒙皮和桁条则产生压缩的轴向内力 $N_压$,它们组成内力偶与弯矩 $M_弯$ 平衡。所以,弯矩引起的轴向力是由翼梁缘条、桁条和蒙皮共同承受的,如图 2 - 26(b)所示。

机翼受扭矩 $M_扭$ 作用时,翼梁缘条和桁条都很容易变形,而金属蒙皮和翼梁腹板所组成的合围框却能很好地反抗扭转变形。这时,蒙皮和腹板截面上会产生扭转剪应力 $\tau_扭$ 并形成反力矩来与扭矩 $M_扭$ 平衡。因此,金属蒙皮机翼的扭矩是由蒙皮和腹板所组成的几个合围框承受的。由于翼梁腹板上同时产生的两个方向相反的扭转剪应力能互相抵消或部分抵消,所以可近似地认为扭矩是由蒙皮形成的整个合围框承受的,如图 2 - 26(c)所示。

对于双梁式机翼,其扭矩是由上、下翼面蒙皮和前、后梁组成的合围框(盒段)承受和传递的。如果机翼前缘没有安装前缘缝翼和前缘襟翼,则前缘蒙皮与前梁组成的盒段也承受和传递一小部分扭矩。

2. 平直机翼结构中力的传递

机翼受到各种外力作用后,结构中互相连接的各构件就会产生作用力和反作用力,并会依次把这些外力传递到机身上去。同时,机身给机翼以反作用力使之平衡。力在机翼结构中的传递过程,就是建立在构件之间的作用和反作用的关系上的。

(1) 蒙皮怎样将局部空气动力传给桁条和翼肋

蒙皮铆接在桁条和翼肋上,当它受到吸力作用时,就会通过铆钉把力传给桁条和翼肋(见图 2 - 27),这时铆钉承受拉力;当蒙皮受到压力作用时,局部空气动力直接由蒙皮作用在桁条和翼肋上,铆钉并不受力。无论在吸力还是压力作用下,蒙皮都要承受张力。

通过铆钉或由蒙皮直接传给桁条的力,由桁条在翼肋上的固定点产生反作用力来平衡,如图 2 - 28 所示。可见,桁条在局部空气动力作用下,像支撑在许多翼肋上的多支点梁一样,要受到弯矩作用。在有些蒙皮较厚的机翼上,桁条并不与翼肋直接连接,蒙皮受吸力时传给桁条的力,由桁条两边蒙皮与翼肋相连的铆

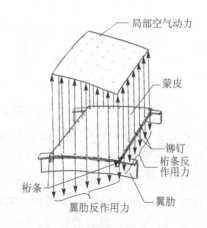

图 2 - 27　蒙皮的受力平衡

钉产生的反作用力来平衡。综上所述,作用在翼肋上的空气动力来自两方面:一方面是由直接与翼肋贴合的蒙皮传来的;另一方面来自与翼肋相连的桁条,如图 2 - 29 所示。

(2) 翼肋怎样将载荷传给翼梁腹板和蒙皮

如果忽略水平分力的作用,那么传到翼肋上的空气动力可以组合成一个垂直向上的合力,它作用于压力中心上。飞行中,机翼的压力中心通常不与刚心重合。因此,这个合力对于翼肋来说,相当于一个作用于刚心上的力和一个对刚心的力矩,如图 2 - 30 所示。刚心的定义是:机翼的每一个横截面上都有一个特殊的点,当外力作用线通过这一点时,不会使此横截面转动。如果外力作用线不通过这一点,机翼的横截面就会绕该点转动,这个特殊的点称为该横截面的刚心。机翼各横截面的刚心的连线称为机翼的刚心轴。

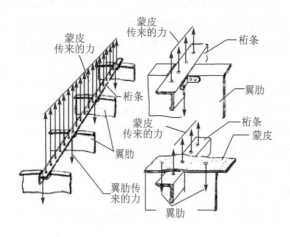

图 2-28 桁条的受力平衡

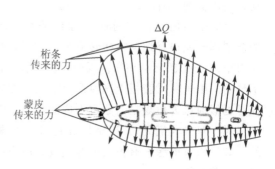

图 2-29 翼肋承受的空气动力

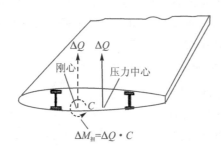

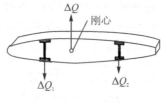

图 2-30 移到刚心上的载荷

作用在刚心上的力,要使翼肋沿垂直方向移动,而翼肋是固定在翼梁腹板上的,在翼肋沿垂直方向移动时,就把这个力传给腹板,使两根翼梁弯曲。由于作用在刚心上的力不会使翼肋转动,在翼肋平面上,两根翼梁的弯曲变形程度相同,因此翼肋传给前后梁腹板的力与前后梁的抗弯刚度成正比。前后梁腹板对翼肋的反作用力,与翼肋对前后梁腹板的作用力大小相等,如图 2-31 所示。翼肋的剪力、弯矩如图 2-32 所示。

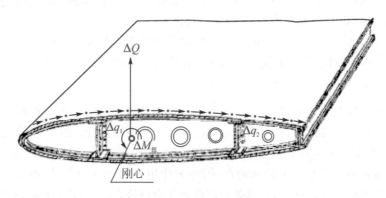

图 2-31 翼肋的受力平衡

在传力的过程中,蒙皮和翼肋之间存在着相互支持、相互传力的关系:蒙皮沿垂直表面的方向很容易变形(刚度很小),当它受到吸力和压力时,要依靠翼肋的支持,并把空气动力传给翼肋;蒙皮在自身平面内不容易变形(刚度较大),当翼肋受到外力矩时,蒙皮能够对翼肋起支持作用,因而翼肋就将外力矩传给蒙皮。

(3) 蒙皮怎样将翼肋传来的载荷传给机身

翼肋以剪流形式传给蒙皮的力矩,会使机翼产生扭转变形,它对机翼来说是扭矩。机翼扭转时,蒙皮截面上会产生沿合围框周缘的剪流。剪流形成的内力矩与截面外端所有翼肋传给蒙皮的扭矩平衡。这时,机翼各部分的蒙皮都要产生剪切变形,如图 2-33 所示。

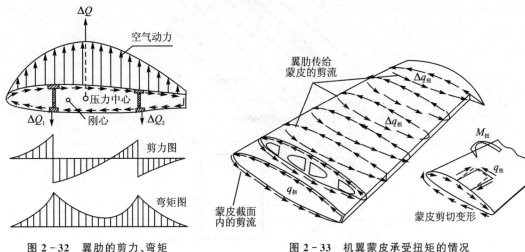

图 2-32　翼肋的剪力、弯矩　　　　　　　图 2-33　机翼蒙皮承受扭矩的情况

翼根处的扭矩传给机身的方式取决于翼根部分的构造。如果翼根部分没有开大舱口,机翼蒙皮与机身是沿整个接合周缘连接的,扭矩就能通过蒙皮以剪流的形式沿接合周缘传给机身。如果翼根部分开有大舱口,机翼只是通过翼梁与机身隔框相连,那么蒙皮就只能将扭矩以剪流的形式传给开口边缘的加强翼肋,并有使加强翼肋旋转的趋势。这时,加强翼肋的两个支点(前后梁腹板)将对它产生一对大小相等、方向相反的反作用力,形成反力偶来阻止它旋转。同时,加强翼肋也对前后梁腹板各产生一个作用力,把扭矩以力偶的形式传给翼梁。前后翼梁则将扭矩产生的作用力,在机翼与机身的连接点处,传给机身隔框。

(4) 翼梁怎样将载荷传给机身隔框和缘条

翼梁腹板一方面与机身隔框连接,另一方面还以纵向的铆钉与缘条相连。各个翼肋通过铆缝传给腹板的力,要使翼梁腹板承受剪切作用。翼根截面的剪力,由机翼与机身隔框相连的铆钉或螺栓产生的反作用力来平衡。此外,翼肋传来的力还要使翼梁各截面承受弯矩。这个弯矩是通过腹板和缘条连接的两排纵向铆钉传到缘条上的。

(5) 翼梁缘条怎样传递腹板传来的载荷

如图 2-34 所示,当翼肋传给腹板的力的方向向上时,腹板沿纵向铆缝传给上缘条的剪流是由翼尖指向翼根的,它要使由前后梁的上缘条、上缘条之间的蒙皮和桁条组成的上部壁板向翼根方向移动。于是,上部壁板各构件的截面上要产生压缩的轴向内力来阻止壁板移动,并与缘条上的纵向剪流平衡。下缘条上纵向剪流的方向相反,下部壁板各个构件要产生拉伸的轴向内力。可见,传到缘条上的纵向剪流不能完全由缘条本身产生的轴向力来平衡,还要通过铆钉将一部分力传给蒙皮;而传到蒙皮上的那一部分力,也不能完全由蒙皮产生的轴向力来平衡,它又将一部分力通过铆钉传给桁条。在这些传力过程中,壁板上的铆钉都要沿铆缝方向受到剪力。以上分析表明,弯矩以纵向剪流的形式传给上、下缘条以后,是由上、下壁板来承受的。

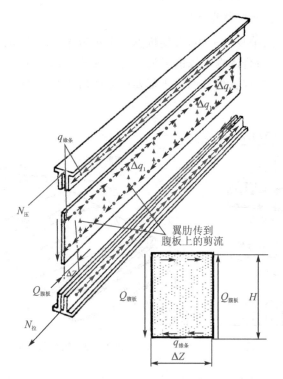

图 2 - 34　腹板的受力平衡

3. 集中载荷的传递情况

机翼上的集中载荷,如部件的质量力、偏转副翼和放下襟翼时产生的空气动力、无人机接地时起落架受到的撞击力等,通常都直接作用在某个翼肋上。翼肋受到集中载荷后,如前面所述的过程,把这个载荷按翼梁的抗弯刚度成比例地传给各个腹板,再把这个载荷引起的扭矩传给蒙皮。蒙皮和腹板受到翼肋传来的作用力以后,再把它们传给缘条和机身。

翼梁腹板和蒙皮都是薄壁构件,如果载荷集中地作用在薄壁的某一部位,它们就很容易损坏。但是,翼肋能以剪流的形式将载荷分散地传给蒙皮和腹板。可见,分散集中载荷也是翼肋在机翼结构中的作用之一。

传递较大的集中载荷的翼肋,通常都是加强翼肋。它们的结构强度较大,同腹板、蒙皮的连接也比普通翼肋结实很多,一般是由两排或三排直径较大的铆钉连接。尽管如此,当无人机做剧烈的机动飞行或粗猛着陆时,加强翼肋上的部件固定接头,以及加强翼肋与腹板、蒙皮连接的铆钉仍可能因受力过大而损坏。因此,对于这些部位应当特别注意检查,修理这些部位时也要特别注意保持其强度。

有些无人机机翼上的集中载荷,是通过固定接头上的螺钉或铆钉直接作用在翼梁上的。这时,集中载荷由翼梁腹板和缘条直接传给机身。在维护工作中,对于这些固定接头也应加强检查。

机翼结构中力的传递过程如图 2 - 35 所示,可以简要归纳如下:

① 蒙皮上的局部空气动力由桁条和直接同翼肋贴合的蒙皮传给翼肋。

② 翼肋将空气动力和集中载荷按梁的抗弯刚度成正比地传给腹板,将它们对刚心的扭矩

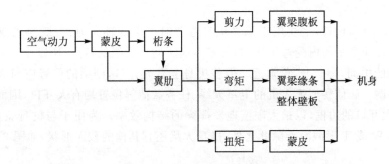

图 2 - 35　机翼结构中力的传递

传给蒙皮。蒙皮将扭矩传给与机身接合的周缘螺钉(或开口边缘的加强翼肋)。

③ 腹板把各个翼肋传来的剪力传给机身隔框,把这些力产生的弯矩通过纵向排列的铆钉传给上、下缘条。

④ 机翼翼梁的缘条,连同桁条和蒙皮,把由纵向铆钉传来的力传给机身的连接接头。

从力的传递的分析中可以看出,检查机翼时应当注意观察各部分的铆缝情况,因为机翼各构件都是通过铆钉来传力的。检查铆缝时,可以根据无人机的具体情况,确定必须着重检查的部位。例如,无人机粗猛着陆后,应当着重检查固定起落架部位的翼肋或翼梁上的铆钉;无人机做剧烈的飞行动作后,应对固定大部件的加强翼肋上的铆缝、翼根部位的腹板和缘条相连的铆缝等,进行仔细检查。根据铆缝的损伤现象,可以大致判断造成损伤的原因。例如,无人机粗猛着陆后,在过大的撞击力作用下,机翼各部分的铆钉可能受到过大的剪切作用而损坏,这时铆钉孔则会因一侧与铆钉头剧烈挤压而变成椭圆形;又如,无人机的飞行速度过大,蒙皮要承受过大的吸力,结果由于蒙皮或铆钉的变形,在铆钉孔周围可能出现圆圈状的痕迹。

现代无人机机翼结构中的蒙皮,不仅在传递扭矩时要受到剪切作用,而且在传递弯矩时还要承受压缩和拉伸的轴向力。因此,在维护和修理工作中,经常保持蒙皮具有良好的表面状况和承载能力(强度、刚度、稳定性)是十分重要的。飞行中,如果机动动作过于剧烈,机翼蒙皮就可能因受剪或受压失去稳定性而出现褶皱,或因受力过大而产生裂纹,此外还会使蒙皮与其他构件相连的铆钉松动或脱落。这些故障都会使蒙皮表面粗糙和承载能力变差,在维护、修理时必须注意及时发现和修复。

2.3　机身结构

飞行中,机身的阻力占整个无人机阻力的较大部分,因此要求机身具有良好的流线型、光滑的表面、合理的截面形状以及尽可能小的横截面面积。在飞行和着陆过程中,机身不仅要承受作用于其表面的局部空气动力,而且还要承受起落架和机身上其他部件传来的集中载荷,所以机身结构必须具有足够的强度和刚度。要说明的是,无人直升机的机身结构除外形要适应直升机飞行和装载要求外,其机身结构与固定翼飞机机身结构类同,因此这里仅以固定翼无人机为例,介绍无人机的机身结构。

2.3.1　机身的主要构件

机身的主要组成构件包括梁、桁条、隔框、蒙皮和地板等。机身结构各构件的作用与机翼结构中蒙皮、桁条和翼肋的作用基本相同。

1. 梁

梁是机身的纵向构件,主要用于承受机身弯曲时产生的轴向力,一般为铝或其他合金材料。鉴于机身在两个平面内受弯矩作用,且基本属于同一量级的特点,所以梁一般布置在机身剖面4个象限的中间,即±45°角附近。但若机身上有大开口,则梁的位置应与大开口的大小和位置相互协调。如侦察型无人机的卫星天线、任务载荷等位置均有大开口,因而梁的位置需要满足上、下大开口的边框,以最大限度地发挥梁的结构效率。为便于与机身蒙皮连接,机身大梁通常采用 W 或 T 形截面。除此之外,机身大梁还有其他的截面形状,如图 2-36 所示。

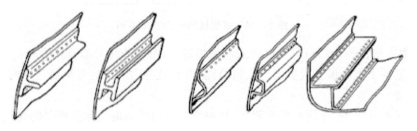

图 2-36　梁的截面形状

2. 桁　条

桁条也是机身的纵向构件,一般为铝合金材料。它铆接在机身隔框上(有些断开铆接在隔框之间),主要用于承受机身弯曲时产生的轴向力。桁条也用于支持蒙皮,提高蒙皮的受压和受剪失稳临界应力,承受作用在蒙皮上的部分气动力并传给机身隔框。

3. 隔　框

机身的隔框一般为铝或其他合金材料,按结构型式分为环形框、腹板框和构架框;按功能分为普通隔框和加强隔框。其中,普通隔框的作用是形成和保持机身的外形,提高蒙皮的稳定性,以及承受局部空气动力;加强隔框除了有上述作用外,主要是承受和传递某些大部件传来的集中载荷。

(1)普通隔框

为减轻重量以及满足内部装载的需要,普通隔框通常采用环形框型式,如图 2-37 所示。普通隔框承受的载荷不大,所以一般都用硬铝轧制的型材做成圆环形状,如图 2-37(a)所示。

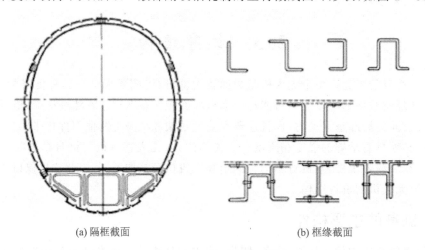

(a) 隔框截面　　　　　　　　　(b) 框缘截面

图 2-37　普通隔框的构造

框缘的截面形状有闭合和非闭合两种,如图 2-37(b)所示。

普通隔框的构造与机身的结构型式也有一定的关系。桁条式机身的普通隔框通常都做成完整的圆环形;桁梁式机身上大的开口比较多,开口部位的普通隔框是不完整的。

（2）加强隔框

加强隔框的构造是根据它所承受载荷的情况以及机身中各部件、设备的布局等来确定的,与机身外形、内部布置、集中载荷的大小及性质、支持它们的机身盒段结构特点和有无大开口等因素有关。

在不妨碍机身内部空间利用的地方,将腹板和其他加强构件(如支柱、辅助型材)铆接于整个隔框上的结构称为腹板式加强框。机身在无需大开口处用全腹板框(见图 2-38(a)),大开口处用有开口的腹板框(见图 2-38(b))。

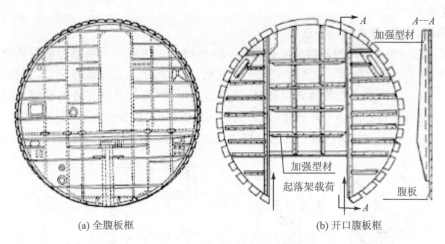

(a) 全腹板框　　　　　　　　　　(b) 开口腹板框

图 2-38　腹板式加强框结构

4. 蒙　皮

蒙皮主要用来形成机身外形和承受局部空气动力载荷,一般采用铝合金材料。对损伤容限设计的关键件、危险部位采用断裂、疲劳性能好的材料,如 LY12。在某些部位,出于隐身或电磁波透波的需要,采用复合材料,如雷达罩、通信天线罩等。某些部位也用厚铝板,经过化学铣切等方法直接加工成带纵向和横向筋条的整体壁板,如飞机中机身上的蒙皮。

机身蒙皮的厚度与受力大小有关。由于机身中部受力大,两端受力小,故中部的蒙皮比两端厚。当机身弯矩由纵向构件承受,蒙皮只受剪应力时,蒙皮厚度一般为 0.8~1 mm;当蒙皮同时受剪应力和正应力时,厚度一般为 1.0~2.0 mm,有的达到 2.5 mm。

5. 地　板

地板结构由地板骨架和安装在骨架上的地板组成,如图 2-39 所示,地板骨架由纵梁和横梁组成。横梁一般采用工字形或槽形挤压型材。横梁的两端连接在机身隔框上,并与纵梁和垂直支柱构成承力骨架。同时,纵梁还可以用于安装和固定任务载荷。地板本身由多块壁板组成,它们用螺栓固定在骨架上。作为地板的壁板是由上下面板、轻质芯材和加强条板组成的复合材料夹芯结构,芯材可以是泡沫塑料、轻质木材或其他材料。

地板的壁板在结构上是由厚度为 1.5~3.0 mm 的两层板材加上中间充填的泡沫塑料组成的,并采用层合板隔板加强。地板的壁板周边镶有木质板条,这样的壁板用专门的螺栓固定在骨架上。有些地板沿纵梁通过位于纵梁下的宽垫片,用螺栓将壁板固定在梁上,托板螺帽位

图 2-39　飞机机身地板梁结构

于地板骨架上。

6. 隔框、桁条、蒙皮之间的连接

隔框、桁条、蒙皮之间的连接情况如图 2-40 和图 2-41 所示。隔框与桁条是纵、横交叉连接的,如图 2-40(a)所示。在桁条式和桁梁式机身中,桁条总是与蒙皮贴合,铆接成受力壁板,如图 2-40(b)所示。桁条遇到隔框时,一般弱让强,即桁条遇到普通隔框时,在框上开缺口,用角片、框缘切口处的小弯片连接;桁条遇到加强隔框时,框连续,桁条断开,通过外缘对接(见图 2-41(a))或另用接头连接(见图 2-41(b)),也可以桁条与框缘均不断开(见图 2-41(c))。

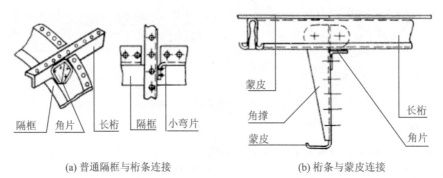

(a) 普通隔框与桁条连接　　　　　　　　(b) 桁条与蒙皮连接

图 2-40　普通隔框、桁条、蒙皮之间的连接

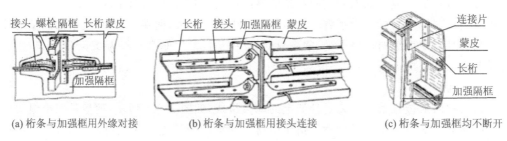

(a) 桁条与加强框用外缘对接　　(b) 桁条与加强框用接头连接　　(c) 桁条与加强框均不断开

图 2-41　加强隔框与桁条相交处的连接

2.3.2　机身的结构型式

1. 构架式机身

在早期的低速飞机上,机身的承力构架都做成 4 缘条的立体构架,如图 2-42 所示。

为了减小飞机的阻力,在承力构架外面,固定有整形用的隔框、桁条和布质蒙皮(或木制蒙

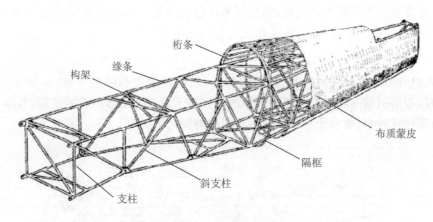

图 2 - 42　构架式机身

皮),这些构件只承受局部空气动力,不参加整个结构的受力。机身的剪力、弯矩和扭矩全部由构架承受。其中,弯矩引起的轴向力由构架的 4 根缘条承受;垂直方向的剪力由构架两侧的支柱和斜支柱(或各对张线)承受;水平方向的剪力由上、下平面内的支柱、斜支柱(或张线)承受;机身的扭矩则由 4 个平面构架组成的立体结构承受。构架式机身的抗扭刚度差,空气动力性能不好,其内部容积也不易得到充分利用,只有一些小型低速飞机机身采用此类机身。

2. 硬壳式机身

硬壳式机身采用框架、隔框和蒙皮组成机身的外形,如图 2 - 43 所示。硬壳式机身没有纵向加强件,蒙皮承受全部的剪力、扭矩和弯矩,所以蒙皮既承受正应力,又承受剪应力。为了使蒙皮不失稳,可以增加其厚度,但这样会增加蒙皮和整架无人机的重量。为了降低机身重量,同时提高刚度,可以采用夹层结构的蒙皮。硬壳式机身的最大缺点就是质量较大,现代无人机较少采用这种结构。

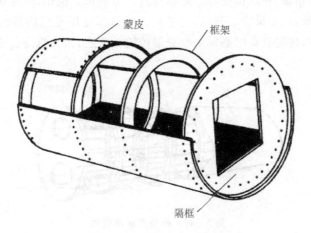

图 2 - 43　硬壳式机身结构

3. 半硬壳式机身

为了使机身结构的刚度能满足飞行速度日益增大的要求,需要使蒙皮参加整个结构的受力。因此,目前的机身结构广泛采用金属蒙皮,并且将蒙皮与隔框、大梁、桁条牢固地铆接起来,成为一个受力的整体,通常称为半硬壳式机身。

在半硬壳式机身中,大梁和桁条用来承受弯矩引起的轴向力;蒙皮除了要不同程度地承受轴向力外,还要承受全部剪力和扭矩;隔框用来保持机身的外形和承受局部空气动力,此外还要承受各部件传来的集中载荷,并将这些载荷分散地传给蒙皮。

(1)桁梁式机身

桁梁式机身由几根较强的大梁、较弱的桁条、较薄的蒙皮和隔框组成,如图 2 - 44 所示。机身弯曲时,弯矩引起的轴向力主要由大梁承受。对于蒙皮和桁条组成的壁板,其截面面积较小,受压稳定性较差,只能承受一小部分弯矩引起的轴向力。

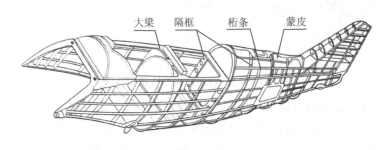

大梁　隔框　桁条　蒙皮

图 2 - 44　桁梁式机身结构

桁梁式机身由于采用了较强的大梁,因而可以开大的舱口而不会显著地降低结构的强度和刚度。

(2)桁条式机身

桁条式机身的桁条和蒙皮较强,受压稳定性好,弯矩引起的轴向力全部由上、下部的蒙皮和桁条组成的壁板受拉、压来承受,如图 2 - 45 所示。由于蒙皮加厚,改善了机身的空气动力性能,增大了机身结构的抗扭刚度,所以与桁梁式机身相比,它更适用于较高速无人机。此外,桁条式机身的蒙皮和桁条,在结构受力中能够得到充分利用。但是,这种机身由于没有强有力的大梁,不宜开大的舱口,如果需要开口,则必须在开口部位用专门构件加强。桁条式机身的各构件受力比较均匀,传递载荷时必须采取分散传递的方法,因而机身各段之间都用很多接头来连接。

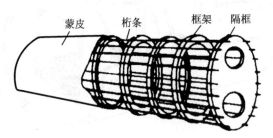

蒙皮　桁条　框架　隔框

图 2 - 45　桁条式机身结构

(3)复合式结构机身

有些无人机为了维护方便,机身通常分为前后两段,前段机身常有大开口,故采用桁梁式结构,而后段机身无大开口,通常采用桁条式结构。前段机身和后段机身间用数个螺栓连接,通常在连接框上均匀分布几个导向销,用于安装时的定位。

2.3.3　机身外部载荷及传递

在飞行和着陆过程中,机身要承受由机翼、尾翼、起落架等部件的固定接头传来的集中载荷,同时还要承受机身上各部件的质量力,以及结构本身的质量力。

在上述载荷作用下,机身与机翼一样,也要承受剪力、弯矩和扭矩。

① 机翼承受的载荷主要是分布的空气动力,而机身承受的载荷主要是各个部件传来的集中载荷。这是因为,在飞行中机身表面虽然也要承受局部空气动力,但与机翼相比,机身的大部分表面承受的局部空气动力较小,并且局部空气动力沿横截面周缘大致呈对称分布,基本上能自相平衡而不再传给机身的其他部分。可认为局部空气动力只对结构中局部构件的受力有一定影响(如一些凸出部分),而不会影响到整个机身结构的受力。此外,机身结构本身的质量力也相对较小,通常是把它附加到各个集中载荷上去考虑。因此,分析机身的受力时只考虑集中载荷的作用。

② 机翼沿水平方向的抗弯刚度很大而载荷较小。在研究机翼的受力时,可以不考虑水平载荷的作用。但在研究机身的受力时,就必须考虑侧向水平载荷。这是因为,一方面,机身的截面形状大多是圆形或接近圆形的,它沿水平方向和垂直方向的抗弯刚度相差不大;另一方面,机身承受的侧向水平载荷和垂直载荷也相差不大,而且在承受侧向水平载荷时,往往还要受到扭转作用。

1. 机身外部载荷

作用于机身上的载荷通常可以分为对称载荷和不对称载荷。

(1) 对称载荷

与机身对称面对称的载荷称为对称载荷。无人机平飞和在垂直平面内做曲线飞行时,由机翼和水平尾翼(简称平尾)的固定接头传给机身的载荷,以及当无人机以三点或两点(两主轮)接地时,传到机身上的地面撞击力等,都属于对称载荷。在对称载荷作用下,机身要受到对称面内的剪切和弯曲作用。一般在机身与机翼连接点处,机身承受的剪力和弯矩最大。

如图 2-46 所示,机身由 A、B 两个连接接头与机翼相连,机翼接头对机身的支点的反作用力分别为 R_A 和 R_B;水平尾翼(简称平尾)的外载荷通过垂直尾翼(简称垂尾)与机身相连的接头 C 和 D 传给机身,它们分别是 R_C 和 R_D;机身的质量力为 q。由此可做出无人机在垂直平面内做机动飞行时的剪力图和弯矩图。

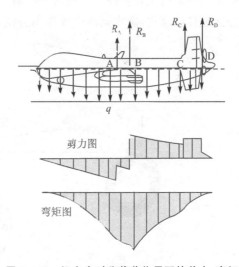

图 2-46　机身在对称载荷作用下的剪力、弯矩

(2) 不对称载荷

与机身对称面不对称的载荷称为不对称载荷。机身的不对称载荷主要有如下形式:

① 水平尾翼不对称载荷:如图 2-47 和图 2-48 所示,当水平尾翼的升力不对称时,水平尾翼形成不对称载荷。

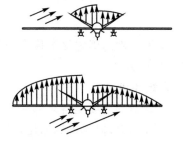

图 2-47　侧滑时水平尾翼上的不对称载荷

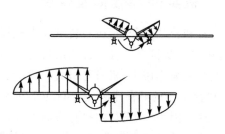

图 2-48　横滚时水平尾翼上的不对称载荷

② 垂直尾翼侧向水平载荷。

③ 一个主轮接地时的撞击力。

④ 无人机做急转弯或侧滑等飞行动作时,机身上的部件产生的侧向惯性力。在不对称载荷作用下,机身要承受剪切、弯曲和扭转,如图 2-49 所示。

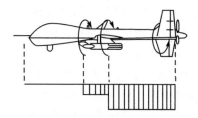

图 2-49　在不对称载荷作用下机身的扭矩

2. 机身载荷的传递

（1）垂直载荷的传递

机身垂直载荷的传递如图 2-50 所示。加强隔框在承受垂直方向的对称载荷时,要沿垂直方向移动。大梁抵抗垂直方向变形的能力很小,不能有效地阻止隔框垂直移动;而蒙皮(尤其是两侧蒙皮)抵抗垂直方向变形的能力较大,它能有效地阻止隔框垂直移动。因此,蒙皮是支持加强隔框的主要构件。这时,加强隔框沿两边与蒙皮连接的铆缝,把集中载荷以剪流的形式分散地传给蒙皮,蒙皮则产生反作用剪流,来平衡加强隔框上的载荷。

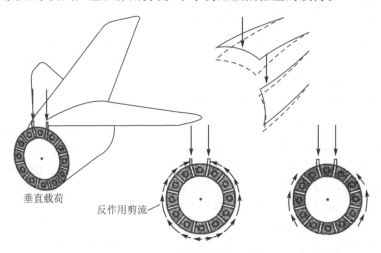

垂直载荷

反作用剪流

图 2-50　机身垂直载荷的传递

由于沿隔框周缘各部分蒙皮抵抗垂直方向变形的能力不同,周缘剪流的分布是不均匀的。机身两侧的蒙皮,抵抗垂直方向变形的能力比上下蒙皮强,因此这个部位剪流较大。为了研究方便,可以认为作用在隔框平面内的垂直载荷完全传给了两侧蒙皮,并由它产生的反作用剪流来平衡,即传递垂直载荷时,机身两侧蒙皮的作用相当于翼梁的腹板。

（2）水平载荷的传递

作用于加强隔框的水平载荷（如来自垂直尾翼的载荷）通常是不对称的，它对隔框的作用相当于一个作用于隔框中心处的力 P（对机身的剪力）和一个对隔框中心的力矩 M（对机身的扭矩），如图 2-51(a)所示。

加强隔框传递作用于中心处的力 P 的情况，与传递垂直载荷相似，它同样是沿铆缝以剪流 $q_剪$ 的形式将载荷分散地传给蒙皮，如图 2-51(b)所示。但由于力 P 的方向是水平的，所以机身上下蒙皮截面上产生的剪流最大。

加强隔框承受扭矩 $M_扭$ 时，要在自身的平面内旋转。蒙皮组成的合围框具有较大的抗扭刚度，它能通过铆钉来阻止隔框旋转。这样，加强隔框便沿周缘铆缝把扭矩以剪流的形式均匀地传给蒙皮，蒙皮则产生反作用剪流 $q_扭$，形成对隔框中心的反力矩，使隔框平衡，如图 2-51(c)所示。

总之，在加强隔框承受水平载荷时，隔框周缘要同时产生两个剪流，即平衡力 P 的剪流 $q_剪$ 和平衡力矩 $M_扭$ 的剪流 $q_扭$。周缘各处总剪流的大小，就是这两个剪流的代数和，如图 2-51(d)所示。在承受垂直尾翼传来的载荷时，隔框上部两个剪流的方向相同，而下部两个剪流的方向则相反。因此，固定垂直尾翼的加强隔框上部受力较大，这些隔框的上部往往做得较强，而且机身尾段上部的蒙皮一般也比较厚。对于固定前起落架的加强隔框来说，在承受由前起落架传来的侧向水平载荷时，隔框下部的受力比上部大，所以这种隔框的下部通常做得较强。

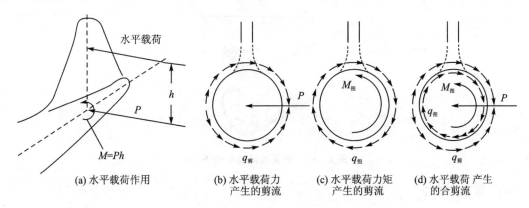

图 2-51 机身水平载荷的传递

2.3.4 机体开口部位

由于安置设备、维护等原因，往往需要在机体结构上开口。为了制造、维护和修理方便，机体各部分通常是分段制成后，再用装在分离面上的连接接头将各段连成整体。在开口部位和连接接头处，由于结构发生了变化，力的传递情况也随之发生改变，这就给这些部位的构件在受力上带来一些特点。

1. 直接补偿开口

（1）在开口处安装受力舱口盖

受力舱口盖由盖板和一些加强型材铆接而成，它用来代替开口部位的蒙皮、桁条、翼肋或隔框。为了使这种舱口盖能很好地参与受力，它的周缘要用很多铆钉、螺栓牢固地与开口周缘连接。这种舱口盖拆装不便，故多用在不需经常拆卸的部位。

（2）沿开口周缘安装加强构件

沿开口周缘安装加强构件的舱口盖通常只用少量螺钉或锁扣来固定。在这种情况下，开口部位原来由壁板传递的载荷，将由加强构件组成的框型结构来传递，舱口盖不传递轴向力和剪流，仅承受局部空气动力，起盖住开口、保持飞机外表流线型的作用。

这种补偿方法多用在开口不大，而舱口盖又需要经常拆卸的部位。

2. 间接补偿开口

机体结构中的某些大的开口（如起落架、任务载荷、天线等舱口），采用直接补偿是不合适的，因为这些地方不可能设置受力舱口盖，而沿大的开口周缘安装加强构件又会使结构过重，所以这些开口通常是间接补偿的。

下面以金属蒙皮机翼为例来说明在垂直载荷作用下，剪力、弯矩、扭矩在间接补偿开口部位的传递情况。为了使问题简化，假设该机翼在两个翼梁和翼肋1、翼肋2之间的上下表面都是开口的，且不考虑开口部位前后缘蒙皮和桁条的传力作用。机翼的间接补偿开口如图2-52所示。

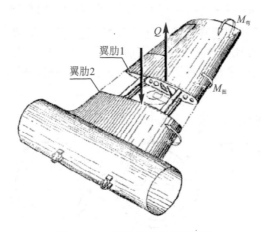

图 2-52　机翼的间接补偿开口

（1）剪力的传递

由于开口部位的翼梁是完整的，所以垂直平面内的剪力和未开口时一样，仍由翼梁腹板传递。

（2）弯矩的传递

在不同结构型式的机翼上，间接补偿开口对结构传递弯矩的影响是不同的。梁式机翼的弯矩主要由翼梁承受，上下蒙皮和桁条被去掉后，对结构传递弯矩的影响不大；单块式机翼中，弯矩引起的轴向力有很大一部分是由蒙皮和桁条传递的，蒙皮和桁条被去掉后，这部分轴向力就要由翼梁缘条传递，因此开口段翼梁缘条的受力会大大增加。

原来由蒙皮、桁条传递的轴向力，在开口部位是怎样加到翼梁缘条上去的呢？我们可以取开口部位外侧两翼梁间的一块带桁条的蒙皮 abcd 来研究，如图2-53所示。这块蒙皮的内端铆接在开口边缘翼肋上，两侧铆接在翼梁缘条上，外端则和外段蒙皮、桁条连接在一起，并受到外壁板传来的由弯矩引起的轴向力 P 的作用。在轴向力作用下，蒙皮 abcd 有向翼根移动的趋势。由于边缘翼肋受到垂直于它本身平面的力时比较容易变形，不能可靠地支撑这块蒙皮，而翼梁缘条却能对它起支撑作用，因而由外段壁板传来的轴向力便经过蒙皮侧边铆缝，以剪流的形式逐渐传给翼梁缘条使缘条承受的轴向力逐渐增大。

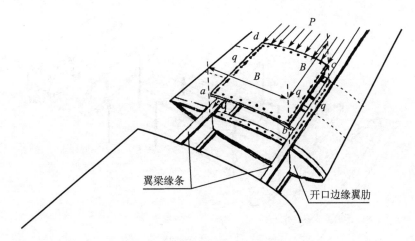

图 2 - 53　开口部位外侧轴向力的传递

在开口部位的内侧,翼梁缘条内由于开口增加的那部分轴向力,又以剪流形式逐渐传给蒙皮和桁条,使它们重新与缘条一起受力。

从开口部位的结构传递弯矩的分析中可以看出:单块式机翼的翼梁缘条在开口部位及其附近受力要显著增大。因此,在这个区域内,翼梁缘条的截面面积都是加大的,如图 2 - 54 所示。

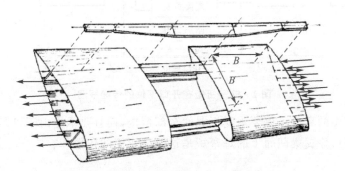

图 2 - 54　开口部位翼梁缘条的加强情况

(3) 扭矩的传递

开口部位外侧机翼的扭矩,通过蒙皮以剪流的形式传递给外侧边缘翼肋后是以力偶的形式传给翼梁的。当组成这个力偶的两个力分别经翼梁传到内侧边缘翼肋时,由于蒙皮的支撑作用,内侧边缘翼肋又要通过接缝将这个力偶转变成剪流传给内侧机翼蒙皮。可见,开口部位的两个边缘翼肋传递扭矩时,它们与蒙皮和翼梁腹板相连的铆钉承受的剪力较大,使用维护时应注意检查。

开口部位的翼梁传递扭矩引起的力偶时,要承受附加的剪力和弯矩。由于附加剪力的作用,腹板各截面承受的总剪力可能增大,所以开口部位的翼梁腹板通常也是加强的。开口部位的翼梁承受的附加弯矩可通过图 2 - 55 和图 2 - 56 来说明。图 2 - 55 中表示开口部位的一段翼梁,在两端的附加剪力作用下有沿垂直平面旋转的趋势,这时开口部位两侧的翼梁段会产生反力矩来阻止它旋转。

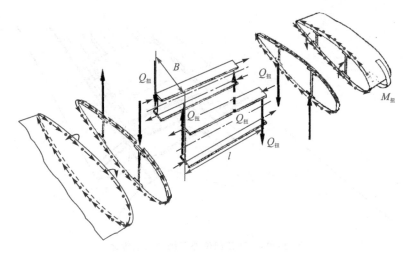

图 2 - 55　扭矩在开口部位的传递

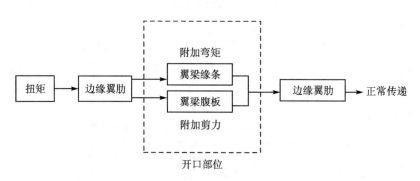

图 2 - 56　扭矩在开口部位的传递框图

　　总之,开口部位的翼梁不仅要承受机翼的全部弯矩,而且要承受由于机翼扭转而引起的附加弯矩。因此,开口段翼梁截面上的总弯矩是这两个弯矩的代数和。

2.4　安定面和操纵面

　　固定翼无人机的安定面主要包括水平安定面和垂直安定面,用于平衡无人机的空气动力和空气动力矩,保持无人机稳定飞行。操纵面主要包括安装在机翼上的增升装置、副翼及安装在尾翼上的升降舵、方向舵等。采用近距耦合鸭式布局的无人机和三翼面布局的无人机在主翼前面装有小翼,用于平衡无人机的纵向力矩和进行纵向操纵,这种主翼前面的小翼又称为前翼或鸭翼,其结构与平尾类似,因此本教材只介绍尾翼的结构组成。采用无尾布局和飞翼布局的无人机,升降舵安装在机翼后缘。采用类似 V 形尾翼的飞机,装在尾翼后缘的操纵面同时具有升降舵、方向舵的功能。

2.4.1　尾　翼

　　尾翼的主要作用是保证飞机纵向和横侧向平衡,使无人机在纵向和横侧向具有必要的安定性,实现无人机纵向和横侧向的操纵。

一般的尾翼包括水平尾翼（简称平尾）和垂直尾翼（简称立尾或垂尾）。亚声速无人机的平尾一般由固定的水平安定面（有的可略微转动）和活动的升降舵组成，如图 2 - 57 所示。现代跨声速和超声速飞机的平尾一般都采用全动式（有的垂尾也采用全动式），以提高飞机在高速飞行时的纵向操纵效能。

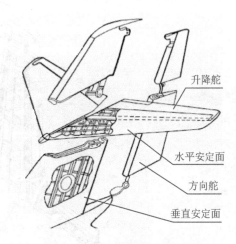

图 2 - 57　尾翼的基本组成

垂尾则由固定的垂直安定面和活动的方向舵组成，也有不少无人机为增加垂尾面积以加强方向静安定性而采用双垂尾布置。无人机的尾翼配置和有人机相比，种类更多，如图 2 - 58 所示。

尾翼和机翼在组成上基本相似，一般也是由梁、肋、桁条和蒙皮等组成，构成方法与机翼相似，如图 2 - 59 所示。轻型无人机的安定面较小，多采用梁式构造。大型无人机的安定面由于翼展大而相对厚度小，采用梁式结构会带来重量大、抗弯能力不足的缺点，所以一般都采用多纵墙的单块式构造。

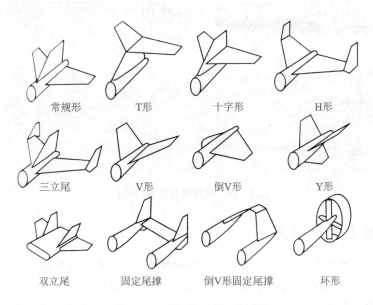

常规形　　T形　　十字形　　H形

三立尾　　V形　　倒V形　　Y形

双立尾　　固定尾撑　　倒V形固定尾撑　　环形

图 2 - 58　固定翼无人机的尾翼

方向舵与升降舵一样，通常是由梁、肋、蒙皮和后缘型材组成的无桁条单梁式结构（较大的舵面也有少量桁条）。越来越多的无人机升降舵和方向舵采用全蜂窝结构和复合材料结构，如图 2 - 60 所示。这种结构主要由梁和蜂窝夹芯壁板组成。蜂窝夹芯壁板的面板采用碳纤维强化塑料（CFRP），中间是蜂窝夹芯层。

尾翼承受的应力也与机翼相似。由气动载荷引起的弯矩、扭矩和剪力，从一个构件传到另一个构件，每个构件分担一部分应力，把剩余的应力传给其他构件，最终传给翼梁，翼梁再把它传到机身结构。

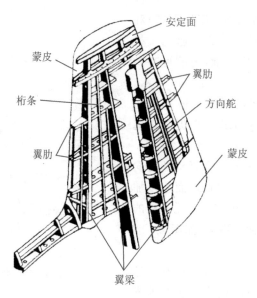

图 2-59 垂直安定面和方向舵结构

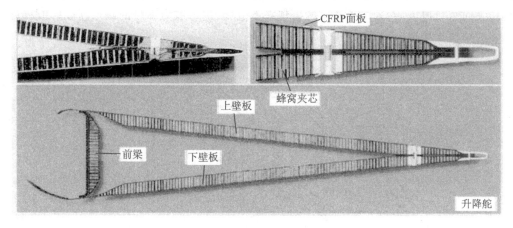

图 2-60 升降舵复合材料结构

2.4.2 机翼上的操纵面

无人机为了增加小速度时的升力和实现横向操纵,在机翼上通常设置一些操纵面,如襟翼、副翼等。有些大型无人机为了增加降落滑跑时的阻力,缩短滑跑距离,还安装有扰流板。

1. 增升装置

把机翼的前后缘制成可活动的,用来改变机翼剖面的弯度和面积,增加升力,改善起降性能,这种可增加升力的活动翼面称为增升装置或襟翼。襟翼一般分为后缘襟翼和前缘襟翼。

(1) 结构型式

增升装置的结构型式很多,如图 2-61 所示。

前缘增升装置一般布置在弦线最前面的 10%～15% 弦长区域内。后缘增升装置一般布置在 65%～75% 弦长之后的 25%～35% 弦长范围内。有简单式、后退式、开裂式、开缝(单缝、双缝或多缝)式、喷气襟翼等多种结构型式的襟翼。一般大型有人机或战斗机安装有前缘襟翼,无人机多数都安装了后缘襟翼。

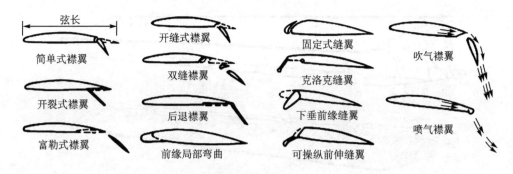

图 2-61 增升装置的型式

（2）前缘缝翼

前缘缝翼是位于机翼前缘且有特殊形状的机翼活动部件。飞行中放出时，前缘缝翼与机翼前部之间形成缝隙，使得在大迎角下气流稳定流动。如图 2-62 所示，前缘缝翼由梁、肋和蒙皮等组成，缝翼后缘通常采用蜂窝夹芯结构。

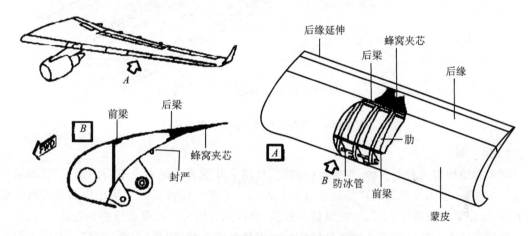

图 2-62 前缘缝翼的蜂窝夹芯结构

（3）后缘襟翼

现代飞机的增升装置普遍采用后缘襟翼。襟翼放下角度的大小可随飞行表速变化，一般无人机在降落时放下的角度要大于起飞时放下的角度。

图 2-63 所示为典型的双开缝后退式襟翼。其襟翼部分由襟翼舱、襟翼和运动机构组成，安装在中外翼后大梁的后面。

襟翼舱由内蒙皮、外蒙皮、可卸下壁板和隔板等组成。

襟翼由主襟翼和安装在主襟翼前面的导流片组成。主襟翼是全金属结构，由大梁、前缘、蒙皮、翼肋和桁条等组成，有些襟翼采用蜂窝夹芯壁板结构。大梁上装有收放作动筒接头，并在腹板上开有作动筒螺杆的通过孔。每段前缘上均有若干个连接导流片用的角材，并用螺钉和游动自锁螺帽与大梁上下缘条连接。襟翼导流片也分成段，其下翼面上装有壁板，壁板与主襟翼前缘上的型材连接，使导流片与主襟翼一起组成完整的襟翼。

图 2-64 所示为典型三开缝后退式襟翼，由梁、肋和蜂窝夹芯壁板等部分组成。

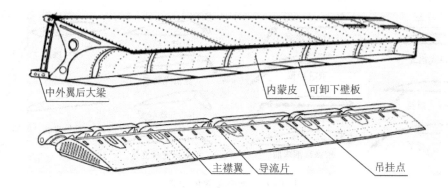

图 2-63　典型的双开缝后退式襟翼

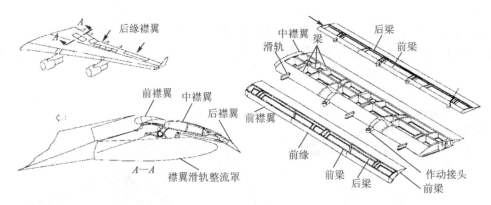

图 2-64　典型三开缝后退式襟翼结构

2. 副　翼

副翼的结构型式有很多种,主要有内副翼、外副翼及混合式副翼。不同的无人机,副翼的数量也不同,一般无人机的副翼都是在机翼的外侧。有些后掠机翼为了防止机翼变形时副翼被卡住,将副翼做成两段,中间用操纵接头连接,两段副翼的另一端用悬挂接头安装。

有些高速无人机把副翼从机翼外侧移向靠近机身的内侧,叫作"内侧副翼"。采用内侧副翼是为了防止无人机高速飞行时,因机翼在副翼偏转时引起的扭转变形而发生"副翼反效"现象。机翼根部的抗扭刚度大,因此采用内侧副翼不易产生副翼反效现象。如在某些大型无人机的组合横向操纵系统中,装有内副翼和外副翼。低速飞行时,内外副翼共同进行横向操纵,高速飞行时,外副翼被锁定而脱离副翼操纵系统,仅由内副翼进行横向操纵。

有些无人机的副翼和襟翼合为一体,称为襟副翼。飞行中襟副翼既可作副翼操纵(左右襟副翼差动偏转),又可作襟翼操纵(左右襟副翼同步偏转)。有些无尾式无人机,由于升降舵、襟翼和副翼都必须装在机翼的后缘部分,所以产生了一个操纵面在不同情况下起不同作用的升降副翼和襟副翼等。

有些超声速无人机,为了提高副翼的操纵效率,常常在机翼的上表面或下表面安装"扰流片"与副翼配合动作,增加横向操纵力矩。扰流片在副翼偏转的方向上伸出,可以降低流速,增加压力。

副翼在外形和结构上与机翼相似,由翼梁、翼肋和蒙皮组成,现代无人机副翼通常采用复合材料和蜂窝夹心结构。由于副翼承受的弯矩不大,所以一般都做成无桁条的单梁结构,也有些大型无人机采用双梁结构,如图 2-65 所示。

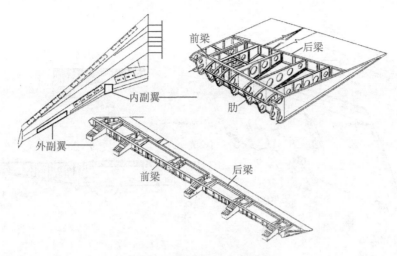

图 2-65　双梁式副翼结构

　　副翼连接接头处前缘蒙皮是开口的,如图 2-66 所示,副翼有若干双凸耳接头,铰接在外翼的后梁上。连接副翼的接头中,至少应有一个接头是沿展向固定的,其余接头沿展向是可以移动的。

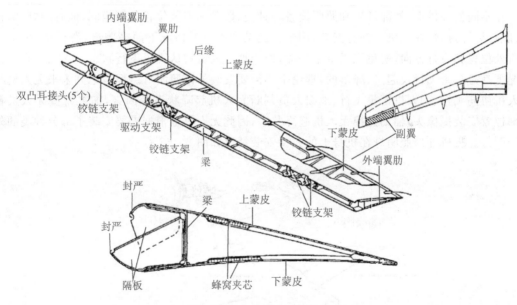

图 2-66　单梁式副翼结构

　　副翼在装有支点的横截面上承受的剪力、弯矩最大;在操纵摇臂部位的扭矩最大。

3. 扰流板

　　无人机的扰流板位于机翼的上表面、后缘襟翼之前。如图 2-67 所示,扰流板由梁、楔形的后缘、铰链和作动接头等组成,其中,楔形后缘采用蜂窝夹芯结构,由上下蒙皮壁板和之间的蜂窝夹芯组成。扰流板铰接到机翼的后梁上。

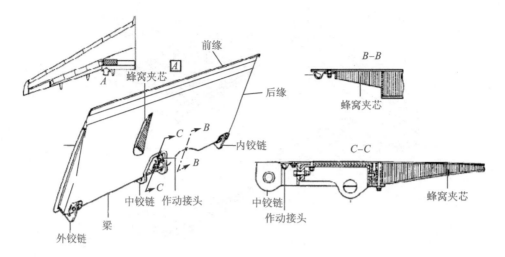

图 2 - 67　扰流板结构

2.5　外部照明灯

在不同的飞机上,外部灯光和照明设备的种类、数量和安装位置各不相同,但着陆灯、滑行灯、航行灯、防撞灯在飞机上都有安装,用于在能见度不良的情况下照亮跑道、滑行道,标示飞机所处位置和飞行方向,避免飞机空中相撞,便于地面人员辨认飞机飞行状态。无人机在正常情况下都是自主飞行及起飞、降落的,理论上不需要安装外部照明灯。但考虑到未来无人机与有人机协同飞行、无人机密集飞行、地面人员判断无人机起降状态等因素,加之有些无人机在头部位置安装摄像头,辅助监控无人机起降状态,因此无人机也根据需要安装了部分种类的外部照明灯。飞机外部照明灯在机身上的典型安装情况如图 2 - 68 所示。

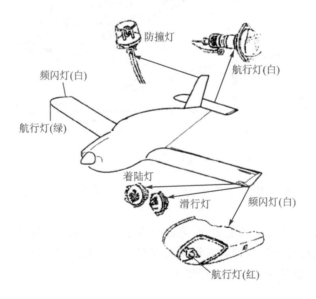

图 2 - 68　飞机外部照明灯

1. 着陆灯

着陆灯主要是为飞机在夜间或能见度不良的条件下起飞或着陆时提供照明,以便飞行员观察跑道和目测高度。对无人机来说,在同样起飞、着陆条件下,可以在着陆灯的帮助下更好地监控无人机的起飞、着陆状态,以便及时处置突发情况。

按照结构型式进行分类,通常将着陆灯分为固定式和活动式两种,有些着陆灯还兼有着陆照明和滑行照明两种功能。固定式着陆灯常安装于机翼前缘、机身前端或前起落架上,并按照机翼前缘的形状盖上透明整流罩。活动式着陆灯又称为可收放式着陆灯,它安装于机翼、机身前部或发动机舱表面的开口处,并要求在收起时能收缩到机翼或机身外部轮廓之内。

着陆灯内的反光镜具有抛物面的形状,白炽灯的灯丝位于反光镜的焦点处,是密封的光束型灯。因此,着陆灯能产生较窄的光束,使它能够从机翼前缘、前机身或前起落架等位置照射飞机前部的跑道。

着陆灯功率很大,使用时产热很高,需要高速气流进行冷却,因此着陆灯在飞机起飞滑跑前打开,离地后关闭;在飞机最后进近阶段打开,落地后即关闭。当飞机停留在地面时,检查、使用着陆灯的时间要尽可能短。

2. 滑行灯

滑行灯的作用是在夜间或能见度差的情况下,为飞机在地面滑行时照亮前方跑道和滑行道。滑行灯也是密封的光束型灯,通常固定安装在机翼前缘,也可安装在机身头部或起落架上。滑行灯的光线水平扩散角较大,是着陆灯的数倍,但光的强度比着陆灯弱,这是为了满足飞机滑行时要有较宽视野和较长时间滑行照明的要求。

滑行灯的控制电路与着陆灯类似。在有些飞机上,滑行灯与着陆灯组合在一起,如图 2-69 所示。这种灯的内部有两组灯丝,当飞机着陆时,接通着陆灯开关 K_1,两组灯丝同时通电工作,进行强照明;滑行时,接通滑行灯开关 K_2,只有滑行灯通电工作,进行弱照明,这时由于二极管的隔离作用,着陆灯不工作。需要注意的是,该电路能正常工作的前提是两个灯采用直流电源供电。

3. 航行灯

航行灯又称导航灯,是显示飞机轮廓的机外灯光信号装置,便于黑暗中辨认飞机的位置及运动方向,必要时可进行飞机与飞机或飞机与地面之间的紧急联络。

夜间在地面进行发动机试车,飞机滑行和牵引时,也用它来标志飞机的位置和外部轮廓,以免车辆、人员与飞机相撞。

航行灯的安装根据航空规章和空中交通管制规则条例要求,自飞机的正前方向飞机望过去,在整个 110° 弧形范围内的水平平面上都可以看到右侧翼尖或靠近右侧翼尖处一个绿色灯和左侧翼尖或靠近左侧翼尖处一个红色灯。

自飞机的后部,可以在 140° 的水平平面弧形范围内观察到白色航行灯,白色航行灯一般安装在飞机的尾锥或机翼翼尖的后部。

图 2-70 所示为航行灯的供电电路。

4. 防撞灯/频闪灯

防撞灯俗称闪光灯,其与航行灯配合,显示飞机的位置以防止飞机相撞。为使目标明显,防撞灯发出红色闪光。

为了使飞机更加容易被识别,除在机身上下安装红色闪光灯外,还在翼尖处(通常在航行灯的后面位置)安装白色闪光灯,这些灯称为频闪灯。

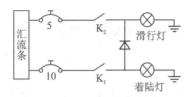

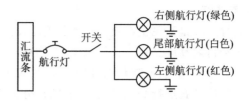

图 2-69　着陆灯和滑行灯电路　　　　图 2-70　航行灯的供电电路

防撞灯和频闪灯有旋转光束式(见图 2-71)、气体脉冲放电式(见图 2-72)和晶体管数字开关式等几种类型。

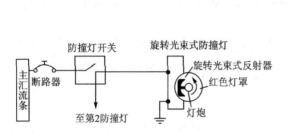

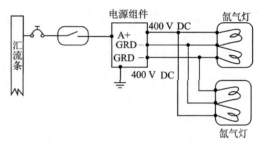

图 2-71　旋转光束式防撞灯电路　　　　图 2-72　气体脉冲放电式闪光灯电路

旋转光束式防撞灯一般由白炽灯组件和电动机旋转机构组成。如在某型机上,防撞灯是一个安装在一个半球形透明的红色灯罩内、由电动机带动旋转的白炽反光灯,灯泡内壁的一半镀成镜面,另一半透明,当电动机带动发光的灯泡旋转时,观察透明灯罩时可以看到红光,而观察灯罩背部时则看不到红光,这样,当电动机连续旋转时,就看到了红色闪光。由于此电路采用了直流电动机和白炽灯的结构,因此整个组件的可靠性和发光效率都比较低。为提高可靠性,有些防撞灯内装有两只灯泡。

为了提供可靠性和可维护性,目前多采用气体脉冲放电式闪光灯,如图 2-72 所示。电路采用了专用的电源组件,输出 400 V 以上的脉冲直流电,灯泡多采用氙气灯。此种发光电路灯的亮度、发光效率和可靠性都较高。由于电路中有高压部件,所以在维护时需要在开关断开一定时间后再对电路进行维护,以避免高压造成人身伤害。同着陆灯、滑行灯一样,由于灯泡发热量大,断电后灯泡温度仍然很高,所以在维护时要避免发生烫伤。

2.6　防冰除冰系统

在有结冰条件的环境中飞行时,无人机各迎风部位,如机翼和尾翼前缘、螺旋桨、发动机进气道前缘、各种传感器探头等处,极易结冰。无人机结冰导致无人机气动性能恶化,发动机功率降低,传感器测量错误,进而对飞行安全构成严重威胁。所以,现代飞机装备有防冰或除冰系统。一些无人机无防冰/除冰能力,但会装有结冰探测器,如意外进入结冰区,则应立即控制无人机迅速脱离结冰区。

2.6.1　无人机结冰机理

大气中经常存在温度在 0 ℃以下仍未冻结的过冷水滴。这种过冷水滴多出现在 -20～

0 ℃的云和降水中。在温度低于−40 ℃时,过冷水滴就会立即冻结,但是温度高于−40 ℃时,水滴就会长时间以液态存在。过冷水滴的一个重要特征就是不稳定,稍受振动,即冻结成冰。当飞机在含有过冷水滴的区域飞行时,如果机体表面温度低于 0 ℃,过冷水滴就会在机体表面迎风部位冻结并积聚成冰层。可见,无人机结冰的条件是气温低于 0 ℃,无人机表面温度低于 0 ℃和有温度低于 0 ℃的过冷水滴存在。

1. 无人机结冰的种类

无人机结冰的种类包括明冰、雾凇、毛冰和霜等。无人机结冰有的光滑透明,有的粗糙不平,有的坚硬牢固,有的松脆易脱,它们之间的差异主要是由过冷水滴的尺寸大小及其温度的高低决定。

明冰通常是在温度为−10～0 ℃的条件下由过冷雨或大水滴形成的,其质地光滑透明、结构坚固。在有降水的云中飞行时,明冰的积聚速度往往很快,冻结牢固,除冰设备不易使其脱落,因而对飞行危害较大。

雾凇由许多粒状冰晶组成,不透明,表面粗糙。这种冰多形成于温度在−20 ℃左右的云中,积聚速度较慢,多出现在无人机的迎风部位。与明冰相比,雾凇很容易除掉,对飞行危害相对较小。

毛冰的特征是表面较粗糙,质地较坚固,色泽如白瓷,故又被称为瓷冰。毛冰多形成在温度为−15～−5 ℃的云中,这里大小水滴同时存在,或存在由过冷水滴与冰晶混合组成的云,所以能形成粗糙的不透明的冰。毛冰对飞行的影响不亚于明冰。

霜是在晴空飞行时出现的一种结冰。它是当不饱和空气与温度低于 0 ℃的机体表面接触时,由水蒸气在冷机体表面直接凝华而成。只要无人机表面保持在 0 ℃以下,霜就一直不化。霜虽然很薄,但它对飞行依然有影响。另外,冬季停放在地面的无人机也可能结霜,必须清除机体上的霜层后才能起飞。

2. 无人机结冰的影响

无人机结冰的主要影响可分为对空气动力性能、动力装置、仪表与通信等几方面的影响。

无人机结冰不仅增加了无人机的重量,而且会改变无人机的重心和空气动力面的气动外形,从而破坏了无人机原有的气动外形,升力下降,阻力增加,引起无人机抖动,操纵困难甚至失控。

无人机螺旋桨桨叶结冰导致其拉力减小。当冰层厚度达 5～7 mm 时,冰块会在离心力作用下脱落,这不仅会打坏发动机和机身,而且会破坏螺旋桨的平衡,引发强烈振动。汽化器进气道文氏管喉部流道面积变窄,空气流过时温度和压力降低,加之此处喷出的汽油蒸发汽化吸热,双重冷却效应使进气中的水分凝结成冰,严重时会堵塞进气道,使发动机功率下降甚至停车。

空速管结冰会影响空速、高度和升降速率测量的指示准确度,严重时这些传感器无法正常工作。迎角传感器结冰会影响失速警告系统正常工作。天线结冰则会影响无线电的接收与发射,甚至中断通信。

2.6.2　无人机防冰除冰系统

1. 无人机结冰探测

无人机防冰/除冰系统应在需要时工作,以减少能源消耗和不必要的损耗。这就要求无人机具备能够在飞行中探测结冰情况的能力。应用在无人机上的结冰探测技术多种多样,包括光学法、热学法、电学法、机械法和波导法等。下面仅对无人机常采用的电子式结冰探测器（属于机械法）进行介绍。

电子式结冰探测器由微处理器电路、翼形支柱和伸到气流中的探头组成，如图 2-73 所示。探头以预设的频率振动，当冰积聚在探头上时，其振动频率减小。当探头振动频率下降到预设的频率下限时，微处理器将结冰信号传给地面站。

探测一次结冰后，探头内的加温元件将冰除掉，以便继续探测结冰情况。只要探测器连续探测到结冰，地面站中的告警信号就会一直保持。只有当探测器探测不到结冰时，告警信号才消除。

2. 无人机防冰系统

对无人机某些易结冰部位采取一定措施，使之不能结冰，称为"防冰"。无人机的翼面前缘、螺旋桨桨叶、汽化器及各种探头等属于易结冰部位。许多小型无人机因飞行高度和速度较低，热源有限，未装备专门的防冰设备；而较大型的无人机则可能装设防冰系统。防冰系统的种类主要根据所利用的能源来区分，有气热防冰、电热防冰、化学防冰等。

（1）气热防冰系统

气热防冰系统通常用于机翼和尾翼前缘防冰。这种系统需要温度较高的热空气。无人机如果采用气热防冰系统，则热空气来源于排气加温器或燃烧加温器。

气热防冰系统的热空气通过防冰活门的控制，流向机翼、尾翼前缘蒙皮内沿翼展方向敷设的防冰导管。需要防冰的翼面前缘内部装配小缝隙蒙皮夹层，形成加热通道，如图 2-74 所示。热空气通过防冰导管上的喷气孔喷入夹层，为前缘蒙皮提供足够的热量，以防止过冷水滴在翼面前缘结冰，或者使已冻结在蒙皮上的冰层融化松脱，由相对气流吹除。空气流过夹层通道后，从翼尖或其他易结冰部位排出机外。

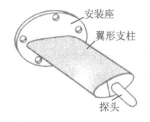

图 2-73 电子式结冰探测器

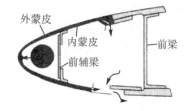

图 2-74 机翼气热防冰原理

（2）电热防冰系统

在可能遇到结冰的无人机上通常对空速管采用电加温防冰方法，以防止结冰堵塞空速管进气口。但空速管电加温元件发热量较大，所以当无人机在地面无相对气流时，不能接通该加温元件，以免烧坏空速管。飞行中接通空速管加温后，应通过地面站监视其加温工作。

许多无人机的静压孔和失速传感器叶片也采用电加温防冰。如果静压孔没有装设加温元件，则须装有备用静压孔。

（3）化学防冰系统

在无人机的某些表面或部件喷洒异丙基乙醇、甲基乙醇，或乙烯乙二醇和乙醇的混合液，可以降低这些部位水的冰点，同时使喷洒后的表面光滑，冰不容易在这些表面聚集。液体防冰通常用于汽化器、螺旋桨的防冰。防冰液储存在无人机上的储液箱中。

图 2-75 所示为螺旋桨桨叶前缘液体防冰系统。该系统由防冰液储液箱、液滤、液泵、变阻器、抛液环和供液导槽等组成。需防冰时,通过带有变阻器的开关控制液泵电机的转速,从而控制供液量。每个螺旋桨设有抛液环,利用离心力将防冰液送到桨叶喷液嘴喷出。

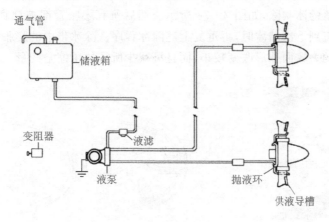

图 2-75　螺旋桨桨叶前缘液体防冰系统

在离心力的作用下,喷出的防冰液沿导槽向桨叶叶尖流动,在相对气流的吹动下布满整个桨叶前缘,从而达到防冰的目的。

有些飞机的机翼防冰采用一种被称为"渗液翼"的防冰系统,如图 2-76 所示。防冰液由液泵从储液箱抽出,通过埋置于机翼和尾翼前缘的微孔金属渗液条渗出,并在气流作用下沿上、下表面流动,使机翼、尾翼前缘表面均匀分布防冰液。这种系统利用乙二醇覆盖翼面,以防止结冰。防冰液流向整个机翼和尾翼表面,又可起到除冰作用。

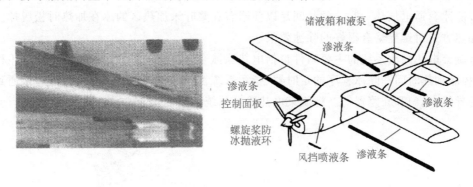

图 2-76　"渗液翼"防冰系统

3. 无人机除冰系统

除冰系统是将无人机表面已形成的冰除去。对于速度较慢的飞机,在对空气动力翼面气动性能影响不大的前提下,允许一定程度的结冰,然后采用一定方式将冰破掉或融化,由气流带走,这种方式效率更高,且除冰后表面无残留冰,不会在原结冰区域形成冰溜。

最典型的除冰系统是机翼和尾翼前缘气动除冰带系统。而螺旋桨除冰则常采用电加热元件将桨叶上形成的冰融化,再利用螺旋桨的离心力将脱落的冰甩掉。

(1) 气动除冰系统

气动除冰系统利用可充气膨胀的气动除冰带机械破碎翼面冰层,由气流吹掉而达到除冰的目的,如图 2-77 所示。气动除冰带通常装设于机翼、尾翼前缘,由橡胶制成。

　　橡胶除冰带包括安装在需要除冰翼面前缘的几个可膨胀管。具有一定压力的压缩空气通过由定时器控制的分配活门进入膨胀管。在按预设程序工作的系统中,中间膨胀管首先充气膨胀,将前缘的积冰破开。中间膨胀管收缩时,上下膨胀管再充气膨胀,使整个冰层与翼面分离,并由气流将脱落的冰吹除,如图 2-78 所示。然后所有膨胀管都被抽真空而收缩,紧贴翼面保持气动外形,直到下次结冰时,再重复上述除冰程序。除冰带中的膨胀管交替膨胀不仅破冰效果好,对空气动力翼面外形改变较小,而且可减少所需的压缩空气量。

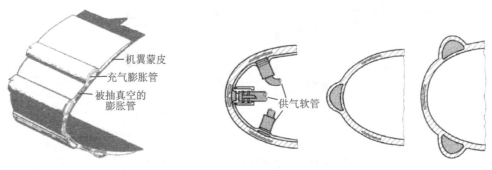

图 2-77　气动除冰带　　　　　　　　　图 2-78　按程序膨胀的除冰带

（2）电热除冰系统

　　许多无人机的螺旋桨都安装有电热除冰套系统。橡胶除冰套内埋设电加热元件,并包裹在桨叶前缘。加热元件通电后对除冰套加热,将形成于桨叶前缘的冰融化,并由螺旋桨的离心力将冰甩掉。

　　在有些无人机上,每个桨叶上的除冰套分为两段。除冰时,以 30 s 为间隔分别对各桨叶的两段除冰套通电加热。30 s 的时间足以使附着在桨叶未加热区的冰在加热时松脱掉。这种交替加热方式对螺旋桨有很好的除冰效果。

　　螺旋桨电热除冰系统的主要附件包括电热除冰套、将电流接通到转动桨叶的滑环和电刷组件、控制加热时间和除冰程序的定时器、指示系统工作的电流表以及将飞机电源接通到除冰系统的导线、电门和断路器等。螺旋桨电热除冰系统如图 2-79 所示。

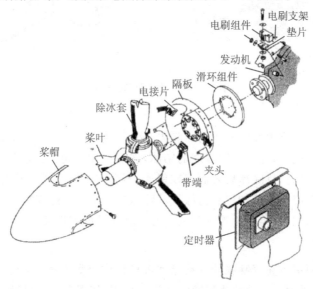

图 2-79　螺旋桨电热除冰系统

滑环组件通过专门的与起动机适配的桨帽隔板或曲轴法兰盘连接到螺旋桨上。电刷组件安装在发动机上,因此 3 个电刷垂直贴紧在滑环上。定时器控制各除冰套的通电顺序。加热顺序有利于使桨叶上的结冰松脱,并在离心力作用下将冰甩掉。每个桨叶的相同部位同时通电加热,以保持螺旋桨的动平衡。电流表用来监视系统的工作情况。当每个加热元件通电时,如果电流相等,则说明除冰系统工作正常。该系统的优点是重量轻,缺点是耗电量较大。

本章小结

机体载荷直接影响机体结构的组成和结构型式。本章首先介绍机体载荷类型及其对各部件的作用原理及分布,各部件之间载荷的传递方式。鉴于无人直升机的旋翼和机身结构型式与固定翼无人机的类同,以固定翼无人机为例,介绍了机翼、机身、安定面和操纵面的结构型式和载荷分布。此外,作为安装在机体上的一部分,还简要介绍了外部照明灯和防冰除冰系统。本章的重点是掌握载荷的作用机理,无人机机翼、机身、安定面和操纵面的结构型式与无人机种类、所受载荷之间的关联关系。图 2-80 所示为本章的思维导图,供大家参考。

思考题

1. 分析无人机机体承受载荷的类型和特点。
2. 机身的主要作用有哪些?总结机身基本组成构件的特点。
3. 对比分析各类机身结构型式的优缺点。
4. 对比分析各类机翼结构型式的优缺点。
5. 机翼结构的主要构件有哪些?受力情况如何?
6. 分析机翼上的空气动力如何通过内部构件传递到机身结构。
7. 分析并总结无人机操纵面的功用和结构特点。
8. 无人机开口区域的扭矩如何传递?
9. 总结机翼、机身、安定面和操纵面与无人机种类的关联关系。
10. 无人机结冰的危害有哪些?
11. 无人机防冰除冰的措施有哪些?
12. 简述无人机外部照明灯的种类和功用。

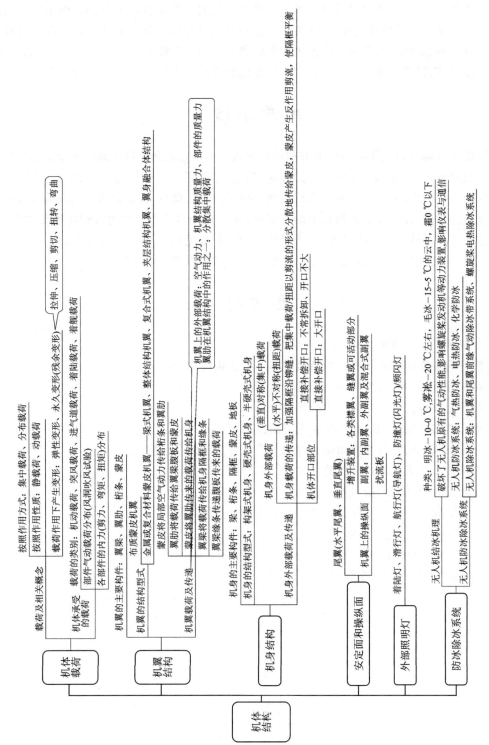

图 2-80　本章思维导图

第3章 航空活塞发动机

3.1 概 述

为航空器提供推力(或拉力),推动航空器前进的装置称为航空动力系统。它由发动机本体以及保证发动机正常有效工作所需的附件、传感器和相关系统共同组成,例如燃油系统、滑油系统、操纵控制系统、冷却系统、起动系统等,它们共同组成了无人机动力系统,采用间接推力的动力系统还包括螺旋桨或旋翼等。动力系统的核心部件是发动机,通常我们把动力系统简称为发动机。

由于无人机种类多、构型多样、用途范围大,为满足不同需要使用的动力系统也多种多样。无人机作为航空器中的一种,其采用的动力系统大多数与其他航空器所用动力系统类型和工作原理一致,如图3-1所示,主要包括:

图3-1 采用活塞、燃气轮机和电推进的无人机

(1)航空活塞发动机

该类发动机通过汽缸内燃料的燃烧形成工质,完成热力循环,将热能转化为机械能,驱动螺旋桨或旋翼旋转产生动力。整个动力系统包括发动机、螺旋桨或旋翼,是中小型无人机常用的推进装置。

(2)航空燃气涡轮发动机

该类发动机的特征是带有压气机和涡轮等叶轮机械,包括直接产生推力的涡轮喷气发动机(简称涡喷发动机)、涡轮风扇发动机(简称涡扇发动机)和间接产生推力的涡轮轴发动机(简称涡轴发动机)、涡轮螺旋桨发动机(简称涡桨发动机)等。其常用作中型、大型或旋翼无人机的动力系统。

(3)电推进

与有人机动力系统绝大多数利用推进剂、燃料化学能产生热,再产生推进功的过程不同,无人机动力系统还包括电机+螺旋桨的推进系统,常用于微小型无人机。

其他类型的发动机还有火箭式发动机、冲压式发动机、脉冲爆震式发动机以及利用太阳能作为能源的发动机等,如图3-2所示。无人机所用的电推进技术较为成熟,需要的维护较少;固体火箭式发动机常作为无人机的助推器使用,可在无滑行跑道条件下放飞无人机;冲压式发动机主要用于超声速无人机,目前应用较少。本章重点介绍航空活塞发动机的工作原理、结构组成和工作特性。

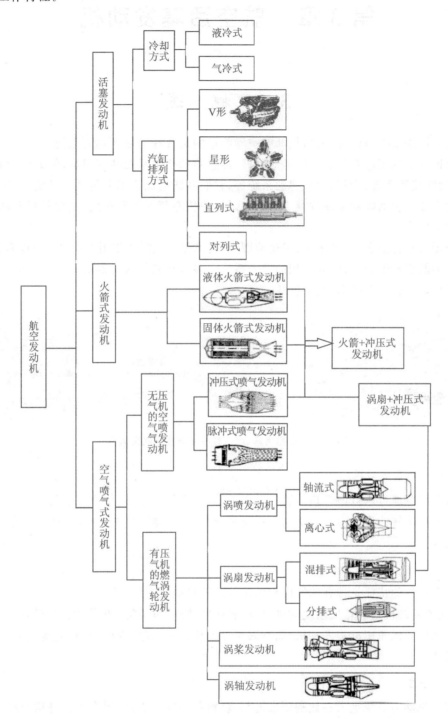

图 3-2 航空动力系统主要类型

自 1903 年人类完成第一次载人动力飞行至第二次世界大战末期,几乎所有的飞机都使用活塞发动机+螺旋桨的组合作为动力系统。航空活塞发动机在漫长的发展过程中,其理论研究和实践应用都比较成熟和完善。目前,虽然航空发动机中大推力喷气式发动机已成为主流,但活塞发动机仍占有重要的地位,凭借其在低速情况下能够保持高推进效率等优势,在无人机上被广泛采用。

3.2　发动机工作原理

3.2.1　发动机分类

活塞发动机(Piston Engine)是依靠活塞在汽缸中的往复运动,使气体工质完成热力循环,并将燃料的化学能转化为机械能的动力系统。经过长期发展,航空活塞发动机的种类多样,具体如下:

1. 按工作原理划分

根据基本工作原理的不同,航空活塞发动机可分为四冲程(也称"行程")发动机和二冲程发动机,如图 3-3 所示。

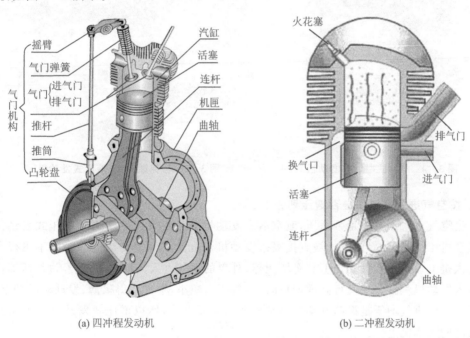

(a) 四冲程发动机　　　　　(b) 二冲程发动机

图 3-3　二冲程发动机和四冲程发动机

活塞运动四个冲程完成一个工作循环的发动机,叫四冲程发动机。活塞运动两个冲程完成一个工作循环的发动机,叫二冲程发动机。后一种只是在过去的少数飞机上采用过,目前使用的航空活塞发动机绝大多数是四冲程发动机。

2. 按混合气形成的方式划分

根据形成混合气方式的不同,航空活塞发动机可分为汽化器式发动机和直接喷射式发动机。汽化器式发动机中装有汽化器,燃油与空气在汽化器内预先混合好,再进入发动机汽缸中燃烧。直接喷射式发动机中装有燃油直接喷射装置,发动机工作时燃油由直接喷射装置直接喷入汽缸,混合气在汽缸内形成。

3. 按点燃的方式划分

根据汽缸内燃气的点燃方式,航空活塞发动机可分为点燃式发动机和压燃式发动机。在点燃式发动机中,燃油与空气按照一定的混合比混合成混合气,其在汽缸内经过活塞压缩后,用外来的火源点燃,使其燃烧。压燃式发动机先将空气在汽缸内压缩,使其温度升高至燃油的燃点值以上,然后再向汽缸内喷入燃油使其自燃。

4. 按发动机的冷却方式划分

根据发动机的冷却方式不同,航空活塞发动机分为气冷式发动机和液冷式发动机。气冷式发动机上汽缸的外部设计有散热片,直接利用飞行中的迎面气流来冷却汽缸和相关部件,如图3-4所示。液冷式发动机利用循环的液体来冷却汽缸和相关部件,然后冷却液再将所吸收的热量散入大气中去,如图3-5所示。冷却液通常采用水、乙二醇或乙二醇和水的混合物。

图3-4　气冷式"星形"发动机　　　　　图3-5　容克斯211F液冷式发动机

5. 按空气进入汽缸前是否增压划分

根据空气进入汽缸前是否增压,航空活塞发动机分为吸气式发动机和增压式发动机。吸气式发动机工作时,外界的空气被直接吸入发动机汽缸。吸气式发动机一般用于飞行高度较低的无人机上。增压式发动机上装有增压器,外界的空气进入汽缸之前,先经过增压器提高压力再进入发动机汽缸。当飞行高度增加时,大气压力减小,空气变得稀薄,发动机的功率减小,采用增压器将进气增压是提高发动机高空性能的主要办法,所以增压式发动机一般用在飞行高度较高的无人机上。

6. 按汽缸排列的方式划分

根据汽缸排列方式的不同,航空活塞发动机可分为直列型发动机和星形发动机。直列发动机的汽缸呈"列队"式前后排列,其又可分为单排直列型、水平对置型和H形或V形等形式,如图3-6和图3-7所示。汽缸在机匣的左右两侧各排成一行,彼此相对,直列型发动机有四缸、六缸和八缸等类型。

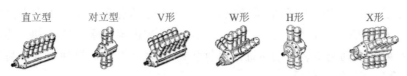

图3-6　各种直列型发动机

图 3 - 7　水平对置型发动机

　　星形发动机的所有汽缸均以曲轴为中心,沿圆周呈辐射状均布于机匣上。此类发动机有单层、双层和多层等不同形式,单层分为五缸、七缸和九缸三种。图 3 - 8 所示的星形发动机是单层七缸星形发动机;双层星形发动机有十四缸和十八缸两种,每层各为七缸和九缸,前后两层汽缸交错安装在机匣上,以利于空气对汽缸的冷却;多层星形发动机曾经出现过四层二十八缸和四层三十六缸两种,由于结构十分复杂,故很少使用。

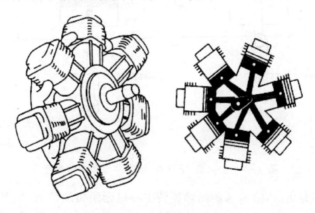

图 3 - 8　单层星形发动机

7. 按使用的燃料划分

　　航空活塞发动机可以分为轻油发动机、重油发动机两种。其中,前者使用汽油、酒精等挥发性较高的燃料,后者使用柴油等挥发性较低的燃料。

3.2.2　基本工作过程

　　活塞装在汽缸里面,并通过连杆和曲轴相连,曲轴由机匣支撑。活塞在汽缸内做往复运动。其顶面和汽缸头部的内表面之间的空间是燃烧室,活塞上装有数个弹性很强的活塞环,又称为涨圈,其作用是防止燃烧室内的高温高压燃气向外泄漏,并防止滑油从外部进入燃烧室。曲轴与螺旋桨相连,有的发动机曲轴的轴头本身就是螺旋桨轴。燃气的压力作用在活塞的顶面上,活塞就被推动而做功。燃气所做的功最终用来带动螺旋桨旋转,产生拉力或推力,使飞机前进,但活塞在汽缸内只能做直线运动。因此,必须把活塞的直线运动转变为螺旋桨的旋转运动,这个任务即由连杆和曲轴来完成。如前所述,连杆的一端连接活塞,另一端与曲颈相连。当活塞承受燃气的压力做直线运动时,经过连杆的传动,就能推动曲柄使曲轴旋转,从而带动螺旋桨旋转。活塞、连杆和曲轴这三个在运动中密切关联的机件通常又合称为曲拐机构。

　　航空活塞发动机将热能转变为机械能,是由活塞运动的几个冲程来完成的。在四冲程活塞发动机中,活塞运动四个冲程完成一个工作循环;在二冲程活塞发动机中,活塞运动两个冲程完成一个工作循环。为了便于理解发动机的工作原理,先对活塞发动机工作过程中涉及的基本名词进行介绍。

1. 活塞运动常用名词

　　发动机工作时,活塞在汽缸内做往复直线运动,通过连杆连接,使曲轴做旋转运动。为了描述活塞的运动,常用名词介绍如下。

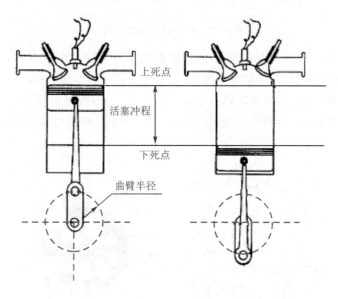

图 3 - 9　上死点、下死点、活塞冲程和曲臂半径

　　① 上死点:也称上止点,活塞顶距曲轴旋转中心最远距离的位置,如图 3 - 9 所示。

　　② 下死点:也称下止点,活塞顶距曲轴旋转中心最近距离的位置,如图 3 - 9 所示。

　　③ 曲轴转角:曲臂中心线与汽缸中心线的夹角。

　　④ 活塞冲程:上死点与下死点间的距离,如图 3 - 9 所示。

　　⑤ 曲臂半径(R):曲轴旋转中心与曲颈中心的距离。由图 3 - 9 可见,它与活塞冲程(L)的关系为 $L = 2R$。

　　⑥ 燃烧室容积:活塞在上死点时,活塞顶与汽缸头之间形成的容积。

　　⑦ 汽缸工作容积:上死点与下死点之间的汽缸容积。

　　⑧ 汽缸全容积:活塞在下死点时,活塞顶与汽缸头之间形成的容积。显然,汽缸全容积也等于燃烧室容积与汽缸工作容积之和。

　　⑨ 压缩比:汽缸全容积与燃烧室容积的比值。

2. 四冲程活塞发动机工作过程

　　在四冲程活塞发动机中,每完成一个循环,活塞在上死点与下死点之间往返两次,连续移动了四个冲程,分别叫作进气冲程、压缩冲程、膨胀冲程(又称工作冲程)和排气冲程。图 3 - 10 所示为四冲程活塞发动机的工作冲程。

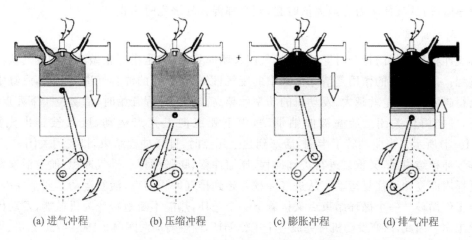

(a) 进气冲程　　　　(b) 压缩冲程　　　　(c) 膨胀冲程　　　　(d) 排气冲程

图 3 - 10　四冲程活塞发动机的工作冲程

（1）进气冲程

进气冲程的作用是使汽缸内充满新鲜混合气。进气冲程开始时,活塞位于上死点,进气门打开,排气门关闭。活塞在曲轴的带动下,由上死点向下死点运动,汽缸容积不断增大,新鲜混合气被吸入汽缸,如图 3 - 10(a)所示。曲轴转动半圈(180°),活塞到达下死点,进气门关闭,进气冲程结束。

（2）压缩冲程

压缩冲程的作用是对汽缸内的新鲜混合气进行压缩,为混合气燃烧后膨胀做功创造条件。压缩冲程开始时,活塞位于下死点,进、排气门关闭。活塞在曲轴的带动下,由下死点向上运动,汽缸容积不断缩小,混合气受到压缩,如图 3 - 10(b)所示,气体的温度和压力不断升高。当曲轴旋转半圈,活塞到达上死点时,压缩冲程结束。在理论上,当压缩冲程结束的一瞬间,电火花将混合气点燃并完全燃烧,放出热能,气体压力和温度急剧升高。活塞发动机的压缩比为5～8,压缩比越大,发动机效率越高。

压缩比表示了气体在汽缸内受压缩的程度。当充填量相同时,压缩比越大,气体在汽缸内被压缩得越厉害;当压缩终了时,气体的压力和温度提高得越高,气体燃烧得越快,从而使燃气膨胀所做的功增加;同时,由于燃烧室容积相对减小,因此,经壁散失的热量也相对减小。所以,压缩比增大时,发动机的功率增加,经济性提高。

（3）膨胀冲程

膨胀冲程的作用是使燃料的热能转换为机械能。膨胀冲程开始时,活塞位于上死点,进、排气活门关闭。燃烧后的高温高压燃气猛烈膨胀,推动活塞,使活塞从上死点向下死点运动,如图 3 - 10(c)所示。这样,燃气便对活塞做了功。在膨胀冲程中,汽缸容积不断增大,燃气的压力、温度不断降低,热能不断地转换为机械能。当活塞到达下死点时,曲轴旋转了半圈,膨胀冲程结束,燃气也变成了废气。

燃烧过程是指混合气体在汽缸内燃烧放热的过程。混合气燃烧的作用在于使燃料发出所含的热能,提高气体的温度和压力,以便气体膨胀,推动活塞做功。燃烧的三个阶段如下:

第一阶段:从电嘴产生火花开始,到气体压力开始显著增大时结束;

第二阶段:从气体压力开始显著增大时起,到气体压力达到最大值时为止;

第三阶段:从气体压力为最大值时起,到全部混合气烧完时为止。

(4) 排气冲程

排气冲程从排气门打开时开始,到排气门关闭时结束,它是指膨胀做功后的废气从汽缸排出的过程。排气冲程的作用是清除汽缸中的废气,以便使新鲜的混合气进入汽缸,汽缸中的废气排出得越多,充填量就越大,发动机的功率就越高。排气冲程开始时,活塞位于下死点,排气门打开,进气门仍关闭。活塞被曲轴带动,由下死点向上死点运动,废气被排出汽缸,如图 3-10(d)所示。当曲轴转了半圈,活塞到达上死点时,排气冲程结束,排气门关闭。

排气冲程结束后,又重复进行进气冲程、压缩冲程、膨胀冲程和排气冲程,航空活塞发动机就是这样周而复始地往复运动。从进气冲程开始到排气冲程结束,活塞运动了四个冲程,完成了一个工作循环。一个循环结束后又接着下一个循环,热能不断地转变为机械能,发动机连续不断地工作。因此,活塞发动机每完成一个工作循环,曲轴转动两圈($4 \times 180° = 720°$),进、排气门各开关一次,点火一次,气体膨胀做功一次。但是各个汽缸内同样的冲程(如各个汽缸内的膨胀冲程)并非同时进行,而是按一定的次序均匀错开。各个汽缸的点火也是一样,按相同的次序均匀错开。这样安排,可以保证活塞推动曲轴的力量比较均匀,发动机的运转较为平稳。

活塞在四个冲程运动中,只有膨胀冲程获得机械功,其余三个冲程都要消耗一部分功,消耗的这部分功比膨胀得到的功小得多。因此,从获得的功中扣除消耗的那部分功,所剩下的功仍然很大,用于带动附件和螺旋桨转动。

3. 二冲程活塞发动机工作过程

从结构上来看,二冲程活塞发动机在汽缸壁上有进气口、排气口和换气口,分别对应图 3-11中的 1、2、3。

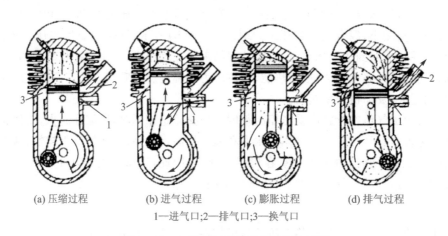

(a) 压缩过程　　　　(b) 进气过程　　　　(c) 膨胀过程　　　　(d) 排气过程

1—进气口;2—排气口;3—换气口

图 3-11　二冲程活塞发动机的工作过程

二冲程活塞发动机的工作仍包括进气、压缩、膨胀和排气四个过程,这四个过程在两个冲程中完成,即在膨胀冲程后期至压缩冲程前期完成排气和进气过程。

(1) 第一冲程:活塞由下死点运动至上死点

随着活塞的上行,曲轴箱容积增大,形成一定真空度,如图 3-11(a)所示。当活塞上行到进气口露出时,新鲜混合气被吸入曲轴箱内。同时,前一循环吸入汽缸中的混合气被压缩,如图 3-11(b)所示。当活塞到达上死点附近时,火花塞开始点火。

（2）第二冲程：活塞由上死点运动至下死点

汽缸内发生燃烧后，气体膨胀使得汽缸内的压力增大，推动活塞下行。此时，进气口被活塞关闭，先前被吸入曲轴箱的混合气受到压缩，如图 3 - 11(c)所示。当活塞下行至排气口露出时，汽缸内的废气可由排气口排出至大气中。同时，排气口对面的换气口露出，曲轴箱内被压缩的混合气便经换气口进入汽缸内，如图 3 - 11(d)所示。

二冲程活塞发动机的构造简单，曲轴每转过一周就有一个做功的冲程，而四冲程活塞发动机则每转两周才有一个做功的冲程。理论上，若二者在膨胀的过程做功相同，则二冲程活塞发动机的功率为四冲程活塞发动机功率的两倍。但二冲程活塞发动机的做功冲程并不如四冲程活塞发动机的做功冲程有效，因为它燃烧前的混合气内混合有大量的废气，且有一部分新鲜的混合气未经燃烧即由排气口排出，难以避免扫气过程（进、排气重叠期称为扫气期）的废气排出损失，导致油耗高，很不经济。

虽然二冲程活塞发动机热效率低，冷却和润滑困难，但其结构简单，重量较轻，运动部件少，维护方便，功率密度大，能够达到某些超轻型飞机特别是低空短航时无人机的要求，所以在此类无人机中仍有所应用。

4. 转子发动机工作过程

振动是导致无人机系统可靠性降低的主要原因，如果活塞发动机的往复式运动和周期性冲程能以某种方式缓解，振动就会直接减弱。为解决这个问题，可以采用转子发动机，如图 3 - 12 所示。

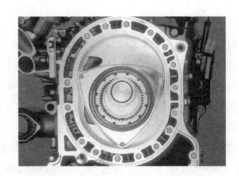

图 3 - 12　三角转子发动机结构

转子发动机在结构上与往复式活塞发动机有着根本的区别，但就工作原理而言，它与往复机是类同的，转子发动机的循环过程如图 3 - 13 所示。转子发动机是一种异型活塞发动机，活塞以转动为主而非一般发动机的平动。以带有双凸轮三边形定子的旋转为基础，转子在定子

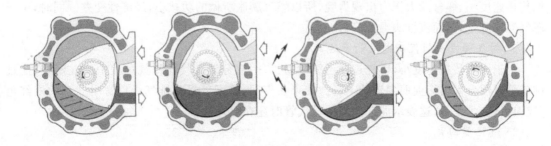

图 3 - 13　转子发动机工作过程

内旋转从而使三个顶点与定子保持连续接触,定子呈外旋轮线。当活塞在汽缸内转过一周后,被活塞分割成的三个腔各自完成吸气、压缩点火、燃烧膨胀、排气四个过程,即当活塞转过一周后发动机做功三次。

3.2.3　活塞发动机的不正常燃烧

油气混合物在汽缸中可能存在不正常燃烧,混合气的不正常燃烧是指可能造成破坏发动机正常工作的某些燃烧现象,如过贫油、过富油燃烧,早燃和爆震等。这些不正常燃烧现象的发生,不但降低了发动机的功率和经济性,严重时还会损坏机件,甚至造成事故。因此,研究燃烧过程,还必须了解混合气的不正常燃烧现象,分析其产生的原因,找出预防的方法。

1. 过贫油和过富油燃烧

混合气的燃烧,就是燃油与空气中的氧气发生剧烈的发光、发热的化学反应。要使混合气中的燃油完全燃烧,混合气中的空气重量必须适当。因为一定重量的燃油只有与适当重量的空气混合,才能从空气中获得完全燃烧所需要的足够氧气。

1 kg 燃油完全燃烧所需要的最少空气量叫作理论空气量,用 L_0 表示。由理论计算得知,航空汽油的理论空气量约为 15 kg。发动机工作时,同 1 kg 燃油混合的空气量不一定等于理论空气量,实际上同 1 kg 燃油混合的空气量叫作实际空气量,用 L 表示。

实际空气量与理论空气量的比值叫作余气系数,用 α_B 表示,即

$$\alpha_B = \frac{L}{L_0} \tag{3-1}$$

从式(3-1)可以看出,余气系数等于1的混合气,实际空气量正好等于理论空气量,混合气燃烧时,燃油能够完全燃烧,氧气也没有剩余。这种混合气叫作理论混合气。

余气系数小于1的混合气,实际空气量小于理论空气量。混合气燃烧时,由于燃油富余,氧气不足,燃油不能完全燃烧。这种混合气叫作富油混合气。余气系数越小,混合气越富油。

余气系数大于1的混合气,实际空气量大于理论空气量,混合气燃烧时,燃油能完全燃烧,但氧气有剩余。这种混合气叫作贫油混合气。余气系数越大,混合气越贫油。

发动机在实际使用中,如果混合气过分贫油(一般指 $\alpha_B > 1.1$)或过分富油(一般指 $\alpha_B < 0.6$),由于混合气中不是燃料过少、空气过多,就是空气过少、燃料过多,所以火焰传播速度小,每千克混合气燃烧后发热量也都少,就会产生不正常的燃烧现象,从而对发动机造成损害。

(1)过分贫油燃烧的工作现象和危害

1)发动机功率减小,汽缸头温度降低

混合气过分贫油燃烧时,每千克混合气燃烧后发出的热量少,燃气最大压力减小,而且火焰传播速度小,燃气最大压力出现得晚,所以燃气膨胀所做的功减小,经济性变差。同时,由于燃气温度降低,因而汽缸头温度降低。

2)排气管发出短促而尖锐的声音

由于火焰传播速度小,燃烧过程延续时间长,一部分混合气在排气过程中尚在燃烧,流过排气管时便会发出短促而尖锐的声音。如果在夜间,还可以看到排气管口冒出脉动的淡红色(或淡黄色)的火舌,这表示混合气流出排气管时还在燃烧。

3)汽化器回火

对于汽化器式发动机,混合气过分贫油燃烧时,火焰传播速度减小,燃烧过程延续时间增长,汽缸内一小部分混合气在排气过程后期,进气门已经打开时,还在继续燃烧,下一工作循环

进入汽缸的新鲜混合气就会被残余的火焰点燃。如果此时的火焰传播速度大于进气管内气流速度,火焰就有可能窜入进气管,沿管路一直烧到汽化器。这种现象叫作汽化器回火,严重时可能造成火灾。

发动机在低温条件下起动时,由于大气温度低,燃油不易汽化,混合气容易过分贫油,加之此时发动机转速小,进气管内气体流速也小,在这种情况下,火焰传播速度容易大于气体流速,发生汽化器回火。为防止这种现象的发生,起动时应注意不使混合气过分贫油。

混合气过分富油燃烧时,虽然火焰传播速度也较小,从进气门进入汽缸的新鲜混合气也有被残余火焰点燃的可能性,但是,燃气温度比较低,此时的火焰传播速度要更小一些,一般说来,火焰传播速度不大可能大于进气管内的气体流速,所以不容易发生汽化器回火。

4) 发动机振动

发动机工作时,汽缸内的空气和燃油是不可能混合得绝对均匀的。同样,在过分贫油的混合气中,各部分贫油的程度也不可能完全一致,有些部分可能十分贫油,而有些部分则可能稍微贫油。如果在某一个工作循环中,靠近电嘴的混合气的贫油程度严重,则火焰传播速度很小,燃烧后气体的压力很小,或者根本未曾着火;在另一个工作循环中,靠近电嘴的混合气的贫油程度就可能不太严重,燃烧后气体的压力较大。由于各个工作循环中混合气燃烧后的压力大小悬殊,所以发动机工作不均匀,发生振动。

(2) 过分富油燃烧的工作现象和危害

1) 发动机功率减小,汽缸头温度降低

与混合气过分贫油燃烧类似,燃料不能完全燃烧,燃气膨胀所做的功减小,经济性变差。同时,由于燃气温度降低,加之过分富油混合气中所含的燃油、汽化吸收的热量增多,都会使汽缸头温度降低。

2) 汽缸内部积碳

混合气过分富油时,燃油中的碳不能烧尽,一部分残余的碳就会积聚在活塞顶、汽缸壁、电嘴和气门等处。这种现象叫作积碳。活塞顶和汽缸壁上积碳的地方,导热性变差,散热不良,会造成这些机件局部过热;电嘴上积碳,还会使其产生的电火花的能量减弱,甚至使电嘴不能跳火;气门上积碳,则可能使气门关闭不严,以致漏气,甚至引起燃气烧坏气门。所有这些,都会使发动机功率减小,经济性变差,严重时还会发生危害性更大的故障。

3) 排气管冒黑烟和“放炮”

过分富油的混合气燃烧不完全,废气中含有大量未燃的或正在燃烧的碳,所以从排气管排出的废气中带有浓密的黑烟,在夜间还可以看到排气管口排出长而红的火舌。废气中剩余的可燃物质,在排气管口与外界空气相遇还会复燃,产生一种类似放炮的声音,叫作排气管“放炮”。

猛收节风门时,空气量骤然减小,而供油量却来不及立刻随之相应地减少,因而容易使混合气瞬时过分富油,而发生排气管“放炮”的现象。如果柔和地收节风门,就可防止这种现象的发生。

4) 发动机振动

混合气过分富油时,由于空气与燃油也不能混合得绝对均匀,各个循环中靠近电嘴的混合气富油程度不完全一致,混合气燃烧后压力大小不等,所以发动机也会发生振动现象。

2. 早　燃

压缩过程中,如果在电嘴跳火花之前,混合气温度已达到着火温度,混合气就要自行燃烧。

这种发生在点火以前的自燃现象叫早燃。

早燃发生后会使发动机的功率减小,经济性变差,产生强烈的振动,甚至造成曲轴倒转而损坏机件。早燃主要是由汽缸头温度过高以及汽缸内炽热的积碳造成的。因此,为防止早燃的发生,发动机工作时,应随时保持汽缸头温度为正常值,并尽量避免富油燃烧的发生。

从早燃发生的特点来看,对于刚停车的热发动机,不能随意扳动其螺旋桨。因为这时发动机汽缸头温度还很高,如果扳动螺旋桨,混合气受压缩可能发生早燃,使螺旋桨转动起来,有伤人的危险。

3. 爆　震

在一定的条件下,汽缸内混合气的正常燃烧遭到破坏,在未燃混合气的局部地区出现具有爆炸性的燃烧现象,叫作爆震燃烧,简称爆震。

爆震产生的根本原因是汽缸内局部未燃混合气在火焰前锋到达以前,其中已形成大量化学性质活泼的过氧化物。在发动机实际工作中,当进气压力、进气温度过高,汽缸头温度过高或转速过小时最容易发生爆震。

爆震发生后,汽缸内局部温度急剧升高,不但会使活塞、气门及电嘴等机件过热或者烧损,还会使燃油中游离出净碳,使排气总管冒黑烟,造成发动机转速下降,功率减小,经济性变差。同时,爆震时产生的冲击波作用在活塞上,使曲轴机构受冲击负荷,发动机振动,机件易于损坏,严重地危及飞行安全。

3.3　发动机系统构造

航空活塞发动机的主要机件包括汽缸、活塞、连杆、曲轴、气门机构、进排气装置、机匣和传动部件等。这些机件的相互位置关系如图 3-3 所示。航空活塞发动机不仅要具备上面所述的主要部件,而且还必须有许多附件相配合才能够进行工作。发动机的附件分属于几个工作系统,每个工作系统都担负发动机工作中一方面的任务。航空活塞发动机一般都具有燃油、滑油、进排气、点火、冷却、起动和操控等工作系统。

3.3.1　汽缸活塞组件

汽缸活塞组件包括汽缸和活塞组件。

1. 汽　缸

(1) 汽缸的工作条件

汽缸呈圆筒形,固定在机匣上;汽缸内壁是燃烧室的组成部分,在发动机工作时,汽油和空气的混合物在燃烧室中被点火燃烧变为高温、高压燃气,通过燃气膨胀使热能转变为机械能。

发动机工作时,汽缸内作用有很大的机械负荷和热负荷,作用在汽缸活塞组件的各个机件上的力,主要是混合气燃烧后的压力。图 3-14 所示为活塞发动机的一个工作循环中,气体压力的展开图,横坐标代表曲轴转角,纵坐标代表气体压力的大小,P_0 为大气压力。由图 3-14 可见,膨胀冲程初始时压力最大,随着气体膨胀,压力降低迅速,排气冲程压力稍大于大气压力,进气冲程气体压力稍小于大气压力,压缩冲程时气体压力又升高到大气压力之上。曲线在 P_0 以上表示受力方向向下,在 P_0 以下表示受力方向向上。

汽缸活塞组件的受力还包括活塞作用于汽缸壁的侧压力。作用在活塞上的气体力经活塞销及连杆传到曲轴上,这个力可以分为两个力:沿连杆方向的力 $P_连$ 及垂直于汽缸壁的侧压力 $P_侧$,如图 3-15 所示。由图 3-15 可知,侧压力只有当连杆中心线与汽缸中心线不在一条直线上时才产生。同时,它的大小和方向也在不断地变化,侧压力时而使活塞向左压汽缸壁,时而使活塞向右压汽缸壁。其大小和方向取决于作用在活塞上力的大小,同时也取决于活塞上力的大小。由实验可知,当某发动机的转速为 2 200 r/min,活塞位于上死点后 370°时,侧压力最大,约为 9 kN。最后,汽缸活塞组的受力还包括活塞及涨圈对汽缸壁的摩擦力。

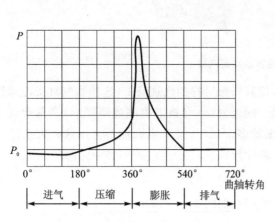

图 3-14 气体压力在工作过程中的变化

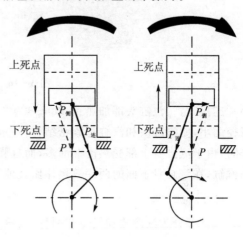

图 3-15 侧压力的产生

当燃料在汽缸内燃烧时,放出大量的热,使汽缸、活塞等机件受热。温度最高的部位是汽缸头部内表面,其燃气温度可达 2 100～2 500 ℃,而且还很不均匀,在靠近进气门的地方,由于新鲜混合气吸收了部分热量,其温度比排气门附近低;由于燃气膨胀做功,温度不断降低,使得汽缸身的温度比汽缸头低,汽缸身下部的温度又比上部的温度低。汽缸各部分的温差可达 200～220 ℃,给汽缸带来较大的热负荷。

由于汽缸身的上部比下部温度高,将使汽缸身上部的膨胀比下部的膨胀大而产生锥形变形。因此,汽缸的间隙和涨圈的开口间隙,在活塞靠近上死点位置时都将增大,造成汽缸活塞组件各机件的工作条件变差。为了消除这种受热不均匀,使汽缸工作不受影响,在发动机的制造过程中,采用了收缩变形的汽缸。另外,由于汽缸各部分受热不均匀,必然导致各部分膨胀不一致,容易引起汽缸头裂纹、翘曲等故障的产生。因此,在使用过程中要严防汽缸头部温度过高和温度的急剧变化。

(2)汽缸的构造

汽缸由汽缸头和汽缸身两部分组成,如图 3-16 所示。

汽缸头的外部有散热片,内部呈现半球形,由具有导热性良好的铝合金铸成。汽缸头部一般有两个摇臂室,分别安装进气门组件和排气门组件。汽缸头部周围装有散热片,排气门周围的散热片比进气门周围的散热片面积大,可使汽缸头部的温差减小。汽缸头上进、排气门的附近开有电嘴的安装孔。

汽缸身由特种钢制成,中部有散热片,下边有安装边,安装边上有固定汽缸用的螺桩孔,螺桩孔为球面形。安装汽缸时,螺桩孔内放入球面形垫片,在汽缸安装边下面垫有橡皮密封圈。一般来讲,汽缸身内壁都经氮化处理,以提高其耐磨性和硬度。

汽缸头和汽缸身是用螺纹连接的,为了增加结合紧度,汽缸头的螺纹直径比汽缸身的稍

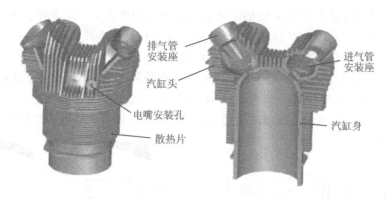

图 3-16 活塞发动机汽缸

小。连接时,将汽缸头部加热到 300~320 ℃,使其膨胀后拧到汽缸身上,这样当汽缸头冷却后直径缩小,使汽缸头和汽缸身紧密结合在一起。同时,汽缸身被迫收缩成圆锥形,当发动机工作时,由于汽缸身上部受热比下部多,而且膨胀较多,汽缸身又变成圆柱形。用这种方法结合的汽缸,在汽缸身下面的两片散热片比其他散热片低。

(3) 汽缸的冷却

汽缸可分为液冷式和气冷式两种,其汽缸的形状如图 3-17 所示。

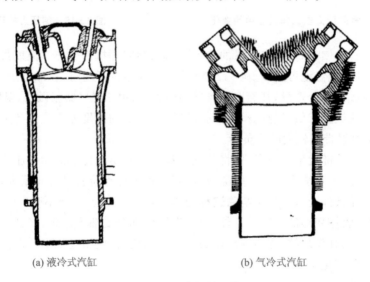

(a) 液冷式汽缸   (b) 气冷式汽缸

图 3-17 汽缸的形状

液冷式的汽缸外面包有铝或钢的散热液套,使散热液体在它的包裹下循环流动,将过热的汽缸上的热量带走。液冷式汽缸的冷却效率高,迎风面积小,但是液冷式汽缸必须配备一个循环冷却系统,结构复杂。

气冷式汽缸的外部有许多肋片,称为散热片。通过增大散热面积,可以提高散热效率。采用气冷式汽缸有利于减轻发动机的重量;其结构简单,有利于维修。

2. 活塞组件

活塞组件主要由活塞、涨圈和活塞销 3 部分组成,如图 3-18 所示。

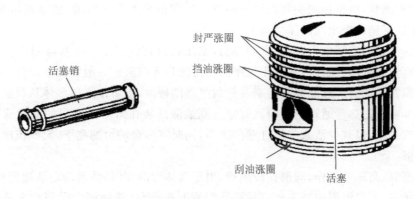

封严涨圈
挡油涨圈
活塞销
刮油涨圈
活塞

图 3 - 18　活塞组件

（1）活塞的工作条件

活塞的作用是承受汽缸内燃气的压力，并把这个力经过连杆传递给曲轴，使曲轴旋转做功，同时也用来密封汽缸。在工作中，活塞承受很大的热负荷和机械负荷。

由于活塞直接面对高温燃气，且活塞的冷却困难，因此它的工作温度要比汽缸高得多。热量从活塞传出有 3 条途径：一是经涨圈、活塞裙及活塞与汽缸壁间的滑油层传出；二是从活塞内表面传给机匣内的空气和泼溅的滑油；三是从活塞顶面传给汽缸的新鲜混合气。但总的散热效果都不好，活塞各部分受热不均，活塞内易产生热应力。

除了热负荷外，活塞还承受很大的气体力及往复运动机件惯性力。任何物体做加速运动时，都会产生与运动方向相反的惯性力；物体做减速运动时，必然产生运动方向相同的惯性力。活塞在汽缸内做往复运动时，它的运动方向和速度经常发生变化。因此，活塞在运动中也会产生很大的惯性力。

（2）活塞的构造

活塞是由铝合金锻件加工制成的，其结构分为 3 部分：活塞顶、活塞头和活塞裙。大多数的活塞顶为平顶，它具有易于加工、受力均匀、强度高、顶部吸热面积小等特点。活塞顶因承受燃气压力，所以比较厚。在活塞顶上有两个凹槽，以防止与气门相碰撞；活塞头是活塞顶到活塞销孔的高度范围，在活塞头上有涨圈槽，分别为封严涨圈槽、挡油涨圈槽和刮油涨圈槽，其中在刮油涨圈槽底钻有空，为了加强活塞头部的强度，该处设计得较厚。活塞裙是指活塞头的下部区域，主要起导向作用，并将活塞的侧压力传递给汽缸壁，全部的长度由侧压力的大小决定。在活塞裙的上部有活塞销孔，为增强销孔的强度，在销孔的内端沿孔的周围有加强筋。

因为活塞顶部到活塞裙的温度逐渐下降，其膨胀量是上大下小，所以活塞制成上小下大的锥形。受热膨胀后，活塞上下直径接近一致。由于沿活塞销孔方向金属多垂直于销孔方向，加之，在销孔方向受力较大，活塞在高温下工作时就会变成椭圆形，其长轴在销孔方向，因此，将活塞预先制成椭圆形，其长轴垂直于活塞销孔，这样，工作时活塞就接近于圆形，以保证活塞周围间隙均匀。

（3）活塞销与涨圈

活塞销连接活塞和连杆，承受活塞往复运动时的惯性力和气体力，并且传递给连杆。活塞销由合金钢管材加工而成，表面进行了硬化和研磨。活塞销是全浮动式的，它可以在活塞和连杆轴承中间自由转动，具有磨损均匀、构造简单、安装方便、使用寿命长的特点。活塞销安装好后,两端用铝塞塞住,以避免销头划伤汽缸内壁。活塞销采用泼溅润滑,活塞销堵头上有通气孔,用以防止活塞销内腔里面的压力增大。

涨圈装在活塞的涨圈槽内,借本身的弹力,紧压在汽缸内壁上。活塞涨圈的作用是:防止混合气或者高温燃气漏入机匣,并阻止机匣内的滑油进入汽缸。一般情况下,涨圈分为封严涨圈和刮油涨圈两类。封严涨圈装在活塞头的封严涨圈槽内,以防止高压气体从汽缸进入机匣,同时活塞顶部吸收的热量通过它传给汽缸壁。刮油涨圈装在活塞头下部的刮油涨圈槽内,使滑油分布于汽缸壁,以减少活塞与汽缸壁的磨损,同时将多余的滑油刮下,流回机匣,避免滑油进入汽缸内部。

涨圈在高温、高压下工作,润滑比较困难,由于气体力的原因,活塞的运动速度和方向处于急剧变化的状态,不仅涨圈的外表面容易受到严重磨损,而且端面还会受到冲击负荷。因此,涨圈要求有很高的强度和足够的耐磨性。大多数涨圈都是由高级铸铁铸造的,制成后,将其研磨到所设计的型面。有些发动机的活塞顶部涨圈是由低碳钢加表面镀铬制成的,以提高其承受高温的能力。

3.3.2　进排气系统

发动机进排气系统的功能是保证供给发动机正常工作所需的一定压力和温度的清洁空气,并排出废气。

发动机进气系统主要由进气道组件、空气滤、空气盒、进气管路等组成,新鲜空气通过进气道组件的引导,流经空气滤、压气机和空气盒,进入汽化器,之后通过气门机构进入汽缸。

发动机排气系统主要由排气歧管、排气总管、消音器等组成。发动机燃烧后的废气通过排气歧管及排气总管引导进入涡轮增压器涡轮进口,通过消音器排出短舱外。

本小节主要介绍气门机构和增压系统。

1. 气门机构

气门机构是由进气门、排气门以及凸轮盘(凸轮轴)、推筒、挺杆、摇臂等传动机件组成的,这些机件分别安装在汽缸和机匣上。发动机运转时,汽缸内不断进行着气体的新陈代谢,气门机构的作用就是控制气门的开启和关闭,以保证新鲜混合气(或空气)在适当的时机进入汽缸,燃烧做功后的废气适时地从汽缸排出。

在汽缸进气口和排气口中,都安装了一个活门,这个活门的开关用曲轴带动的凸轮盘或者凸轮轴控制,方能得到理想的开闭时刻,配合各个冲程的工作。

由于气门在汽缸上安装的位置不同,使得推动气门的机构各有不同。在 I 型汽缸上,气门都是装在汽缸头的上部,需要有向下的推力或者向上的提升力,方能使它打开,这种气门工作机构叫作提动式气门。因 I 型汽缸的重量轻,燃烧效率高,所以一般的航空活塞发动机都采用 I 型汽缸,其气门工作机构皆为提动式,图 3-19 所示为两个典型的例子。

虽然不同发动机的气门机构有所不同,但主要的组成部分却是一样的。图 3-19 所示为典型的航空活塞发动机的气门机构,从图中更可以看出:气门机构由凸轮盘(或凸轮轴)、推筒、挺杆、摇臂、气门、气门座和气门弹簧等组成。

其工作过程是:当凸轮盘转动时,凸起部分顶着一个凸轮滚轮或随动轮工作,凸轮滚轮依次推动推筒和挺杆,挺杆又作用于摇臂,压缩气门弹簧使气门打开。当凸轮滚轮和推筒沿着凸轮盘较低的部分滚动时,气门在弹簧张力的作用下关闭,摇臂和挺杆也恢复到原来的位置。

气门的形状如一个有平顶的菌子,分为气门杆和气门头两部分。气门杆是在气门筒中做

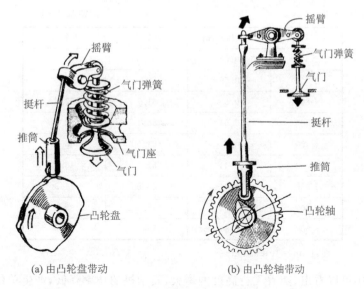

(a) 由凸轮盘带动　　　　　　　(b) 由凸轮轴带动

图 3 - 19　提动式气门工作机构

上下运动的部分,它的上部有圆槽,可装置销瓣或销环,使气门弹簧固定在气门上。气门头的四周做成平均的斜面,以便与汽缸上的气门座相贴合,在关闭时不致漏气。气门杆装在一个由抗磨合金制成的气门筒中。

气门弹簧用于在气门未被推动开放时,保持气门面与气门座的紧密吻合。每个气门都装有两个或者三个同心螺旋状的弹簧,这些弹簧的缠绕方向是彼此相反的,因为气门的开闭时间很快,弹簧受到的冲击作用很大,所以容易损坏。用多个弹簧可以保证在一个损坏后,另一个仍可以工作。弹簧反向缠绕,可以防止纠缠,还可以平衡气门杆上的旁推力,以减少气门筒的磨损。

凸轮轴或者凸轮盘的主要作用是,在适当的时候将气门顶开。直立型及 V 形发动机采用的是凸轮轴,星形发动机则采用凸轮盘。

当凸轮并非位于气门杆顶时,必须借用机械的传力机构,将凸轮的动作传至气门上。摇臂位于气门杆上,一端压在气门杆顶上,另一端与挺杆连接着,中间安装有轴承,它的支持轴固定在汽缸头上。当摇臂被挺杆顶起时,它的前端下压,将气门打开。当挺杆的推力消失后,在气门弹簧的作用力下又将摇臂顶回去,所以在发动机工作时,此臂不停地上下摇动,故称之为摇臂。

2. 增压系统

发动机所产生的功率与其所吸入的空气量有十分密切的关系,但吸入的空气量是由汽缸的大小和数目决定的,是一个固定的数值。曲轴的转速由节风门开启的大小位置决定,但空气的密度随着飞行高度的增加而减小。所以,发动机功率的输出是与空气密度成正比的。表 3 - 1 说明了活塞发动机的功率随高度或空气密度改变的情形。

表 3 - 1　活塞发动机功率随高度或空气密度的改变

高度/m	大气压/atm	密度/%	功率/%
0	1.00	100	100
1 200	0.86	88	88.0
2 400	0.74	78.5	76.6
3 000	0.69	73.3	71.2

续表 3 - 1

高度/m	大气压/atm	密度/%	功率/%
3 600	0.64	69.3	66.0
4 200	0.59	65.5	61.4
4 800	0.55	61.7	57.2
5 500	0.51	58.1	52.9
6 100	0.47	54.5	48.8
6 700	0.44	51.5	45.0
7 300	0.41	48.5	41.3
8 000	0.38	45.8	38.0
8 500	0.35	43.5	34.9

注:1 atm＝101.325 kPa。

从表 3 - 1 中可以看出,随着飞行高度的增大,发动机的功率降低,产生单位功率所消耗的燃料增大,因为由轴承及活塞等之间的摩擦所消耗的功率是固定不变的。因此,发动机的效率就会降低,导致发动机的高空性能变差。汽化器中虽然有高度调整的装置,但它的功用只能维持混合气中汽油及空气的比值不变,并不能补救高空功率的降低。

高空功率的降低可以使用增压器来补救。增压器是一个由发动机带动的空气泵,可以增大进入发动机空气的压力,使发动机的进气压力在不同高度保持为常数。发动机通过增压器增大发动机的进气压力,可以增大发动机的有效功率,以改善飞机的起飞性能和发动机的高空性能。

增压器的功用不仅可以在高空时保持发动机的功率,而且在海平面也能增加发动机的功率,使其超过它的额定进气压力,帮助飞机起飞和爬升,所以,增压器的作用可以分为海平面增压和高空增压。

用于改善高空性能的增压发动机都有一个额定高度,在此高度时,发动机的功率最大,并且一切的机件强度都是以此高度为根据设计而成的。当在地面使用增压发动机时,如果完全放开油门,那么因地面空气密度比高空大,发动机各个机件要承受很大的载荷,受热严重。所以在地面这种情况下使用较久时,发动机将发生损伤,此外增压器将高于地面压力的空气输送到汽缸中,使混合气的压缩比超过了额定压缩比,这将会引起发动机的爆震。因此,在地面使用增压发动机时,不能全程使用最大功率,只能用额定功率。油门放在巡航位置上,只有在起飞时为了增大螺旋桨的拉力,才允许在发动机规定的两三分钟内使用最大油门,以增大发动机的输出功率。一般在增压发动机的进气管上都装有卸荷活门,以防进气压力超过额定值过多,使发动机损坏。

增压器用在航空发动机上的主要目的就是避免发动机的功率随着高度的增加而降低。通过对增压器的控制,使其在一切高度上都能保持与海面相同的进气压力,直到临界高度为止。所谓临界高度或额定高度,就是增压器所能保持与海平面相同的进气压力不变的最大高度。临界高度是以增压器及发动机两方面的气体量来决定的。增压器输出的气体量越多,临界高度也越高。

活塞发动机上的增压器按照传动装置的布置分为内(传动)增压器和外(传动)增压器两种,相应的增压分为内增压、外增压和混合增压三种方式。

（1）内增压器

内增压器由进气通道、离心式叶轮、扩散器和分气室等部分组成，如图 3 - 20 所示。发动机工作时，曲轴通过传动装置带动增压叶轮高速旋转，混合气流过叶轮时，高速旋转的叶轮对气体做功，压缩混合气，提高混合气的压力，当混合气流过扩散器时，由于扩散的通道是扩张形的，使混合气减速增压，然后通过分气室进入各汽缸。

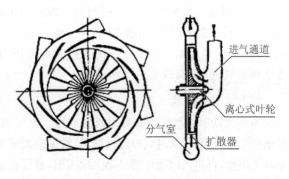

图 3 - 20 内增压器

（2）外增压器

外增压器通常采用废气涡轮增压器，主要包括废气门、废气涡轮、增压器叶轮和控制系统（废气门作动筒、压差控制器、密度控制器）等，如图 3 - 21 所示。

废气涡轮是一个向心式的叶轮，或是由导向器和工作叶轮组成的轴流式涡轮。发动机工作时，从各个汽缸排出的高温废气，通过废气涡轮时膨胀做功，带动增压器叶轮，压缩吸进的空气。

如图 3 - 21 所示，废气涡轮输出功率的大小，可以通过改变废气门的开度来控制。废气门位于废气收集器上，其作用是控制进入废气涡轮的废气流量，调整或保持废气涡轮和增压器叶轮的转速。

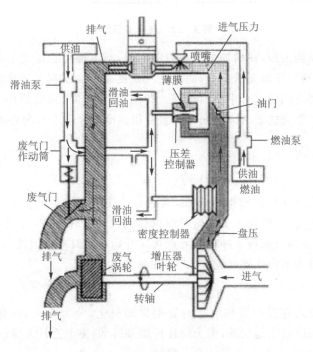

图 3 - 21 带外增压器的进气系统

当废气门全开时，所有的废气都不通过废气涡轮，而通过排气口直接排入大气；当废气门全关时，所有的废气先通过废气涡轮，然后再经过排气口排入大气；当废气门部分打开时，相应数量的废气通过废气涡轮，另外的废气进入排气口。

空气的进气量是由节风门控制的。发动机的功率可通过节风门的开度来调整。当调整节风门开度时,燃油系统会相应调整发动机供油量,从而起到油门的作用。当空气密度、压力变化时,通过压差控制器和密度控制器控制滑油压力,借由废气门作动筒控制废气门开度,从而改变涡轮转速,进而改变进气压力。

(3) 混合增压器

有些大功率活塞发动机采用两级增压。废气涡轮增压器作为第一级,内增压器作为第二级。发动机工作时,空气从进气口经过滤后,首先进入废气涡轮增压器,经第一次压缩后,通过中间冷却器降低温度,再进入内增压器经第二次压缩,最后通过进气管流入各汽缸,如图 3-22 所示。

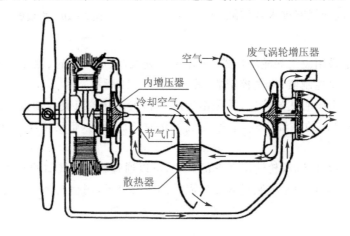

图 3-22　混合增压器

两级增压器增压能力强,在增加空气压力的同时,空气温度也随之升高,从而提高进气温度,这样会降低进气密度使填充量减小,而且进气温度高还会引起不正常的燃烧,如爆震等现象,故在内、外增压器之间安装有中间冷却器。利用中间冷却器降低增压后的空气温度,将进气温度降至保持正常燃烧的要求。中间冷却器使用的冷却介质通常为外界的空气。

3.3.3　传动机构

1. 连　杆

连杆的作用是将活塞与曲轴连接起来,将活塞的往复直线运动转变为曲轴的旋转运动。连杆必须有足够的强度,以便在承受负荷时能保持刚性。另外,连杆必须很轻,以便当连杆和活塞停止运动、改变方向及从每个冲程的死点再次开始运动时减少惯性力。

连杆从结构上分为单杆式连杆、交叉式连杆和主副式连杆。

(1) 单杆式连杆

单杆式连杆主要用在直列型和水平对置型发动机上,分为小头、杆身和大头 3 部分,如图 3-23 所示。小头绕活塞销摆动,大头绕连杆轴颈转动,整个连杆又做往复运动。在直列型和水平对置型的汽缸中,各连杆的运动是一致的。

(2) 交叉式连杆

交叉式连杆是将单杆式连杆交叉一定角度后安装在同一曲柄上,如图 3-24 所示,所用的曲柄与普通单杆式连杆所用的曲柄相同。交叉式连杆用在 V 形发动机上,叉片在曲柄端是分开的,以给片杆留出空间,使片杆安装在两个叉尖之间。

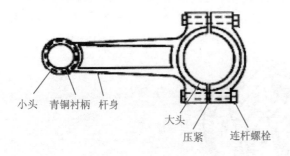

小头　青铜衬柄　杆身

大头

压紧　　连杆螺栓

图 3 - 23　单杆式连杆

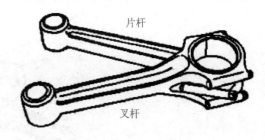

片杆

叉杆

图 3 - 24　交叉式连杆

（3）主副式连杆

　　星形发动机上通常用主副式连杆机构。每一排中有一个汽缸的活塞通过主连杆与曲轴连接，其他汽缸的活塞通过副连杆连接到主连杆上，如图 3 - 25 和图 3 - 26 所示。

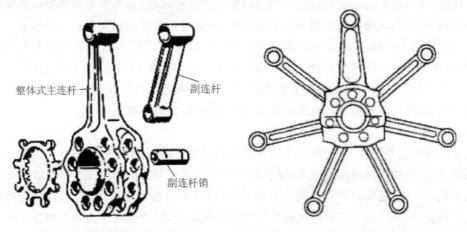

整体式主连杆

副连杆

副连杆销

图 3 - 25　星形活塞发动机主连杆

图 3 - 26　星形活塞发动机连杆的组成

　　主连杆是活塞销与曲柄销的连接杆件。曲柄销端称为大端，容纳曲柄销或主连杆轴承端周围的凸缘供副连杆连接到主连杆上。活塞销端称为活塞端，又叫小端，与汽缸中的活塞相连。装配时，副连杆销被压入连杆的孔内，一个滑动轴承安装在主连杆的活塞端，以便装入活塞销。

　　2. 曲　轴

　　曲轴是发动机的主要部件，将活塞和连杆的往复直线运动转变为旋转运动，使螺旋桨和附件转动，是活塞发动机受力最大的部件。因此，曲轴的强度和刚度比较大，通常是由高强度合金钢锻造而成的。

　　曲轴是一个包括有一个或者多个曲柄的轴，这些轴沿长度方向位于规定的位置。曲轴的型式随发动机汽缸数目及排列的方法而不同。图 3 - 27 所示为星形发动机的单曲柄曲轴，主要包括轴颈、曲臂和曲颈。轴颈被主轴承支撑，在主轴承中旋转。曲颈用来安装连杆，它与主轴颈偏心。两个曲臂和一个曲颈构成一个完整的曲柄。由于外表面用渗氮的方法进行了强化，所以增加了表面的抗磨损性。曲颈通常是空心的，这不但可以减轻曲轴的重量，而且为润滑油提供了通道。空心的曲颈也是一个收集淤泥、积碳和其他杂质的空腔。在一些发动机上，在曲臂上钻上油路，使润滑油能从空心的曲轴中传过来甩到汽缸壁上。曲臂将曲颈和主轴颈连接起来。有些发动机的曲臂伸过轴颈，而且装上平衡块来平衡曲轴。曲臂必须有很高的强度以获得曲颈和主轴颈之间所需的刚度。

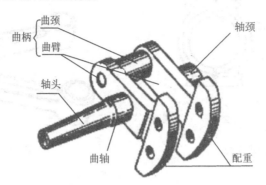

图 3 - 27　单曲柄曲轴

　　四冲程发动机曲轴每转两周才产生一次动力,所以加在曲轴上的力并非是均匀的,而是间断的。同时,各汽缸中的活塞及连接的部分时而加速时而减速,容易导致曲轴旋转的振动。为了使曲轴旋转稳定,在曲柄的对面都安装有配重,一般是在曲臂的对面延长一部分装一块较重的金属。当曲轴旋转时,此配重可发生摆动。因四冲程发动机对曲轴所加的扭力有一定的周期性,所以这种具有一定频率的扭力如果同曲轴本身的自然振动频率相同,将会产生共振,使曲轴进入极为危险的振动中。而安装配重后,在一定时刻它由曲轴上吸入能量,在另外的时刻再放出,可以消除一部分振动。此配重的重量越重,制振的效果就越好。

　　3. 减速器

　　发动机输出功率的大小,一般取决于发动机的转速(或者说单位时间内汽缸的做功次数),转速越高,产生的功率就越大。但是,螺旋桨叶尖的速度不得接近或超过声速,如果叶尖速度接近或者超过声速,则螺旋桨效率就会大大下降,同时拉力也会迅速下降。因此,在功率较大的航空活塞发动机上,需要安装减速器来限制螺旋桨的转速,使螺旋桨可以有效地工作。一般情况下,用减速器将螺旋桨的转速降到 2 000 r/min 左右。

　　常用的减速齿轮系有定轴齿轮系和行星齿轮系。

　　图 3 - 28 所示为定轴齿轮系减速器。该减速器的优点是质量轻、结构简单,不足之处是扭矩传递小,多用在直列型和 V 形排列的小功率发动机上。

　　图 3 - 29 所示为行星齿轮系减速器。该减速器的主动齿轮称为太阳齿轮,与发动机曲轴相连,螺旋桨轴连接到与一组小的行星齿轮相连的行星架上,行星齿轮同时与太阳齿轮和固定齿轮相啮合,固定齿轮用螺栓安装在前机匣内。当发动机工作时,在太阳齿轮(曲轴)的带动下,行星齿轮同时绕固定齿轮公转和自转。行星架的转速(螺旋桨的转速)就是行星齿轮自转的转速,比主动齿轮(发动机曲轴)的转速小,从而达到减速的目的。行星齿轮系减速器的优点是扭矩传递大、可靠性高,缺点是结构复杂、自重大,一般用在大功率的发动机上。

　　4. 机　匣

　　(1) 机匣的工作条件

　　机匣是发动机的壳体,它除了用来安装汽缸和支撑曲轴外,还将发动机的所有机件连接起来,构成一台完整的发动机。整台发动机通过机匣固定在发动机架上,螺旋桨的拉力也通过机匣传至发动机架。各附件和传动装置也装在机匣上,机匣本身还是一个润滑油的储油器,必须为存储润滑油提供严密的密封装置。

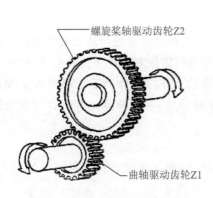

图 3 - 28　定轴齿轮系减速器

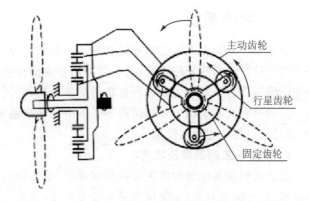

图 3 - 29　行星齿轮系减速器

机匣还要承受各种力,特别是作用在机匣上面的振动力和各种周期性应力。因为汽缸固定在曲轴机匣上,而活塞工作时所产生的力的趋势是将汽缸从机匣上拔出来,因此,机匣必须要将汽缸牢固地固定在机匣上面。另外,曲轴在进行旋转工作时,其主要作用是平衡活塞产生的力,如果有一些未被曲轴平衡的离心力和惯性力,它们必然就作用在机匣上面。而这些力基本上是以弯矩的形式作用在机匣上的,同时这些弯矩的大小和方向又都是连续变化的,所以机匣要有足够的刚度来承受这些弯矩。如果发动机前面装有螺旋桨减速器,则机匣还要承受由减速器传递过来的力和扭矩;同时螺旋桨产生的拉力也是通过机匣传递到飞机上面的,所有这些力和由这些力所产生的附加力也是作用在机匣上的。

(2) 机匣的构造

机匣的构造与汽缸的数目和排列形式有关。直立型及 V 形发动机的机匣多由两部分组成,图 3 - 30 所示为某 V 形发动机的机匣。

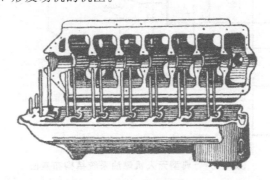

图 3 - 30　某 V 形发动机的机匣

位于上面与汽缸相连接的部分叫作上机匣,位于下面承受着全部发动机重量的部分叫作下机匣。在液冷式发动机上,有时上机匣会同汽缸体铸成一体。上下机匣的连接有用长螺栓连接的,也有用预先在机匣接头处凸缘布置的螺栓组连接的。曲轴、凸轮轴及一切转轴的轴承座都预先铸在机匣的腹板上,因为曲轴是一个整体且又弯曲不直,轴承不能直接套上,所以其轴承被分为两半,一半在上机匣上,一半在下机匣上。

3.3.4　燃油系统

　　燃油系统分为无人机燃油系统和发动机燃油系统。无人机燃油系统指从无人机燃油箱到发动机驱动泵之间的管路系统,其主要功用是保证在所有飞行阶段和各种飞行状态下,向发动机连续输送具有一定压力和适当流量的洁净燃油,满足发动机正常工作所需的燃油流量和压力。发动机燃油系统的主要功用是不断供给发动机适量的燃油,将燃油雾化、汽化、与空气混合,通过气门机构为汽缸供油。

1. 燃油系统的组成及功用

　　无人机燃油系统的附件主要由供油系统、输油回油系统、通气系统、油箱附件(加油口盖、放油开关、放沉淀开关)及油量测量系统等组成,如图 3-31 所示。

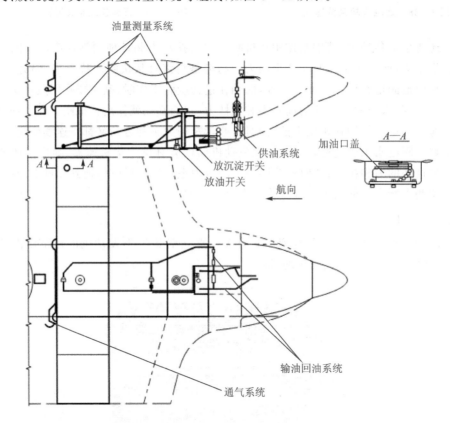

图 3-31　典型无人机燃油系统结构布置图

　　无人机燃油系统工作原理如图 3-32 所示。

　　机身油箱中的燃油由两个并联电子燃油泵通过燃油滤从消耗油箱吸出,经单向活门进入发动机进油口,构成燃油系统供油管路,多余燃油经回油管回到消耗油箱。

　　输油泵通过引射泵,引射主油箱中的燃油到消耗油箱,使消耗油箱始终处于满油状态。消耗油箱内的摆式活门能使主油箱燃油进入消耗油箱,以防止燃油倒流。

　　油箱通气系统使油箱通大气,平衡油箱内外压差。

　　低压压力开关监控供油、输油管路燃油压力以及燃油泵工作状态,通过感受管路压力变化控制主、备用泵切换。

　　燃油系统通过前、后油量传感器对主油箱燃油油量进行监测。

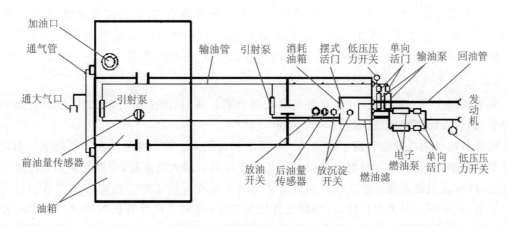

图 3-32　燃油系统工作原理图

发动机本身自带的燃油压力调节器,保证燃油压力高于空气盒压力,确保汽化器正常工作。

2. 供油、输油回油系统

(1) 供油系统

供油系统由两个电子燃油泵(主、备燃油泵)、两个单向活门、燃油滤、低压压力开关和若干导管、软管组成,如图 3-33 所示。

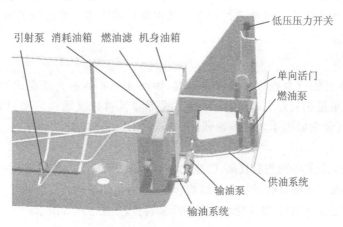

图 3-33　供油、输油系统结构布置图

供油系统管路采用铝合金导管,导管与油箱接头、成品之间采用橡胶软管柔性连接,以避免由于发动机振动而引起疲劳断裂;在两个电子燃油泵的出口设有单向活门,使燃油向一个方向流动,反方向则无法流通,同时当一个燃油泵工作时,防止燃油从另一个并联的不工作的燃油泵流回油箱;在吸油口处的消耗油箱内安装燃油滤,以滤除燃油中的杂质,保护燃油泵及汽化器正常工作;在消耗油箱底部设有维护口盖,对燃油滤定期清洗、维护。

供油系统采用两个电子燃油泵,分为主燃油泵和备燃油泵,并联在供油管路中。发动机开车前,主燃油泵接通供油,发动机起动;起飞时,在发动机最大功率状态下,主、备燃油泵同时工作,以保证系统工作的可靠性;进入正常爬升和平飞阶段后,备燃油泵停止工作,作为备燃油泵使用。只有在主燃油泵发生故障,管路压力低于规定值时,触电式低压压力开关接通报警,即接通备燃油泵工作,并向飞控计算机发出警告。无人机着陆后,首先关闭发动机,然后关闭燃油泵。两个电子燃油泵分别由地面两个控制通道进行控制,使燃油泵能"接通"和"断开"。

供油系统应满足发动机正常工作范围内对燃油压力、流量的要求。

(2)输油回油系统

输油系统由两个输油泵(主泵和备用泵)、两个单向活门、两个引射泵、低压压力开关和若干导管、软管及燃油滤组成,如图 3-33 所示。

输油系统中同样安装有两个输油泵——主泵和备用泵。输油泵带动两个引射泵引射机身油箱燃油到消耗油箱,每个引射泵的引射量都大于发动机最大耗油量,使消耗油箱始终处于满油状态,以保证供油系统正常工作。起动发动机时主泵即开始工作。当输油系统管路压力低于规定值,低压压力开关报警时,自动起动备用泵工作,并向飞控计算机发出警告。主输油泵接通之后一直连续工作,直到飞机着陆停稳后,关闭供油泵,然后关闭输油泵。输油泵由飞控计算机进行控制,能人工"接通"和"断开"。

回油系统由回油导管和软管组成,其作用是将燃油压力调节器调节后的多余燃油送回油箱。

3. 燃油箱

无人机燃油箱的位置、尺寸、形状和结构根据不同种类的无人机而有所变化。常见的燃油箱有硬壳式油箱、软油箱和结构油箱 3 种。制造油箱的材料必须具备不与燃油发生任何化学反应的特性。油箱底部的最低处通常设有收油池和放油活门。油箱内一般都设有隔板,可防止因无人机姿态变化而引起油箱内燃油晃荡。许多燃油箱内还装有瓣状活门,起单向活门作用,可有效防止当无人机剧烈机动飞行时燃油从供油口或增压泵附近流走而导致供油中断。

(1)油　箱

1)硬壳式油箱

硬壳式油箱用薄铝合金板焊接或铆接而成,如图 3-34 所示。硬壳式油箱不能充分利用机翼结构空间,且重量相对较大,但这种储油方式可降低对机翼结构的密封要求,目前应用依然较广。油箱通气管主要用于防止加油或用油时油箱内外产生较大的压差。

2)软油箱

软油箱是硬壳式油箱的理想替代品,已经成功应用于无人机上。首先准备一个安装腔室,该腔室的所有锐角边均使用带有防磨带的金属结构包裹,然后将储油软袋安装进去。储油软袋用经过氯丁橡胶灌注的薄尼龙布制成,氯丁橡胶具有耐燃油特性,如图 3-35 所示。

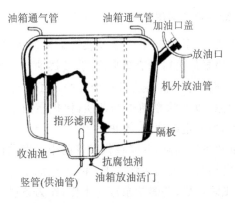

图 3-34　硬壳式油箱

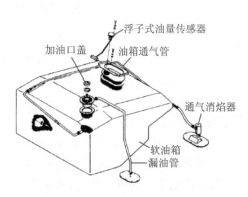

图 3-35　软油箱结构示意图

3）结构油箱

结构油箱又称为整体油箱。图 3 - 36 所示为某小型无人机的结构油箱。该油箱利用机翼翼梁腹板前表面、端肋和蒙皮围成的空间，将所有检修口、接缝、铆钉、螺栓和螺钉用密封剂密封。

（2）消耗油箱

机身油箱中通常设有消耗油箱，如图 3 - 33 所示。输油泵从消耗油箱中吸油，将吸出的燃油增压后打入引射泵，引射泵引射主油箱中的燃油到消耗油箱，消耗油箱始终处于满油状态，从而保证发动机供油不受飞行姿态影响，并可减少不可用燃油。消耗油箱内的摆式活门能使主油箱燃油进入消耗油箱，以保证在输油泵全部故障情况时也能连续向发动机供油，只是不可用燃油增加。油箱中的燃油由两个并联电子燃油泵通过燃油滤从消耗油箱吸出，经单向活门进入发动机进油口，构成燃油系统供油管路，多余燃油经回油管回到消耗油箱。

摆式活门安装在消耗油箱底部，在给燃油箱加油过程中，当消耗油箱内没有燃油，而其外部燃油达到一定高度时，或者说当消耗油箱内外燃油的高度差达到一定值时，燃油通过自身重力作用克服活门的重力而将活门打开，进入消耗油箱。摆式活门结构如图 3 - 37 所示，摆式活门是单向活门，燃油不会从消耗油箱内流出。

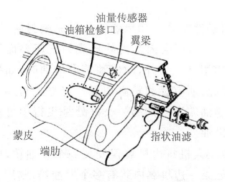

图 3 - 36　某小型飞机的结构油箱

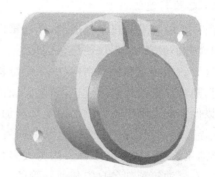

图 3 - 37　摆式活门结构

（3）加油口盖及放油、放沉淀开关

1）加油口盖

绝大多数加油口盖位于机翼上表面，它是燃油系统中非常重要的附件之一，在安装燃油箱和飞行前绕机检查时要特别注意。如果口盖安装不当或没盖好，则会使燃油泄漏。有些燃油箱的加油口盖具备通气功能，必须保持通气口的清洁。有些油箱的鹅颈形通气管从口盖上方伸出，安装时应注意将通气管口指向前方，以便在飞行中冲压空气增大油箱内油面压力，有利于向发动机供油。图 3 - 38 所示为典型的油箱加油口盖。

加油后必须盖好并锁紧口盖，以防止无关人员随意打开，使外来杂质进入油箱。

在全天候飞行的飞机上通常安装具有闪电防护功能的油箱口盖。这种口盖面向油箱一侧的内表面没有裸露的金属物，因而不会将闪电导向燃油。即使是防止口盖脱离加油口的系索，都是用强度较大而不导电的塑料制成的。

防虹吸油箱口盖适配器内有一个弹簧加载的瓣状活门。加油时，油枪顶开该瓣状活门向油箱内加油，撤出油枪时该活门关闭。即使这时口盖没有盖上，燃油也不会因虹吸效应被吸出油箱。

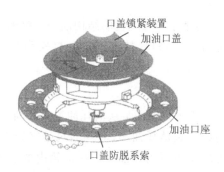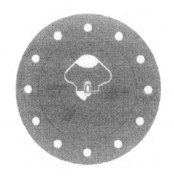

图 3 - 38　典型的油箱加油口盖

2）放油、放沉淀开关

油箱底部安装盘上通常设有放油开关，放油开关用于放出机身油箱内燃油。

机身油箱底部通常还设有放沉淀开关，分别安装在油箱底部安装盘上和消耗油箱下蒙皮处，如图 3 - 32 所示。放沉淀开关用于放出机身油箱和消耗油箱内的沉淀水及杂质。安装盘有冲压槽，位于机身油箱最低位置，可以收集所有油箱内（消耗油箱除外）的沉淀水和杂质。

（4）燃油箱通气

飞行中，随着发动机消耗燃油，燃油箱内油面必然下降。如果燃油箱是完全封闭的，则燃油箱内就会形成负压，不仅使燃油泵吸油困难，燃油箱还会因其内外形成的气压差而受到挤压，最终导致燃油箱和机翼结构（如果是结构油箱）损坏。另外，向燃油箱内加油时，如果燃油箱密封，则会在燃油箱内形成正压，阻碍加油。因此，所有燃油箱必须以一定方式与外界大气相通，以保证向发动机正常供油以及顺利加油。燃油箱通气的另一个好处是飞行中可利用冲压空气提高燃油箱内空气的压力，帮助向发动机供油。

燃油箱通气方式多种多样。因为大多数小型无人机每边机翼仅安装一个燃油箱，所以多采用左、右燃油箱顶部各自安装通气管的方式。如果一边机翼内装有多个燃油箱，则用一根通气总管将各燃油箱顶部连通，再通过位置较高的外侧燃油箱与大气相通。

通气口通常安装在机翼下表面，其形状有勺形或标准的埋入式进气口，如图 3 - 39 所示。冲压空气进入通气口后，首先通过一个通气保护装置，然后进入燃油箱。通气保护装置内部结构类似蜂窝或格栅，具有防止外物进入、防结冰、防虹吸和隔离火焰的功能，故有时又称其为通气消焰器。

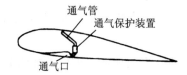

图 3 - 39　燃油箱通气系统

4. 燃油滤

无人机燃油系统装有一系列燃油滤，用来将燃油中的杂质及水分过滤掉，防止杂质进入发动机。油箱内供油管的进油口处通常设有网状指形油滤；如果在油箱内安装增压泵，则滤网包围在增压泵抽油口周围。这些滤网的功用是增大油箱出油口面积，防止污染物阻断燃油流动。

无人机燃油系统的主油滤通常设置在燃油泵的前后，不仅有过滤固定杂质的作用，而且因为它位于燃油系统的底部，还具有收集系统中杂质和水分的功用。

主油滤一般由金属滤体、滤杯、滤芯和紧固件组成。滤芯则是由多层金属滤网或经特殊处理的纤维纸，呈竖直褶皱层叠而成，如图 3 - 40（a）所示，或由多层圆盘滤网叠积而成，如图 3 - 40（b）所示。燃油通常由进油口进入滤杯，从滤芯外部进入滤芯内部，然后从出油口流出。这样的流动方向不仅可起到过滤作用,而且燃油的压力正好使滤芯紧贴保持架,防止滤芯受损。在主油滤的进、出口之间通常设有旁通活门,当滤芯堵塞导致进、出口压力差上升时,旁通活门自动打开,以保证燃油连续供向发动机。

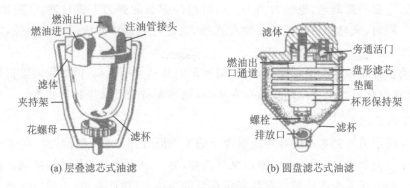

(a) 层叠滤芯式油滤　　　　　　　　　　(b) 圆盘滤芯式油滤

图 3 - 40　无人机典型的燃油滤

必须按规定时间间隔检查和清洗燃油滤,排放滤杯中的沉淀。纸质滤芯可直接更换;金属网状滤芯则须采用专门设备(如超声波清洗机)进行清洗,并用干燥压缩空气吹干。

5. 燃油泵

发动机驱动的燃油泵用于产生适当的燃油压力,以保证在发动机的工作期间连续供油。有时在燃油系统中还安装辅助性燃油泵,如安装在发动机驱动泵上游,或与发动机驱动泵并联安装的电动燃油泵。有些无人机还在燃油箱出口处安装有离心式电动增压泵,用来帮助发动机起动,并确保发动机驱动泵进口的燃油具有正压力。输油泵的工作原理和燃油泵一致,这里不再重复赘述。

(1) 电动离心式增压泵

在有些无人机上,电动离心式增压泵是作为燃油系统的辅助性燃油泵的。电机通常安装在与燃油箱较低位置相对应的翼梁上,而泵体则浸没在油箱底部的燃油中。在泵叶轮与电机之间采取密封措施,以防止燃油或油蒸气漏入电机。当燃油进入泵体时,高速旋转的叶轮沿径向将燃油向外抛射,产生离心力,提高了燃油压力,并将燃油输向供油系统,如图 3 - 41 所示。泵的旋转搅动还具有将空气和油蒸气从燃油中分离出来的作用,使供向发动机的燃油不含油蒸气。

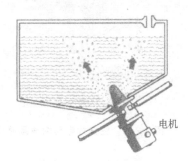

电机

图 3 - 41　电动离心式增压泵

(2) 柱塞式电动燃油泵

由于电动离心式增压泵成本较高,所以许多小型单翼无人机的燃油系统采用电动柱塞泵作为燃油系统的辅助燃油泵。柱塞泵通常与发动机驱动的膜片式燃油泵并联安装,以使它们单独或共同向发动机供油。

柱塞式电动燃油泵属于脉动泵,它由电磁线圈、钢质柱塞、校准弹簧以及 2 个单向活门等组成,如图 3 - 42 所示。电磁线圈绕制在连接 2 个油腔的黄铜管上。校准弹簧的弹力向上推柱塞,线圈电磁力向下推柱塞。一个单向活门安装在柱塞底部中间,另一个安装在进油腔内的黄铜管延伸段底部中间。

当柱塞泵未通电时,校准弹簧的弹力将柱塞沿黄铜管向上推,柱塞将吸引磁铁,通过枢轴使触点接触。通电后,电流通过触点流过电磁线圈产生电磁力,将柱塞向下吸入线圈部分。此时 B 腔内的燃油通过单向活门向上流入柱塞。当柱塞下移到电磁线圈中间时,将不再吸引磁铁,触点跳开,电磁线圈断电,电磁力消失。这时校准弹簧的弹力上推柱塞,C 腔燃油被挤出,供向发动机。同时,来自油箱的燃油被抽入 A 腔,再通过底部单向活门进入 B 腔,为下一个供油循环做好准备。

如果发动机接收该泵的全部输出油量,则该泵的脉动频率很高;但如果发动机汽化器慢车活门关闭,或在汽化器和泵之间的燃油存在压力,则该泵将处于低速脉动状态。

（3）叶片式燃油泵

图 3-43 所示为一种典型的叶片式燃油泵的工作原理图。4 片钢制叶片在转子上开出的滑槽内沿转子径向滑动,叶片的一端紧压泵筒内壁,另一端通过弹簧与浮轴接触。转子内部空腔被叶片和浮轴分成 4 个工作腔。泵筒固定在泵的壳体上,两侧有进、出油口。转子的动力可以是发动机驱动或电机驱动。图 3-43 中转子工作时为顺时针转动,由于泵筒与转子是偏心的,随着转子的转动,每个工作腔的容积不断变化,当叶片转向进口一边时,工作腔容积变大,产生局部低压区,将油箱中的燃油吸入工作腔;而当叶片转向出口一边时,工作腔容积变小,将燃油挤出,流向汽化器。

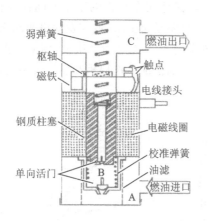

图 3-42　柱塞式电动燃油泵原理图

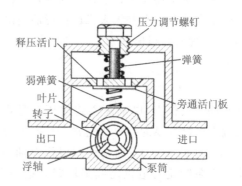

图 3-43　叶片式燃油泵的工作原理图

当泵出口压力大于规定值时,作用在释压活门下表面上的压力克服弹簧力,向上顶开释压活门,将泵出口的多余燃油导回入口,使泵出口到汽化器之间的供油管路中燃油压力始终保持在规定值以内。而当发动机工作期间遇到叶片泵失效的情况时,只要泵进口压力稍微大于出口压力,作用在旁通活门板上表面的压力就能克服弱弹簧力,向下打开旁通活门板,使燃油全流量流向发动机汽化器。

该泵的头部装有供油压力调节装置,可自动调节泵出口的燃油压力处于规定的范围内。如果泵工作时燃油压力出现异常,则应首先检查压力调节装置,并通过调节螺钉用试验的方法进行压力修正。

（4）膜片式燃油泵

膜片式燃油泵也是一种容积泵,图 3-44 所示为一种典型的膜片式燃油泵结构图。转动凸轮时,随着凸轮与摇臂接触点间半径的增大,摇臂带动推杆克服摇臂弹簧的弹力和膜片弹簧的拉力将膜片向下拉,泵体油腔体积增大形成负压。进油口单向活门在负压作用下打开,燃油进入膜片上方的油腔。吸油冲程结束后,凸轮继续转动,随着凸轮与摇臂接触点间半径的减小,推杆和膜片在摇臂弹簧和膜片弹簧的共同作用下向上运动,压缩燃油打开出油口单向活门,经高压油出口供向下游。

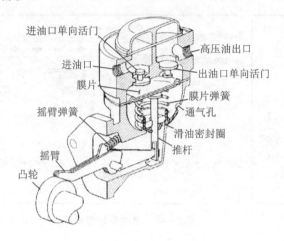

图 3 - 44　膜片式燃油泵结构图

膜片泵的膜片由特氟龙(Teflon)、聚偏氟乙烯等材料制成,常见故障为膜片磨损或破裂。在发动机停止工作时,膜片泵中的单向活门可以封闭油路,避免空气进入导致发动机启动困难。

(5) 引射泵

引射泵也叫喷射泵,它没有运动部件。引射泵的喷嘴部件包括管路接头和喷嘴,作用是将管路来的低速动力流体转变成高速射流。由射流与空气之间产生的卷吸作用和紊动扩散作用,把吸入室内的空气带走,使该处产生负压(真空)。在压力差的作用下,引射泵进口的油液顶开球阀流向引射泵出口,球阀可以防止引射泵出口的引射流倒流回引射流进口。引射流被吸入泵室,随高速工作液流带入喉管内,并在喉管内进行能量交换。在喉管内,由于液体分子的紊动作用,工作流体将一部分动能传给被吸流体。这样,工作流体的流速逐步减慢,被吸液体流速逐渐加快,到达喉管末端,两股液流的速度逐渐趋于一致,混合过程基本完成。混合流进入扩散段,流速逐步降低,压力上升,最后压入连接管内,如图 3 - 45 所示。

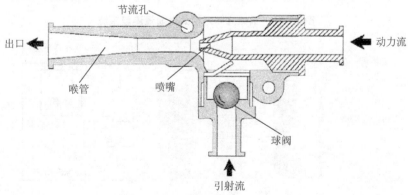

图 3 - 45　典型引射泵结构

图 3-46 所示为一种燃油传输引射泵。燃油传输引射泵用于将主油箱内的燃油传输到消耗油箱内。输油泵从消耗油箱中抽油增压,为主油箱引射泵提供动力流,动力流在喷嘴处产生高速流,在喷嘴外产生负压区,在引射泵的动力流管路上有一个电动阀,用于控制引射泵的工作。在压力差的作用下,主油箱中的燃油顶开球阀,进入喉管,通过输油管路进入消耗油箱。

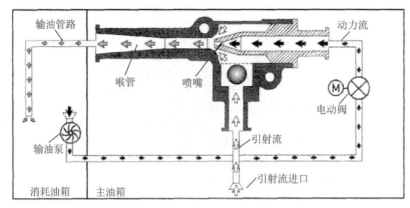

图 3-46　燃油传输引射泵

6. 燃油测量系统

燃油测量系统的主要测量信息包括燃油量、燃油压力和燃油流量。这里仅讨论燃油量、燃油压力和燃油流量的测量。

(1) 燃油量测量系统

燃油量测量系统是所有动力飞机必备的系统,可随时为飞控计算机和飞行操控人员提供油箱目前剩余可用油量信息。常见的活塞发动机飞机的燃油量测量系统有机械式、电动式和电容式 3 种类型,如图 3-47 和图 3-48 所示。

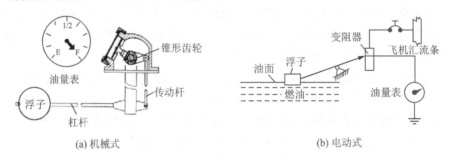

(a) 机械式　　　　　　　　　　　　　　(b) 电动式

图 3-47　机械式和电动式燃油量测量系统

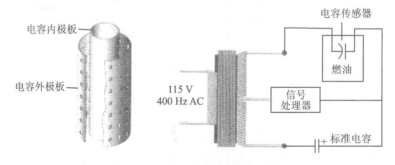

图 3-48　电容式燃油量测量系统

1）机械式燃油量测量系统

机械式燃油量测量系统的工作原理较为简单,主要用于早期的飞机。浮子漂浮在油箱内的油面上,随着油面升降而上下浮动,使与浮子连接的杠杆绕其支点转动,通过传动杆和摇臂驱动锥形齿轮啮合运转,从而带动指针转动,指示油箱的油量。

2）电动式燃油量测量系统

电动式燃油量测量系统仍然利用一个漂浮在油面上的浮子,所不同的是杠杆一端与变阻器连接。浮子随油面升降时,变阻器的阻值随之改变,使通过的电流也发生变化,通过驱动电机指示油箱的油量。

3）电容式燃油量测量系统

电容式燃油量测量系统是无人机常用的燃油量测量系统,通常包括油量传感器和信号处理器。

油量传感器由配置在同轴上的管状电容制成,根据机身油箱油量与油面高度关系曲线设计。当传感器浸入燃油后,在油箱中油面从满油位状态逐渐下降时,传感器浸入燃油的深度不同。电容器两个极板之间的电介质最初全部是燃油,随后电容器上部电介质变为空气和燃油蒸气的混合物,油面以下的电介质依然为燃油,传感器内、外管之间由于油面变化而引起电容量的变化。传感器将测量的电容量变化转换成电流信号,传送给信号处理器进行处理,从而得到油箱内的燃油量。当燃油密度随温度发生变化时,燃油介电系数也随之发生变化,因此电容式油量传感器能够测出质量油量,机械式和电动式传感器则仅能测得体积油量。

信号处理器主要完成对油量传感器信号的采样及处理工作。信号处理器上的振荡器产生正弦波信号,经跟随器驱动后,激励传感器。信号处理器接收到传感器回送信号后,通过专用信号处理转换线路,将传感器输出的油箱油位变化信号(电容增量信号)变换成一个与油位变化成正比关系的线性电压信号,并将该信号送往飞控计算机。

4）时域反射式燃油量测量系统

除了以上 3 种传统的油量表外,有些无人机安装的是时域反射(Time Domain Reflectivity,TDR)式燃油量测量系统,其原理如图 3 - 49 所示。

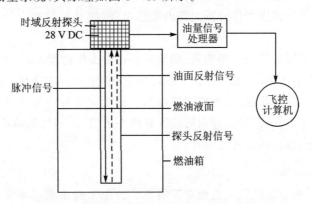

图 3 - 49　脉冲时域反射式燃油量测量系统

在基于 TDR 技术的液面测量设备中,传感器的电路产生一个低能量电磁脉冲,该脉冲由探头发出。当这个电磁脉冲接触到被测量的介质时(如燃油液面),它的部分脉冲能量被反射回传感器探头并被传感器电路接收,电路就会根据发出脉冲和接收到反射脉冲的时间差(ns量级)计算出液面位置。传感器能够将分析得到的液面位置输出为连续的模拟信号。在 TDR

技术中,脉冲的传播速度主要会受到脉冲传播介质的介电常数影响。

(2) 燃油压力测量系统

在飞行过程中,燃油系统需要感知供油、输油管路燃油压力,以控制相关油泵工作,确保输送足够的燃油,因此有必要设置燃油压力测量系统。燃油压力测量系统通常安装在燃油系统供油、输油管路上,用以感受供油、输油管路燃油压力值,常用的燃油压力测量系统都采用了真空膜盒,如图 3 - 50 和图 3 - 51 所示。

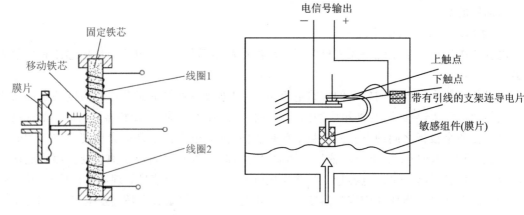

图 3 - 50　电动式压力传感器工作原理　　　　图 3 - 51　触发式压力传感器工作原理

在图 3 - 50 中,电动式压力传感器把压力转换成电量,电量可以是电阻、电感等,再与其他电路连接进行测量。压力传感器包括膜片、固定铁芯、线圈和移动铁芯。膜片感受压力变化而移动,从而带动移动铁芯移动。当移动铁芯左移时(压力减小),其靠近线圈 2 的铁芯;当移动铁芯右移时(压力增加),其靠近线圈 1 的铁芯。当给传感器输入交流电时,移动铁芯使两个线圈的感抗发生变化,这样就把压力的变化转换成感抗的变化。把此传感器连接到其他电路上,即可给出压力指示,从而进行相关控制。

在图 3 - 51 中,触发式压力传感器主要由敏感组件(膜片)、带有引线的支架连导电片、触点组合等部分组成。

上、下触点构成了压力开关。燃油泵、输油泵在正常工作情况下,压力开关处于断开状态。当管路中主油泵工作不正常、燃油压力低于规定值时,管路内压力降低,作用于敏感组件上的膜片,使膜片产生变形向下收缩,从而使固定在其上的支架连导电片向下移动,致使上触点和下触点接触,从而使压力开关导通,并向飞控计算机发出信号,同时起动备用泵工作;而当管路中燃油压力高于规定值时,压力开关断开。

(3) 燃油流量测量系统

使用汽化器的活塞发动机无人机通常不需要装设燃油流量测量系统,飞行操控人员可根据发动机转速和进气总管压力来判断燃油流量。

该系统由传感器和指示器组成,如图 3 - 52 所示。传感器为一个由游丝弹簧加载的叶片和电磁线圈组成,叶片安装于通往汽化器的管道中。燃油流动的冲击力使叶片克服游丝弹簧的弹力而转动,带动传感器电磁线圈中的铁芯移动。叶片最终位置代表了燃油的流动速率,相应信号被送到指示器。

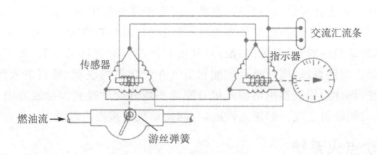

图 3 - 52　叶片式燃油流量测量系统

7. 发动机燃油系统

　　发动机燃油系统的功用是不断供给发动机适当数量的燃油,并将燃油雾化,同空气均匀混合形成可燃混合气,根据发动机不同工作状态的需要,调整最适当的混合气。

　　发动机燃油系统的型式有汽化器式和直接喷射式两种,分别如图 3 - 53 和图 3 - 54 所示。

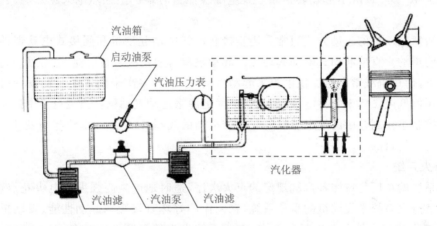

图 3 - 53　汽化器式燃油系统

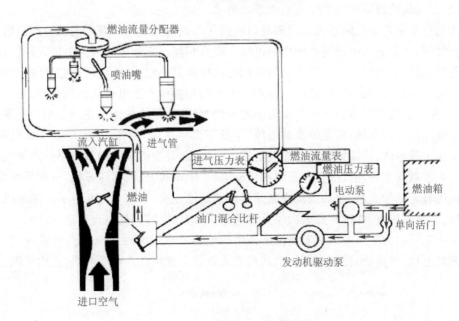

图 3 - 54　直接喷射式燃油系统

当燃油选择开关选择好供油油箱后,燃油泵将燃油从油箱中抽出并加压,经过油滤的过滤送到燃油调节器,燃油调节器再根据外界条件,如飞行状态和外界大气温度、压力等,和发动机的工作状态,如发动机的转速、节风门(油门)开度和油门混合比杆的位置,计量出合适的燃油量。若是汽化器式燃油系统,则计量后燃油和空气在汽化器内混合,然后进入汽缸;若是直接喷射式燃油系统,则计量后燃油由燃油流量分配器平均分配后送到喷油嘴并喷到汽缸进气门处,进气门打开后随新鲜空气一起进入汽缸,有的发动机直接喷入汽缸。

3.3.5　起动点火系统

1. 起动系统

起动系统的功用是在发动机起动时,将曲轴转动起来,使发动机从静止状态转入正常工作。为了能够使发动机正常起动,需要满足下列条件:一是起动时因为转速小,发动机主燃油泵不能正常供油,需要预先向汽缸注油(如使用电动增压泵);二是起动机带动曲轴旋转时转速一般不低于 $40 \sim 60$ r/min(起动转速);三是电嘴应能适时地产生强烈电火花点燃汽缸中的油气混合气。

航空活塞发动机的起动方式通常采用直接起动式电动起动机和间接式电动惯性起动机,目前广泛使用的是直接起动式电动起动机。起动电源可使用机载蓄电池,也可使用地面电源。通常情况下,使用机载蓄电池提供电源来起动发动机时,若多次未能成功起动发动机,或机载蓄电池电压偏低或飞机未装蓄电池,则使用地面电源来起动发动机。当飞机空中停车后,由飞控计算机控制主控制盒中的继电器接通起动继电器的线圈,由机载蓄电池起动发动机,达到空中起动发动机的目的。

2. 点火系统

点火系统的功用是按照各汽缸规定的点火次序,适时地产生高强度的电火花点燃汽缸内的混合气。点火系统是发动机的重要系统,它工作的好坏直接影响起动性能、发动机功率、经济性以及工作的可靠性。在实际工作中,点火系统发生的问题也比较多,据各类统计数字表明,在活塞发动机的故障中有 2/3 与点火系统有关。

现代航空活塞发动机的点火系统都是借助高压电流通过邻近的两个电极时产生电火花来点燃混合气的,产生高压电的附件叫作磁电机。设有相隔一定间隙的两个电极,分别与电源的正极和负极相连接,如图 3-55 所示。如果把电压提高到一定的数值,两个电极的间隙中就会出现电火花,同时发出轻微的爆破声。在两个电极的间隙中产生电火花的现象,就是在高压电的作用下,强度足够大的电流通过了电极间隙中的气体,从而使气体白热而发光。这种现象的实质是电极间隙中的气体,在足够高的电压(不低于击穿电压)的作用下,产生冲击电离现象,使气体变成了导电体,因而能够通过强度足够大的电流,导致电极间的气体层白热而发光。

现代大多数活塞发动机的点火系统都由磁电机、磁电机开关、高压导线、电嘴等组成,某些点火系统还有起动加速器、起动线圈或振荡器用于起动点火,如图 3-56 所示。磁电机在工作时,适时地产生高压电,并按照点火次序分配到各汽缸,供电嘴产生电火花。

图 3-57 所示为某典型活塞发动机所采用的电容放电式无触点双联点火系统,装有一个内置交流发电机(磁电机)提供电源。发动机点火系统主要由点火电子模块、点火线圈、火花塞等组成。

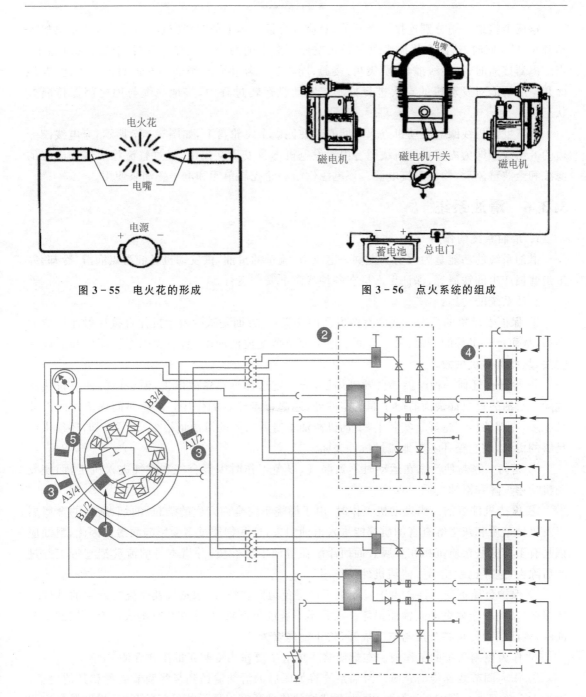

图 3-55　电火花的形成　　　　　　　图 3-56　点火系统的组成

图 3-57　电容放电式无触点双联点火系统

　　两个独立的充电线圈 1 分别装在发电机的定子上。每一个线圈都为一个点火线路供电。定子上的两个充电线圈所产生的电能储存在电子模块 2 的电容中,点火瞬间 4 个触发线圈 3 中的两个线圈输出信号使电容通过双点火线圈 4 的初级绕组放电,完成点火,点火顺序为 1—4—2—3。图 3-57 中的 5 为转速触发线圈,主要给电子转速表提供信号。

　　点火模块分为 A、B 两组,每一组均有接地插针一个,通过电缆连接接地插针与地,可以将充电线圈充至点火模块电容中的电量放掉,从而达到停止点火继而停车的目的。

这两个接地线缆分别连接一个开关,对应综合检测车上的"发动机停车开关1""发动机停车开关2"。同时,这两个接地线缆并联在主控制盒中的两个受飞控计算机控制的继电器上,当继电器接通时,接地线缆与地(飞机)接通,同样达到停止点火继而停车的目的。因此,在地面和空中均能对发动机的点火进行控制。发动机运转过程中,接地线缆与地之间保持断开状态。

内置发电机线圈与发动机点火线圈安装在同一个飞轮盘上,如图3-57所示,充电线圈旁边的8组线圈即为内置发电机线圈。内置发电机本身发出交流电,经过整流稳压器和电容的滤波和全波整流后,输出直流电源。该电源供给涡轮控制单元和电子燃油泵使用。

3.3.6　滑油系统

1. 滑油系统的作用

滑油系统的功能是为发动机提供一定压力、流量的滑油,供发动机各润滑点润滑、冷却,并带走磨损产生的铁屑等,保证无人机在各种状态下安全飞行。

滑油系统的功用:

① 保证发动机的润滑。润滑有两方面的含义:一方面是减少由于机件直接接触而形成的磨损,从而延长机件的寿命;另一方面是把干面摩擦变成液面摩擦,减少因摩擦而引起的能量损失,从而提高机械效率。

② 冷却。任何一种摩擦都会发出热量,若不把这部分热量散出去,便会使机件有过热的危险。滑油通过机件表面时除了润滑零件外,还起带走热量的作用。单位时间内流过的滑油量越多,冷却的作用越好。实际上,发动机滑油本身所需要的滑油量很少,为了冷却,还须供应足够的滑油,使它循环不断地流过机件表面。

③ 密封。密封使活塞在运动时不致漏气,以免工作时因混合气和燃气进入机匣,而使发动机功率下降和滑油变质。

④ 保持机件清洁。当发动机工作时,由于燃烧不完全而产生的碳粒、油烟、磨损的金属屑以及机械杂质和灰尘等有害物质都能进入滑油中去,这些物质过多会影响润滑。因此,滑油应该具有不使这些杂质沉积在金属表面而浮游在滑油中的性质,并借本身的流动把它带走并过滤后除去,这样也就相当于清洁机件的作用。

⑤ 保护金属不受腐蚀。由于发动机不可避免地要和空气、水蒸气及燃烧后产生的其他气体接触,从而使金属渐渐腐蚀而损坏。在高温下腐蚀更严重,如果在机件的表面有一层润滑油油膜,则此油膜便可将金属与空气隔开,防止金属腐蚀。

⑥ 作为控制系统的工作液。在螺旋桨飞机上主要作为变桨距的工作介质。

⑦ 作为调节装置传动介质。滑油系统将加压后的滑油输送到某些调节装置和其他设备,以带动有关部件。例如,推动进气压力调节器的传动活塞以操纵节风门的开度,推动混合比调节器的传动活塞以转动高压汽油泵的调节齿轮,推动螺旋桨的变距杆以改变螺旋桨的桨叶角。

2. 润滑的方法

发动机机件的润滑方法有三种:泼溅润滑、压力润滑和压力泼溅润滑。

借转速较大的旋转机件(例如曲轴等),将滑油泼溅到摩擦面上的润滑方法,叫作泼溅润滑(见图3-58)。在发动机机匣内装有一定数量的滑油,曲柄转至机匣下部,即浸入滑油内。发动机工作时,借助于曲轴的转动,不断地将附着于曲柄与连杆头上的滑油向四周甩出,使滑油在机匣内部泼溅成细小的油滴。油滴进入活塞、汽缸、连杆和曲轴等机件的摩擦面,使这些机件得到润滑。润滑后的滑油从摩擦面的间隙流出,直接落入机匣。

采用泼溅润滑的方法只需要在机匣内存储一定数量的滑油,所以这种滑油系统比较简单。但因泼溅的滑油压力太小,很难进入那些间隙较小的机件之间,而且对机匣外部的机件和附件无法进行润滑。此外,由于无法使滑油过滤,所以滑油容易变脏,且滑油的温度也不能进行调节。因此,这种方法对机件润滑和冷却的效果都比较差。飞机做加速飞行、大坡度盘旋、上升或特技飞行时,由于机匣内滑油油面位置的改变,泼溅油量减小,采用泼溅润滑的方法不能保证机件的正常润滑。基于上述原因,泼溅滑油系统只能在一些构造简单的小型发动机上使用。

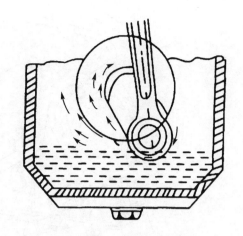

图 3-58　泼溅润滑示意图

滑油经油泵加压后,沿专门的油路流至各摩擦面上的润滑方法,叫作压力润滑。为了使滑油在发动机内循环流动,润滑机件后的滑油用油泵抽回,经过过滤和冷却后,再次送往各摩擦面。采用这种润滑方法,由于滑油压力较高,滑油能被输送到所有无法应用泼溅润滑的地方,即便那些间隙小的摩擦面,也能得到良好的润滑;同时,还可在油路上安装油滤和散热器,前者用来滤出滑油中的污物和金属屑等,保持滑油洁净,后者用来调节滑油温度,保持滑油的粘度适当。因此,这种润滑方法对机件润滑和冷却的效果比泼溅润滑要好得多。压力润滑的优点虽然很多,但也还存在一些缺点,主要是对于某些无法从专门的油路获得滑油的机件(例如汽缸壁)不能进行润滑。另外,这种滑油系统也比较复杂。

发动机单独采用泼溅润滑的方法,不能保证所有的摩擦面都得到良好的润滑和冷却;而单独采用压力润滑的方法,对于某些无法从专门的油路中获得滑油的机件也不能进行润滑。为了使所有的机件都能得到良好的润滑和冷却,现代的航空活塞发动机一般都采用压力润滑为主、泼溅润滑为辅的混合滑油系统。混合滑油系统中的泼溅润滑并非利用积存在机匣底部的滑油,而是利用从某些接受压力润滑的机件的间隙流出的或者从专门的油孔喷出来的滑油,借助于曲轴等旋转较快的机件将滑油泼溅到摩擦面上进行润滑。

3. 滑油系统的组成

图 3-59 所示为典型活塞发动机滑油系统,由供油、回油、加油、放油、通气和监测 6 部分组成。其中:供油部分包括主油泵、恒温活门、滑油散热器、滑油滤、滑油箱和供油管路;回油部分包括回油泵、回油管路;加油部分包括加油口;放油部分包括放油开关;通气部分包括通气管路;监测部分包括滑油温度传感器、滑油压力传感器、滑油箱油尺等。

该滑油系统采用干槽压力润滑系统,由一个带压力调节器的进油泵(主油泵)和一个附加回油泵来保证系统正常工作,如图 3-60 所示。

发动机主滑油泵经恒温活门、滑油散热器从滑油箱中吸油,再经过滑油滤分别注入发动机内部各润滑点及涡轮增压器轴承。参与润滑后的滑油聚集在曲轴箱底部并被气体压回到滑油箱,润滑涡轮增压器的滑油通过回油泵回到滑油箱,滑油在循环过程中经滑油散热器散热。

滑油箱上有通气管,保证滑油箱通气,通气管末端伸到发动机短舱外发动机排气管的高温气流中,这样既可以防止通气管结冰阻塞,又可将油气烧掉。

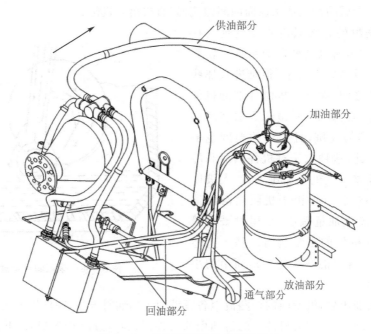

图 3-59　典型活塞发动机滑油系统

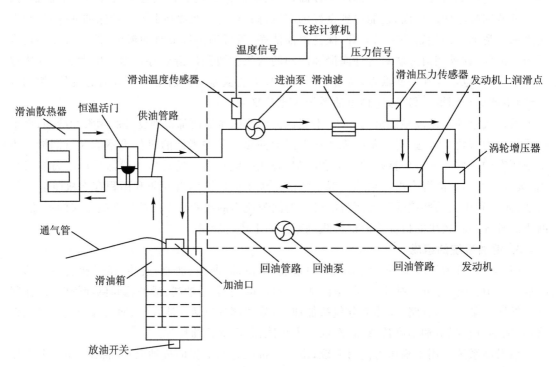

图 3-60　滑油系统原理图

滑油参数包括滑油温度和滑油压力,相关测量参数传送给飞控计算机,用于监控发动机滑油子系统的工作状态。滑油温度传感器和滑油压力传感器安装在滑油泵壳体上。

滑油系统其他组成工作机理与燃油系统类似,这里仅简单介绍恒温活门。

滑油恒温活门安装在滑油系统管路中,用于保证滑油温度始终在最佳工作范围内,保证发动机正常工作的需要,如图 3 - 61 所示。滑油恒温活门为自控式活门,活门的开启与关闭由感温元件控制,与滑油散热器出入口连接,感温元件直接感受滑油温度的变化。

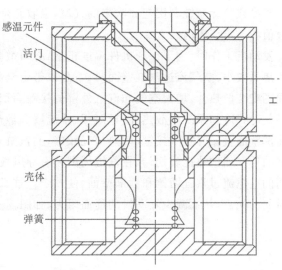

感温元件
活门
工
壳体
弹簧

图 3 - 61　滑油恒温活门原理图

常温下活门处于开启状态,管路中的滑油直接通过活门被滑油泵吸入。当滑油温度逐渐升高,在某一温度范围内时,有一小部分滑油流经滑油散热器;随着滑油温度的升高,活门在感温元件的作用下逐渐关闭,当滑油温度达到某一较高范围时,活门在感温元件的作用下完全关闭,此时几乎所有的滑油都流经散热器。滑油经过散热器散热后,温度开始下降,感温元件顶杆开始收缩,活门在弹簧作用下逐渐打开,当滑油温度低于某一温度范围时,活门完全打开。

3.3.7　冷却系统

1. 冷却系统的功能

发动机工作时,汽缸内燃气的温度很高,与高温燃气相接触的汽缸、气门、活塞等机件的温度也相当高。若机件温度过高,材料强度就会减弱,汽缸以及汽缸紧密相连的机件在动力负荷和热负荷的作用下很容易损坏,例如汽缸头裂纹、活塞顶烧穿、气门变形等;同时,活塞与汽缸壁之间的间隙变化、涨圈与涨圈之间的间隙变化、气门杆与气门杆套之间的间隙变化还会引起活塞涨圈内的滑油分解和氧化,形成胶状物质,粘住涨圈,影响汽缸壁面的润滑,甚至因此磨伤和烧坏活塞。此外,汽缸温度过高,还会使充填量减小,发动机功率降低,并可能产生早燃和爆震等现象。为了保证发动机工作可靠,功率不致降低,必须对发动机进行散热,以降低其温度。但是,如果发动机散热过多,温度过低,将使混合气燃烧后的热量散失过多,功率也会减小,甚至因燃油不易蒸发,引起发动机“气喘”,严重时,会造成发动机停车,危及飞行安全。另外,汽缸壁上的滑油粘度变大,还会使活塞的摩擦损失增大。为此,发动机设置了冷却系统(又称散热系统),以把汽缸温度保持在一个适当的范围内。

冷却系统的功用,是保持发动机温度(汽缸温度)在适当范围内,以保证发动机正常工作。根据冷却介质的不同,冷却系统可分为气冷式和液冷式两种,其中以空气作为冷却介质的冷却系统称为气冷式冷却系统,以液体(水或防冻液)作为冷却介质的冷却系统称为液冷式冷却系统。

2. 汽缸的冷却方式

(1) 气冷式冷却系统

气冷式冷却系统利用迎面吹来的气流,吸收并带走汽缸壁的一部分热量,以保持汽缸温度的数值在一定范围内。

发动机工作时,为了保证机件温度正常,必须散走大量的热量,但由于汽缸外壁向外传热的传热系数小,空气流过汽缸壁面时,不足以带走全部应散去的热量,所以,在汽缸头和汽缸身的周围安装散热片,增大空气和汽缸外壁的接触面积,使散热量增大,如图 3-62 所示。

气冷式冷却系统由散热片、导风板、整流罩和散热风门等组成。当空气流过发动机时,汽缸前部壁面直接与空气接触,散热情况较好,而汽缸后部壁面背着气流,散热不良。为了保证汽缸前后壁面散热比较均匀,在汽缸周围装有导风板,迎面冷却空气便沿着导风板和汽缸外壁之间的空隙流过汽缸两侧和后部壁面,使整个汽缸散热比较均匀;同时,导风板还可以减少汽缸后面的涡流,从而减少发动机的迎面阻力,如图 3-63 所示。

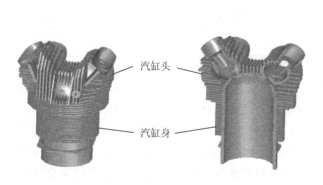

图 3-62　气冷式汽缸

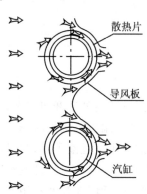

图 3-63　散热空气流动情形

发动机的外面都装有一个整流罩,以减少飞机的飞行阻力。有些飞机在整流罩的出口处装有控制空气流通的风门,这个风门叫作鱼鳞板(也叫侧风门);有些飞机在整流罩的进口处还装有控制空气流通的另一个风门,这个风门叫作鱼鳞片(又叫百叶窗)。鱼鳞板和鱼鳞片统称为散热风门,用来控制冷却发动机的空气流量,以调节汽缸温度。

空气从整流罩前面进入后,流经汽缸壁和散热片,最后从整流罩后面流到机外。汽缸温度的高低由散热风门来调节。

气冷法的优点:发动机重量轻;构造简单,维护容易,在极冷或者极热的气候中工作可靠;战争时,当气冷式发动机被子弹命中时,所发生的危险小;气冷发动机适合用于高空飞行的飞机上。

气冷法的缺点:发动机必须放在螺旋桨的后面,以接受自然吹来用于散热的冷气流;散热片及空气通路的装置增加了制造及设计的困难;迎风阻力大。

(2) 液冷式冷却系统

液冷式冷却系统利用冷却液流过汽缸壁,吸收并带走汽缸壁的一部分热量,以保持汽缸温度在一定的范围内。

液冷式冷却系统由散热套、冷却液散热器、冷却液泵和膨胀箱等部分组成。液冷式冷却系统的工作情形如图 3-64 所示。

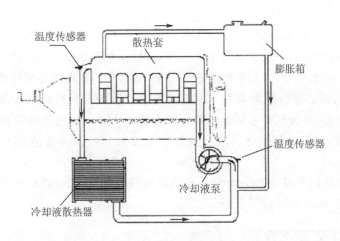

图 3 - 64　液冷式冷却系统的工作示意图

发动机工作时,曲轴带动冷却液泵工作,把冷却液打入散热套,冷却液流过汽缸周围,使汽缸冷却。温度升高了的冷却液流经冷却液散热器,散去从汽缸壁带来的热量,最后再回到冷却液泵的进口。由于冷却液泵不停地工作,冷却液便在系统内循环流动。当散热套内的冷却液受热而膨胀时,可以排出一部分到膨胀箱里去;相反,如果管路内的冷却液有损耗,膨胀箱内储存的冷却液则会流入管道内予以补充。为了测量冷却液的温度,这里装有冷却液温度表,它有两个受感部,分别位于散热套的出口和冷却液泵的进口。其中,前者测量冷却液在流出发动机时的温度,后者测量冷却液在进入发动机时的温度。各种液冷式发动机对于冷却液的温度都有规定的数值。

液冷法的优点:迎风面积小,前进阻力小;散热效率高,飞行性能好。

液冷法的缺点:质量大,构造复杂,不易维护。

3.3.8　三角转子发动机构造

为了使转子式活塞发动机三个腔能正常地实现工作循环,要求活塞的三个端点与汽缸内壁处有严密的接触而互不沟通,同时又不能发生任何干涉,如图 3 - 65 所示。这样,活塞和缸体的形状必须有特殊的规定。

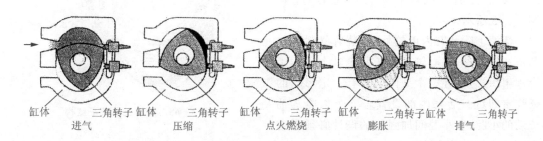

缸体　　三角转子　缸体　　三角转子　缸体　　三角转子　缸体　　三角转子 缸体　　 三角转子
　　进气　　　　　压缩　　　　点火燃烧　　　　膨胀　　　　　排气

图 3 - 65　三角转子发动机循环过程

转子式活塞发动机的活塞是在缸体内做旋转运动的,因此,发动机结构与往复式活塞发动机完全不同,并且形成了自己的工作特点。

1. 齿轮机构

三角转子在缸体中的运动规律,是由固定在三角转子上的内齿轮绕固定于端盖上的外齿轮做行星运动实现的,该对齿轮又称为相位齿轮,其机构布置如图 3-66 所示。内齿轮固定在三角活塞上与活塞一起运动,外齿轮固定在端盖上不动,它们通过偏心轴联系在一起。偏心轴距转轴的距离为 c,距缸壁的距离为 R。偏心轴的偏心轴颈上安装着活塞,内齿轮中心、活塞中心与偏心轴颈同心,外齿轮中心则通过偏心轴主轴颈中心。活塞的转动将严格受到内外齿轮的约束,使活塞的三个端部始终保持与缸体型线接触,同时,活塞型面又不会与缸体发生干涉。

内外齿轮的齿数比做成 3:2,这样对应的汽缸型线为双弧外次摆线,如图 3-67 所示。活塞在缸内转动一周,偏心轴就转了三周。

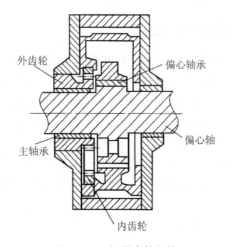

图 3-66　行星齿轮机构

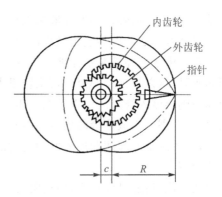

图 3-67　双弧外次摆线

2. 三角旋转活塞

三角旋转活塞也叫三角转子,转子式活塞发动机的活塞和往复活塞发动机的活塞一样,要承受由燃气产生的机械载荷和热力载荷,另外还要承受离心载荷和来自齿轮的力,如图 3-68 所示。

活塞上除装有内齿轮外,还装有气封元件和机油密封件,偏心轴承也压装于其上。为了合理组织燃烧,在三个型面上开有一定形状的燃烧室凹坑。活塞内部设置若干个供冷却油流动的小腔,各小腔间加强筋的设计必须考虑有利于冷却油的流动。

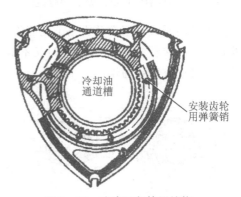

图 3-68　油冷三角转子结构

活塞每旋转一周,冷却油就分别受到两次离心力和两次向心力的作用,各小腔内的冷却油通过向心力作用朝活塞中心流动时从活塞中部流出,并经汽缸盖流回油底壳,具体油路视布置而异。活塞出油孔的位置和加强筋的形状与排油的顺畅与否关系甚密,若排油不畅,则必使部分冷却油在活塞小腔间再循环。再循环量一多,冷却油就会充满活塞内腔,使排油方式成为溢流状态,这对活塞的冷却和活塞的重量平衡将产生很不利的影响。

活塞要尽量选择轻质材料,在结构设计上,活塞壁厚度在强度、刚度允许的情况下,要尽量做得薄一些,尽量多采用筋来加强刚度、强度。为了保护密封元件的正常工作,要求活塞选用导热性能良好、热强度好和热膨胀系数小的材料。

3. 气体密封机构

转子式活塞发动机的气封面像往复机那样在同一平面上,这种立体交叉的气封结构给设计带来了极大的困难。气封效果不好,既降低发动机的效率,又会使排温增高,排污增多。气封能否高质量的解决,不仅影响发动机的动力性和经济性,还直接关系到它的存在价值。转子式活塞发动机的研制者从一开始就倾注了极大的注意力和花了大量的研究精力,可以这么说,气封结构的解决是转子式活塞发动机走上实用的关键。就相同的汽缸排量来说,转子式活塞发动机的气封线要比往复机长,这就增加了漏气的机会,也就是说,汽缸要求更高,这是转子式活塞发动机的一个明显缺点。

4. 进排气口

转子式活塞发动机的进、排气口的布置形式对发动机的性能影响很大。一般来说,排气口布置在汽缸体的周边,称周边排气,而进气则有周边进气、端面进气(布置在端盖端面上)和混合进气三种。至于端面排气,则很少采用。进气口的基本形式如图 3-69 所示。

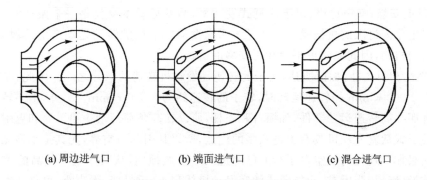

(a) 周边进气口   (b) 端面进气口   (c) 混合进气口

图 3-69 进气口的基本形式

周边气口气体的进出方向与汽缸内气体的流动方向一致,而且是连续流动的,即上一腔流动结束前,下一腔的流动已经开始。因此进排气阻力小,可以获得很高的充气效率和平均有效压力,但是进排气的重叠时间过大。这种进排气重叠时间过大是周边进气口的固有缺点,是由结构决定的,采用这种进气口布置方式时,在进排气重叠期内,废气就有可能进入进气腔而稀释混合气,严重时还将向进气管倒灌,这就使得发动机怠速不稳,中低速时油耗偏高。

为了克服周边进气口的缺点,可采用端面进气口。采用端面进气口使得进排气重叠时间少,但气流方向要转变,这就使得进气阻力增加,影响了动力性。但是由于气流方向的变换有利于混合气的扰动,从而使混合气易于均匀。采用端面进气口后,会使发动机动力有所损失,特别是在高速段损失更大,但会使怠速变得稳定,中低速时的工作状况得到改善。为了兼顾周边进气方式高的动力性和端面进气良好的中低速性能,可采用混合进气方式,在部分负荷时只有端面进气口参加工作,到高速大负荷时则会使周边进气口同时工作。

5. 缸体与端盖

缸体和端盖是发动机的基础零件,前后两个端盖将缸体密封而形成三个互不沟通的工作腔,径向密封片沿缸体型面滑动,端面气封条与两端盖内平面接触,当活塞转动时,端面气封条就在端盖内平面上滑动,使高压气体不会漏过端面气封条而进入油底壳。这两个基础件都要承受燃气的压力和高温,因此必须具备足够的刚度、强度和热变形小的特点。在水冷机上,缸体与端盖内部都布置了有规定水流向的冷却水通道。在缸体的短轴位置附近排气口的对面布置了火花塞,径向进气口布置在排气口的上方,而端面进气口则布置在端面上,行星齿轮机构的外齿轮一般都布置在前端盖上,主轴承设置在前后端盖上。这种布置特点与往复机对照,缸体具有往复机缸套和缸盖的作用,而端盖则具有往复机的缸套和曲轴箱的作用。

由自身的结构特性决定了转子式活塞发动机具有众多的优缺点,其具有的优点如下:

① 体积小重量轻:转子式活塞发动机最重要的一个优点是减小了体积,减轻了重量。在运行安静性和平稳性两方面,双转子发动机相当于直列六缸往复式发动机。在保证相同的输出功率水平前提下,转子式发动机的设计重量是往复式的三分之二。

② 精简结构:由于转子式活塞发动机将空燃混合气燃烧产生的膨胀压力直接转化为三角形转子和偏心轴的转动力,所以不需要设置连杆,进气口和排气口依靠转子本身的运动来打开和关闭,不再需要配气门机构,包括正时齿带、凸轮轴、摇臂、气门、气门弹簧等,而这在往复式发动机中是必不可少的一部分。综上所述,转子式活塞发动机组成所需要的部件大幅度减少。

③ 均匀的扭矩特性:转子式活塞发动机在整个速度范围内有相当均匀的扭矩曲线,即使是在两转子的设计中,运行中的扭矩波动也与直列六缸往复式发动机具有相同的水平。

④ 运行更安静,噪声更小:对于往复式发动机,活塞运动本身就是一个振动源,同时气门机构也会产生令人讨厌的机械噪声。转子式活塞发动机平稳的转动运动产生的振动相当小,而且没有气门机构,因此能够更平稳和更安静的运行。

⑤ 可靠性和耐久性:如前所述,转子的转速是发动机转速的三分之一。因此,在转子式活塞发动机以 9 000 r/min 的转速运转时,转子的转速约为 3 000 r/min。另外,由于转子式活塞发动机没有那些高转速运动部件,如摇臂和连杆,所以在高负荷运动中更可靠和更耐久。

由于转子式活塞发动机具有上述众多的优点,所以其引起航空界,尤其是小型无人机设计者们强烈的兴趣。现代的航空电子行业已经进入一个瓶颈期,从减小电子产品的重量来减轻无人机的重量已经相当困难,而转子式活塞发动机体积小、重量轻、噪声小、可靠性高正是设计者们所寻觅的。

转子式活塞发动机同时具有如下缺点:

① 工艺和成本要求高:由于转子式活塞发动机技术比较尖端,制作工艺要求比较高,成本相对活塞发动机要高很多。

② 转子式活塞发动机的耗油量大:这主要是转子式活塞发动机燃烧室的形状不太有利于完全燃烧,火焰传播路径较长,使得燃油和机油的消耗增加;而且转子式活塞发动机只能用点燃式,不能用压燃式,这就意味着转子式活塞发动机只能用汽油做为燃料。

③ 运用成本高:活塞往复式发动机技术已经是十分成熟的技术,无论是设计、制造还是维护都早已被人们认知,虽然其重量、体积、振动和噪声都高于转子式活塞发动机,但其在现在多数无人机上的应用已比较成熟,不需单独开发,相应的搭配也较为容易。而相对于转子式活塞发动机,要将其用于无人机上,就要重新开发与其配套的机身、传动系统等关键部件,无形中就增加了无人机的设计制造成本和难度。

3.4　发动机控制

3.4.1　发动机电气系统

1. 发动机电气系统组成及接口关系

发动机电气系统包括电气系统测试和电气系统控制两部分。

（1）电气系统测试

电气系统测试主要指针对发动机工作状态监控所需要进行的必要的测量工作,发动机运转前、运转过程中以及停车后均可以通过测试来初步判断发动机及其配套系统是否工作正常。测试包括发动机运行状态参数监测、涡轮增压参数监测以及燃油系统监测。其中,发动机运行状态参数包括转速、节风门位置、排气温度、缸头温度、滑油温度、滑油压力;涡轮增压参数监测分为涡轮增压控制单元(TCU)内部自动监测和外部监测,TCU 内部监测节风门位置、转速、大气静压、空气盒压力、空气盒预设压力、废气活门开度、空气盒温度,外部监测参数为大气静压、空气盒压力、空气盒温度;燃油系统主要监测油量、输油低压报警信号和燃油低压压力报警信号。

测试的目的之一就是为了掌握被测对象的工作状态,通过一定的测试参数及既定的判据来判断被测对象是否工作正常,如果工作不正常,将采取一定的手段使被测对象恢复正常,当无法恢复正常时,则采取如停车、返航等措施来保证被测对象不受损害或尽可能降低损害。

（2）电气系统控制

电气系统控制主要包括双点火系统、内置发电机系统(含整流稳压器、电容等)、起动控制(电起动器配套)、螺旋桨变距、油泵控制等。

发动机的所有监测和控制的大部分汇聚到电连接器中,该电连接器为航空插头,通过该插头再与主控制盒连接。传感器信号输送至电气主控盒后,按照各自不同的信号形式进行不同的调理,转变为统一的标准电压信号,继而由飞控计算机进行 A/D 转换,化模拟量为数字量。同时,飞控计算机发出的控制指令传输给主控制盒,主控制盒再按照相应逻辑控制发动机各电气控制线路。

发动机电气接口框图如图 3-70 所示。

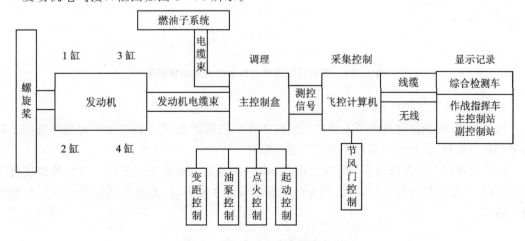

图 3-70　发动机电气接口框图

2. 发动机状态参数

发动机工作是否正常可由状态参数判断出来。在发动机运转过程中，需要严密监视状态参数，在状态参数出现超限或异常情况时，要果断采取应急措施，如地面开车时立即停车，空中飞行状态时立即返航等。

（1）转速与排气温度

转速与排气温度属于快速变化的信号，表明发动机的瞬时工作状态，实时反映发动机的工况是否正常。排气温度过低一般仅在冷起动发动机时短时间内出现，其他状态下出现排气温度过低则表明发动机出现灭缸，此时，转速将急剧降低。该现象多出现在无人机返航途中，此时节风门开度小，转速低，同时排气温度过低，所以发动机灭缸。此时需要立刻下降转定高飞行，通过节风门增加、转速提高退出发动机灭缸状态后方可继续下降高度。

（2）节风门位置

节风门位置反映了发动机的功率状态，发动机转速与节风门最佳匹配即为转速的最佳范围。在全节风门开度时，发动机在适当的螺旋桨（或吸功装置）桨距角下，可以发挥出发动机允许的最大起飞功率。随着节风门开度的减小，发动机的功率逐渐降低。节风门位置信号为节风门舵机反馈数字信号，直接传输至飞控计算机，不再经过主控盒。

节风门位置传感器安装在汽化器上。节风门位置传感器以电位器原理进行测量，不同的节风门开度，在测量触点上对应着不同的电阻值。通过测量电阻得到准确的节风门位置，如图 3－71 所示。

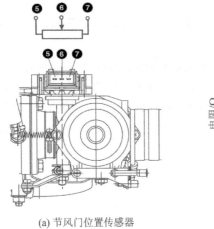

(a) 节风门位置传感器

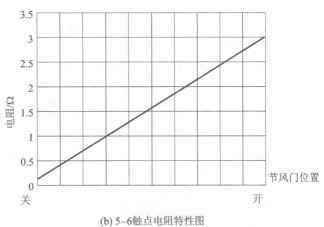

(b) 5-6触点电阻特性图

图 3－71　节风门位置传感器及触点电阻特性图

（3）缸头温度和滑油温度

缸头温度、滑油温度反映了发动机长时间工作下的热负荷，若这两个温度超限则说明发动机累积热负荷过大，长时间运转会导致发动机损坏。

缸头温度过低会造成活塞与缸体之间的温差过大，造成不必要的损耗。当滑油温度低于某一值时，不能大转速运转发动机，因为此时滑油润滑性能不好，容易造成发动机的额外磨损乃至损坏。

（4）滑油压力

滑油压力跟转速、滑油温度有关,同样的滑油温度下,转速高,滑油压力相应高;而相同的转速下,滑油温度越高,滑油压力越低。滑油压力过低时,会加大发动机磨损,甚至损坏发动机;回油不畅或滑油管路堵塞造成滑油压力过高时也会造成发动机磨损增加乃至损坏。

3.4.2　涡轮增压控制系统

通过发动机排出废气驱动涡轮做功,涡轮带动一级离心式压气机对空气进行压缩,压缩后的空气进入汽化器与燃油掺混后进入发动机汽缸燃烧做功。涡轮增压器有效地回收、利用了废气能量,强化了发动机进气压力,提高了发动机功率保持高度。

1. 涡轮增压器系统参数

涡轮增压器系统参数由 TCU 自动测试并控制,其主要参数为发动机转速、节风门位置、大气静压、空气盒压力和空气盒温度。

（1）发动机转速与节风门位置

发动机转速与节风门位置与发动机状态参数中的对应参数是重合的,对于 TCU 来说,发动机转速与节风门位置全部由 TCU 中的调理电路将传感器信号调理为可以由单片机进行数/模（A/D）转换的电压信号,继而参与控制。

（2）大气静压、空气盒压力和空气盒温度

大气静压、空气盒压力和空气盒温度三个参数在机上链路中采用在 TCU 原有传感器测量位置上增加相同对应传感器的方式来测试,传感器供电及信号电缆均连接至电气主控制盒上,由电气主控制盒进行传感器供电和信号调理,再将调理好的电压信号送至飞控计算机进行 A/D 转换并采集。TCU 系统原有传感器由 TCU 供电并进行信号调理、采集。

一般情况下,空气盒压力与空气盒温度超限均会由 TCU 自动处理,不需要立刻进行人为干预,如果长时间情况无改善,则需要降低发动机工作负荷状态,乃至采取返航、停车等应急措施。若空气盒温度超温,则发动机爆燃的危险将大大增加。所以,空气盒温度超限后,TCU 将介入自动调节,通过降低空气盒预设压力值的方式降低增压比,从而控制空气盒温度进一步降低。

（3）空气盒预设压力

空气盒预设压力为 TCU 控制目标值,由节风门位置、发动机转速、空气盒温度、增压比（空气盒压力/大气静压）按照既定控制规律计算而来。空气盒预设压力在飞行过程中对用户来说是不可见的。

（4）废气活门开度

废气活门开度也是由节风门位置、发动机转速、空气盒温度、空气盒压力、大气静压通过既定控制规律计算得到的,并由废气活门舵机控制废气活门开度的变化。飞行过程中,该参数对用户也是不可见的,TCU 则通过集成在废气活门舵机中的电位器测量真实的废气活门开度信号并参与控制。

2. 涡轮增压控制原理

涡轮增压控制系统是通过节风门位置变化并结合预设的控制规律,由 TCU 自动控制运转,及时调节涡轮增压器工作状态,来满足发动机的性能要求的。

涡轮增压控制器通过压力、温度等参数实现对涡轮增压器的控制,系统控制方案原理如图3-72所示。其中,TCU传感器包括空气盒压力传感器、空气盒温度传感器、大气静压传感器、废气活门舵机位置传感器、节风门位置传感器、TCU转速传感器。

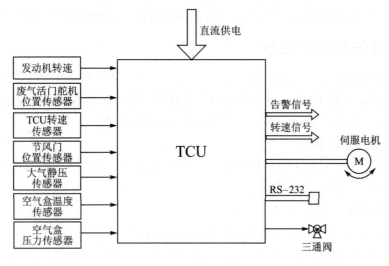

图3-72　TCU控制原理图

涡轮控制单元的主要功能是:根据预设规律和采集到的参数变化情况,对废气活门舵机进行正反冲程控制,控制涡轮增压器尾气门的开度,从而达到控制增压压力的目的。此外,TCU还具有上电自检、故障报警和信号发送功能。

3.4.3　发动机操纵系统

发动机操纵系统用于操纵发动机节风门和起动油路,通过主控盒完成对发动机工作状态的控制。发动机冷起动时,须拉起动油路。

1. 操纵系统的组成

操纵系统主要由节风门舵机、节风门钢索、起动油路操纵钢索(左起动钢索、右起动钢索)组成,如图3-73所示。两个节风门操纵摇臂由两个同步工作的独立的节风门钢索控制。

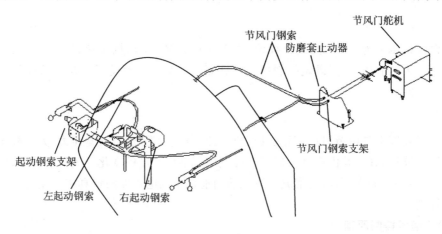

图3-73　发动机操纵系统连接示意图

　　发动机转速控制由飞控计算机控制节风门舵机,通过操纵钢索,拉动发动机的节风门操纵摇臂,以保证在不同飞行姿态下所需要的发动机转速,如图 3 - 74 所示。

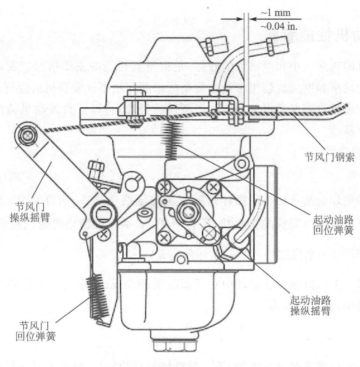

注: 1 in=25.4 mm。

图 3 - 74　汽化器外形图

2. 节风门的控制

　　飞控计算机控制节风门舵机动作,调节位于汽化器上的节风门,通过节风门的开度控制进入发动机汽缸燃烧的空气流量,从而控制发动机工作状态。

　　涡轮增压器出口压力即空气盒压力由节风门位置决定,节风门位置传感器将节风门位置从 0 到全开线性等分,节风门位置和空气盒预设压力按一定控制规律确定,如图 3 - 75 所示。

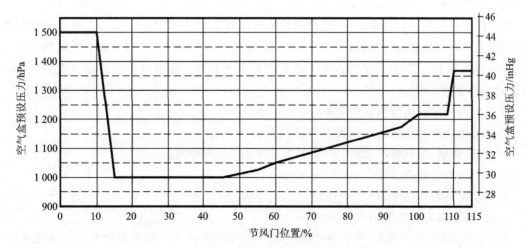

图 3 - 75　节风门位置和空气盒预设压力关系曲线

3.5　发动机工作特性

3.5.1　发动机性能参数

　　活塞发动机的功率大小和经济性的好坏，是衡量其性能的主要指标。发动机的功率包括本身所消耗各种功率和发动机输出带动螺旋桨的那部分功率。发动机的经济性是指燃料的消耗率和效率等。通过研究发动机的功率和经济性的概念，可以评价发动机的性能并且为正确使用发动机打下基础。

1. 发动机的功率

（1）指示功率

　　发动机实际循环的指示功等于循环的膨胀功与压缩功之差，用符号 W_i 表示。指示功率就是发动机在单位时间内完成的指示功，用符号 P_i 表示。设发动机的汽缸数为 i，发动机的曲轴转速为 n，那么，一个汽缸每一秒的循环数应是 $\dfrac{n}{2\times 60}$。

　　指示功率是一个汽缸在一次循环中对活塞所做的功，故指示功与汽缸数和每秒循环数的乘积就是指示功率，其表达式为

$$P_i = \frac{W_i \cdot i \cdot n}{2 \times 60} \tag{3-2}$$

　　发动机的指示功率所包含的能量，是一种机械形式的能量，已经不是热量形式的能量。由于燃料燃烧的不完全、燃烧产物的分解、汽缸壁的散热及废气带走的热量等，造成了热量损失，使得燃料所包含的热能没有被全部利用。因此，发动机的指示功率所包含的机械能量只占燃料总热量的一部分。

　　指示功率的大小取决于指示功、汽缸数和发动机转速。对所使用的发动机来说，汽缸数不变，可以不考虑，指示功率只取决于指示功和转速。影响指示功率的因素有：混合气的余气系数、进气压力、进气温度、提前点火角和发动机转速。

（2）阻力功率

　　发动机所得到的指示功率，并不是全部用来带动螺旋桨的，其中有一部分是用来克服机件之间的摩擦，带动发动机附件以及供给发动机进、排气所需要的动力。这几部分消耗的功率之和称为阻力功率 P_d。阻力功率约占指示功率的 $10\% \sim 15\%$。阻力功率的分配情况大致如下（假设阻力功率为 100%）：

　　① 活塞与汽缸壁的摩擦损失功率为 $45\% \sim 65\%$；

　　② 减速器内部摩擦损失功率为 $10\% \sim 15\%$；

　　③ 连杆、曲轴、曲轴轴承之间的摩擦损失功率为 $5\% \sim 10\%$；

　　④ 气门机构摩擦损失功率为 $5\% \sim 10\%$；

　　⑤ 带动附件消耗功率为 $5\% \sim 10\%$；

　　⑥ 进、排气损失功率为 $10\% \sim 15\%$。

　　显而易见，阻力功率越大，用于带动螺旋桨的功率就越小，发动机获得的有效功率就越小。因此，应尽可能将阻力功率减小到最小，这就要从影响阻力功率的因素着手。影响阻力功率的

因素有：发动机转速、滑油温度、进气压力、大气压力和温度、压缩比。

（3）有效功率

发动机发出的指示功率，在扣除消耗于发动机本身的阻力功率 P_d 和增压器功率 P_t（对于增压式发动机）之后，剩下的用于带动螺旋桨的功率叫作有效功率，用 P_e 表示。

对于吸气式发动机，其有效功率等于指示功率与阻力功率之差；对于增压式发动机，其有效功率等于指示功率减去阻力功率和增压器功率。由于发动机安装了增压器，虽然多消耗一部分功率，但增压器提高了进气压力，增大了指示功率，指示功率的增加量比带动增压器消耗的功率大得多。因此，带增压器的发动机的有效功率比吸气式发动机的大。

指示功率是发动机能发出的功率，带动螺旋桨的有效功率是指示功率的一部分。根据这个含义，也可以得到有效功率为

$$P_e = \frac{W_e \cdot i \cdot n}{2 \times 60} \tag{3-3}$$

通常所说的发动机功率，在没有特别说明的情况下，指的都是发动机的有效功率。有效功率的影响因素有：进气压力和进气温度、提前点火角、发动机转速、滑油温度、余气系数。

1）进气压力

对于带汽化器的增压式航空活塞发动机，进气压力是指混合气分布室内混合气的压力。

进气压力增大时，进入各汽缸里的混合气重量增大，混合气燃烧后作用在活塞上的燃气压力增大，发动机功率随着增大；反之，进气压力减小时，发动机功率减小。

通过改变节风门开度可以改变进气压力，从而改变发动机功率的大小。开节风门时，进气压力增大，发动机功率增大；收节风门时，功率减小。此外，进气压力还受飞行高度的影响。当节风门不动，飞行高度升高时，因为大气压力降低，进气压力也随着降低，从而使发动机的功率减小；当节风门不动，飞行高度降低时，发动机功率随之增加。

大功率航空活塞发动机都装有增压器，增压器的增压叶轮由曲轴带动旋转做功，它不仅可以提高混合气的压力，而且对混合气起搅拌作用，使空气和燃油混合得更加均匀。

2）发动机转速

发动机转速是指曲轴每分钟的转数（曲轴与螺旋桨轴之间装有减速器）。在实际使用的转速范围内，发动机转速增大，单位时间内做功次数增多，发动机功率增大；反之，转速减小，发动机功率随之减小。

3）余气系数

余气系数不同的混合气，燃烧的快慢也不同。由实验得知，当余气系数约为 0.85 时，混合气燃烧得最快，大于或小于这个数值，燃烧的速度都要减慢。混合气燃烧得快，汽缸内的燃气压力就大，使燃气对活塞所做的功增大，发动机功率增大。因此，当混合气的余气系数约为 0.85 时，发动机功率最大；当余气系数大于或小于这个数值时，发动机功率都会减小。余气系数偏离这个数值越多，发动机功率越小。

飞行中，若要改变发动机功率的大小，主要是通过改变进气压力和转速的大小来实现。

2. 发动机经济性指标

对发动机来说，除了要求动力性能要好之外，还要求经济性好。而发动机的效率和燃料消耗率是衡量发动机经济性的主要指标。

（1）指示效率

在发动机的实际循环中，指示效率 η_i 等于转化成指示功的热量与一个循环中所加燃料的

理论放热量 Q 之比,即

$$\eta_i = \frac{AW_i}{Q} \tag{3-4}$$

指示效率越高,说明转变为指示功的热量越多,热损失越小,发动机的热利用程度越好。因此,应使热损失尽量减小来提高指示效率。目前,航空活塞发动机的指示效率一般在 0.25~0.38。也就是说,燃料的热量只有 25%~38% 转变为指示功,而 62%~75% 的热量被损失掉了。

(2)机械效率

发动机得到的指示功,实际上是不可能全部用于带动螺旋桨的,因为发动机得到的指示功还得拿出一部用于克服机件的摩擦、带动附件,以及补偿进、排气功的损失;对于增压式发动机,还得多用一部分功去带动增压器。从指示功中拿出来的这部分消耗于发动机机件本身的功,称为机械损失。机械损失的大小可以用发动机的机械效率来衡量。发动机的有效功与指示功的比值,称为机械效率,用 η_m 表示,即

$$\eta_m = \frac{W_e}{W_i} \tag{3-5}$$

机械效率高,说明消耗于发动机本身的机械损失小,用于带动螺旋桨的功多。目前,关于航空活塞发动机的机械效率,吸气式发动机为 0.8~0.9,增压式发动机因为要带动增压器,机械效率要低一些,为 0.7~0.86。

(3)有效效率

有效功的热当量 AW_e 与每一循环的理论放热量的比值为有效效率,用 η_e 表示,即

$$\eta_e = \frac{AW_e}{Q} \tag{3-6}$$

有效效率表示供给发动机的燃料所含热能的有效利用程度。有效效率越高,说明供给发动机的燃料所含的热能转换为有效功的热量就越大,用于带动螺旋桨的功就越多。

燃料的理论放热量扣除热损失后得到指示功,指示功再扣除机械损失就得到有效功。因此,有效效率的大小既考虑了燃料的理论放热量转换成指示功过程中的热损失,又考虑了指示功转换成有效功过程中的机械损失,所以有效效率说明了总损失的大小,是衡量发动机经济性的一个重要指标。有效效率高,发动机的总损失小,经济性好;有效效率低,发动机的总损失大,经济性差。

由于

$$\eta_m \cdot \eta_i = \frac{W_e}{W_i} \cdot \frac{AW_i}{Q} = \frac{AW_e}{Q} = \eta_e$$

所以

$$\eta_e = \eta_m \cdot \eta_i \tag{3-7}$$

式(3-7)表明,有效效率等于机械效率与指示效率的乘积。目前,吸气式发动机的有效效率为 0.20~0.32,增压式发动机由于带动增压器多消耗一部分功,所以其有效效率要低一些,为 0.16~0.28。

总的来说,发动机的指示效率是评价热能转变为机械功过程中热能损失大小的指标;机械效率是评价机械损失大小的指标;有效效率是评价活塞发动机总的能量损失大小的指标,是衡量发动机经济性的重要指标之一。

(4) 燃油消耗量

发动机每小时消耗的燃油质量,叫作燃油消耗量,用 G 表示,单位是 kg/h。当两台发动机发出同样的功率时,燃油消耗量小的发动机显然比燃油消耗量大的发动机的经济性能更好。当两台发动机发出不同的功率时,单看燃油消耗量就不能比较出发动机经济性的好坏。

例如,甲发动机发出有效功率为 50 kW,燃油消耗量为 16 kg/h;乙发动机发出有效功率为 600 kW,燃油消耗量为 165 kg/h。能不能说甲发动机的燃油消耗量小就比较经济呢? 显然不能,因为两台发动机发出的功率不同。要比较上述两台发动机经济性的好坏就必须引入燃油消耗率的概念。

(5) 燃油消耗率

发动机产生 1 kW 有效功率,在 1 h 内所消耗的燃油质量,叫作有效燃油消耗率,简称燃油消耗率,用 sfc 表示,其单位为 kg/(kW · h),即

$$\text{sfc} = \frac{G}{P_e} \tag{3-8}$$

由上述公式可以算出两台发动机燃油消耗率的大小,甲发动机为 0.32 kg/(kW · h),乙发动机为 0.275 kg/(kW · h)。因此,乙发动机的经济性比甲发动机的好。

燃油消耗率不仅考虑到每小时燃油消耗量的大小,而且还考虑到了发动机功率的大小,它是衡量发动机经济性的又一重要指标。

燃油消耗率和有效效率都是衡量发动机经济性的指标,其中,发动机的燃油消耗率是从消耗燃料多少的角度来衡量发动机的经济性的,有效效率是从能量损失的角度(热损失和机械损失)来衡量发动机的经济性的。两者是统一的,有效效率高,说明能量损失小,要得到同样的有效功率,燃料消耗率就必然小。

3. 其他性能参数

活塞发动机的主要要求是重量轻、功率大、尺寸小和油耗低等,因此除了功率和经济性之外,还有一些常用的性能指标,如下:

① 功重比:指有效功率与质量的比值。功重比越大,越有利于改善飞机的飞行性能。先进的活塞发动机的功重比可达 1.85 kW/daN。

② 排量:指各缸工作容积的总和,即活塞从上死点到下死点所扫过的气体容积乘以汽缸数。理论上来说,排气量越大发动机的输出功率就越大。

③ 升功率:发动机每升排量所发出的功率,单位是 kW/L。升功率是衡量活塞发动机技术水平的一个重要指标,一般为 22~29 kW/L,个别达到 59 kW/L。

3.5.2　发动机工作状态与特性

1. 发动机工作状态

(1) 额定工作状态

额定工作状态是在发动机设计时所规定的基准工作状态,该状态下的物理参数称为额定参数,例如此状态下的功率和转速称为额定功率和额定转速等。在发动机性能分析和表述中,以额定功率为 100%,其他各种工作状态下的功率以额定功率的百分数来表示。发动机上所装的螺旋桨是根据额定工作状态选定的。

发动机的额定状态常用于无人机正常起飞、高速平飞和大功率爬升,其连续工作时间一般

不超过 1 h。

　　增压式发动机的额定工作状态分为地面额定状态和空中额定状态。地面额定状态是指发动机在地面使用额定转速和额定进气压力时的工作状态;空中额定状态是指发动机在额定高度使用额定转速和额定进气压力时的工作状态。空中额定工作状态是设计发动机时规定的基准工作状态,也是选用螺旋桨的依据。

　　(2) 起飞工作状态

　　发动机使用全油门(节风门全开)和最大转速时的工作状态称为起飞工作状态。该工作状态下发出最大功率,是发动机的最大工作状态。

　　无人机在紧急起飞、短跑道起飞、高温或高原机场起飞时,为尽可能缩短滑跑距离,可使用起飞工作状态;当飞机复飞或快速爬升时,为提高上升率,也可使用起飞工作状态。

　　在起飞工作状态下,发动机承受的热负荷和机械负荷最大,其持续工作时间不得超过一定的时间。尤其对于增压式发动机,应严格遵守最大进气压力和最大转速的限制,在冬季和大气压高的机场起飞时尤其要提高警惕。

　　(3) 最大连续工作状态

　　发动机长时间连续工作能够输出最大功率时的工作状态,称为最大连续工作状态。该工作状态下的功率称为最大连续功率(MCP),大约为额定功率的 90%;该工作状态下的转速叫作最大连续转速,约为额定转速的 96.6%。

　　最大连续工作状态多用于无人机爬升和高速度平飞。

　　(4) 巡航工作状态

　　无人机巡航飞行时发动机的工作状态叫作巡航工作状态。此工作状态下的发动机功率和转速分别称为巡航功率和巡航转速。

　　发动机在巡航工作状态下工作的时间最长,单位油耗最小。巡航功率为额定功率的 60%~75%,或最大连续功率的 55%~65%。增压式发动机的巡航功率为额定功率的 30%~75%。在实际飞行中,飞行控制系统会根据飞行任务的需要或地面站的控制指令,通过节风门设置最佳功率工作状态或最经济工作状态。

　　(5) 慢车工作状态

　　慢车工作状态指的是发动机稳定连续工作的最小转速工作状态,这时发动机的功率约为额定功率的 7%。慢车工作状态适用于无人机着陆、快速下降和地面滑行等。在慢车工作状态下,油气混合物较为富油,发动机的温度又低,电嘴易积碳,发动机工作稳定性差,慢车工作状态的时间不宜长。

　　航空活塞发动机是根据某些特定的工作条件设计出来的。在使用过程中,发动机需要在各种不同的条件下进行工作。工作条件的改变,用以表示发动机性能的主要参数——有效功率和燃油消耗率也要随之变化。它们的变化是有一定规律的,只有掌握并善于运用这些规律,才能正确地使用发动机,充分发挥它的性能。

　　2. 发动机工作特性

　　航空活塞发动机的有效功率和燃油消耗率随发动机转速、进气压力和飞行高度等变化的规律,称为发动机的工作特性。

　　(1) 负荷特性

　　当进气压力保持为最大时,发动机的有效功率和燃油消耗率随转速变化的规律,叫作发动机的负荷特性。由试验或计算得出的负荷特性曲线如图 3 - 76 所示,图中 P_e 曲线表示有效功率随转速变化的情形。转速增大时,有效功率起初是随之增大的,但当增大到一定数值以后,又逐渐减小。图 3 - 76 中 sfc 曲线表示燃油消耗率随转速变化的情形。燃油消耗率是随着转速的增大而一直增大的。

　　1)有效功率随转速变化的情形

　　有效功率 P_e 等于指示功率 P_i 减去阻力功率 P_d 和增压器功率 P_t。若转速变化,则指示功率、阻力功率和增压器功率都要发生变化,如图 3 - 77 所示。当转速增加时,指示功率、阻力功率和增压器功率同时都要增大。当转速由较小转速增大时,起先指示功率增加较多,阻力功率和增压器功率增加较少,指示功率的影响是主要的方面,因而有效功率随转速的增大而增大。当转速增大至超过某一转速 n_1 以后,指示功率增加较少,阻力功率和增压器功率增加较多,阻力功率和增压器功率的影响成为主要方面,因而有效功率随着转速的增大而减小。

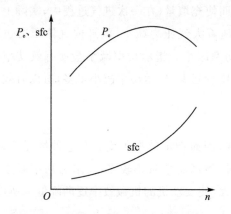

图 3 - 76　增压式发动机的负荷特性曲线

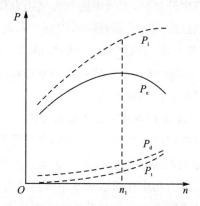

图 3 - 77　增压式发动机有效功率随转速变化的情形

　　2)燃油消耗率随转速变化的情形

　　燃油消耗率与机械效率和指示效率的乘积成反比。在试验负荷特性的条件下,指示效率仅随转速而变,且随转速的变化很小,可以忽略不计,所以,基本上可认为,燃油消耗率只与机械效率成反比。机械效率 η_m 取决于阻力功率与指示功率的比值和增压器功率与指示功率的比值,即

$$\eta_m = 1 - \frac{P_d}{P_i} - \frac{P_t}{P_i} \tag{3-9}$$

　　由于阻力功率与转速的平方成正比,增压器功率约与转速的立方成正比,也就是说,阻力功率与增压器功率随转速的增大而迅速增大。而指示功率却在转速越大时,增加越缓慢。所以,随着转速的增加,阻力功率与指示功率的比值和增压器功率与指示功率的比值都不断升高,机械效率不断降低,燃油消耗率不断增大。

　　由以上对发动机负荷特性的分析可知:

　　第一,负荷特性有效功率曲线上每一点的功率,都是在进气压力最大的情况下获得的功率,因而是发动机在该转速所能发出的最大功率,要使发动机在该转速发出更大的功率是不可能的。所以,负荷特性的有效功率曲线又叫作发动机的最大可用功率曲线。

　　第二,发动机在较大的转速工作时,虽然有效功率较大,但燃油消耗率也比较大,发动机工作不经济。

　　第三,只有在一定的转速范围内,有效功率才随转速的增大而增大,大于某一个转速后,有效功率随转速的增大反而减小,所以不能说发动机的转速越大越好。在设计时所规定的发动机的最大转速,通常都不能大于发出最大有效功率时的转速。

　　(2) 高度特性

　　在转速保持不变的条件下,发动机有效功率和燃油消耗率随飞行高度变化的规律,叫作发动机的高度特性。对于增压器增压比很小、装有变距螺旋桨的非高空性航空发动机来说,其高度特性曲线如图 3-78 所示,图中曲线 P_e 与 sfc 分别表示有效功率和燃油消耗率随高度变化的情形。从图 3-78 中可以看出,当高度升高时,有效功率不断减小,而燃油消耗率却不断增加。下面就分别研究有效功率和燃油消耗率随高度变化的情形。

　　1) 有效功率随飞行高度的变化

　　当高度升高时,大气密度与大气压力都减小,从而使充填量(在一次进气过程中,实际上进入一个汽缸的空气重量)减小,因而指示功率减小;随着大气压力减小,汽缸内气体压力也减小,因而使活塞与汽缸壁之间的摩擦力减小,阻力功率减小。指示功率减小会使有效功率减小,而阻力功率减小又会使有效功率提高,由于两者比较起来,指示功率减小得多,所以有效功率是随高度升高而减小的。

　　2) 燃油消耗率随飞行高度的变化

　　在试验高度特性时,混合气的余气系数保持不变,因而指示效率不变。在这种情况下,燃油消耗率只取决于机械效率的变化。当高度升高时,指示功率减小较多,而阻力功率减小较少,因此,阻力功率在指示功率中所占的比例逐渐变大,使发动机的机械效率逐渐降低。所以,燃油消耗率随飞行高度的升高而不断增大。

　　(3) 增压特性

　　增压式发动机在保持转速不变的条件下,有效功率和燃油消耗率随进气压力变化的规律,称为发动机的增压特性。发动机的增压特性曲线如图 3-79 所示。从图 3-79 中可以看出,当转速保持不变时,有效功率随着进气压力的增大而一直增大,如图中的 P_e 曲线所示;燃油消耗率则随着进气压力的增大先是减小,而后增大,如图中的 sfc 曲线所示。

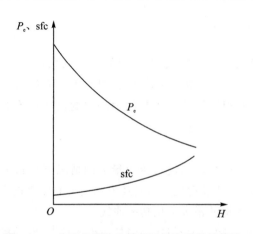

图 3-78　非高空性航空发动机的高度特性曲线

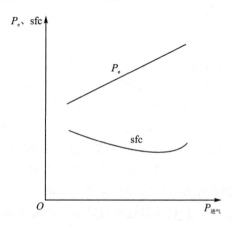

图 3-79　发动机的增压特性曲线

1）有效功率随进气压力的变化

在保持发动机转速不变的条件下，空气在增压器内的温度增量不变，不论节风门开度多大，进气温度几乎都是不变的。这时，充填量与进气压力成正比，因而指示功和指示功率都大约与进气压力成正比地变化。在转速保持不变时，增压器功（带动增压器所消耗的功）保持不变，由于空气流量与进气压力成正比，故增压器功率也与进气压力成正比地变化。至于阻力功率，在这种情况下，基本上只取决于转速。当转速保持不变时，阻力功率也基本上不变。

综上所述，在转速保持不变的条件下，当进气压力增大时，阻力功率基本上不变，指示功率和增压器功率都与进气压力成正比地增大。因此，进气压力增大，有效功率随之增大，并且与进气压力几乎成直线关系。

2）燃油消耗率随进气压力的变化

如前所述，燃油消耗率与指示效率和机械效率的乘积成反比。所以，我们从分析指示效率和机械效率随进气压力的变化入手，来研究燃油消耗率随进气压力变化的情形。

指示效率在这里主要取决于余气系数。当发动机用小进气压力工作时，使用富油混合气；当用中等进气压力工作时，使用的混合气接近于理论混合气；当用大进气压力工作时，又使用富油混合气。因此，进气压力较小时，指示效率较低；随着进气压力的增大，指示效率不断提高；直到进气压力为某一较大值时，指示效率又开始降低。

至于机械效率，由于进气压力增大时，指示功率和增压器功率均与进气压力成正比地增大，而阻力功率基本保持不变，所以阻力功率与指示功率的比值随进气压力的增大而减小，增压器功率与指示功率的比值一直不变。根据机械效率公式（3-9）可知，机械效率是随进气压力的增大而增大的。

综合以上分析可以看出，当发动机用小进气压力工作时，由于指示效率和机械效率均较低，所以燃油消耗率较大；当进气压力逐渐增大时，指示效率与机械效率均逐渐增大，所以燃油消耗率不断减小；当进气压力增大到一定程度以后，由于又使用富油混合气，指示效率降低，而且其降低的程度比机械效率提高的程度大，所以燃油消耗率又开始增大。

本章小结

本章介绍了二冲程和四冲程活塞发动机以及转子式活塞发动机的工作原理，分析了活塞发动机几种不正常燃烧的致因和危害；重点介绍了活塞发动机本体和附件系统的结构组成及工作机理，分析了发动机的负荷特性、高度特性和增压特性。搞清楚发动机结构组成间的关联关系及对发动机性能的影响，会分析发动机工作特性和故障原图是本章的重点。图3-80所示为本章的思维导图。

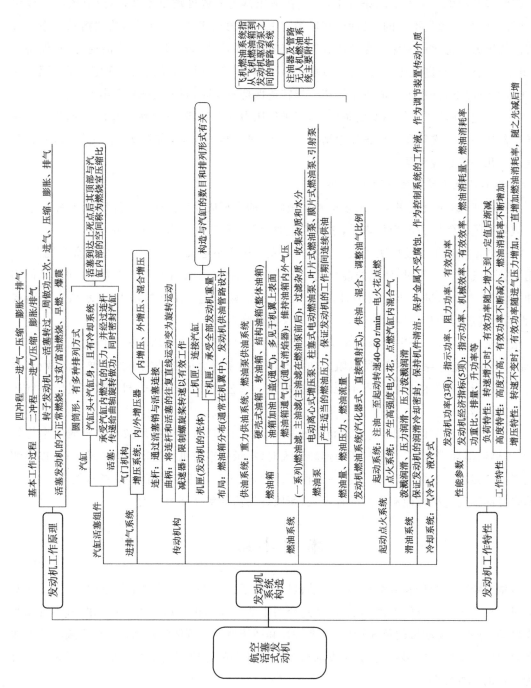

图3-80　本章思维导图

思 考 题

1. 航空活塞发动机由哪些主要机件组成? 它们的功用各是什么?
2. 说明四冲程中每个冲程的作用及其工作过程。
3. 说明不正常燃烧时,发动机的工作现象和危害。
4. 评定航空活塞发动机性能的主要参数有哪些?
5. 影响发动机功率的主要因素有哪些? 各是怎样影响的?
6. 说明燃油系统的组成及工作情形。
7. 总结燃油泵的种类及工作原理。
8. 说明滑油系统的组成及工作情形。
9. 说明点火系统的组成及工作情形。
10. 说明冷却系统的组成及工作情形。
11. 总结活塞发动机控制逻辑关系和控制内容。
12. 总结航空活塞发动机的工作特性。
13. 利用故障树分析法分析增压式活塞发动机停车的故障机理。

第4章 航空燃气涡轮发动机

4.1 概　述

燃气涡轮发动机也是一种热机,像活塞发动机一样,它也要吸入空气(依靠进气道),压缩空气(由压气机来完成),然后再加入热能(在燃烧室内加油燃烧)做功(涡轮把部分能量转换为机械能),最后再把燃气排出(喷管)。与活塞发动机不同的是,这些过程是在发动机内部连续不断进行的,即空气连续进入,不断被压缩、燃烧、做功和排气。而在活塞发动机上这些过程是间歇的,它只有把燃烧后的气体排出后,才能再吸入新的空气,如表4-1所列和图4-1所示。

表4-1　燃气涡轮发动机与活塞发动机的异同点

比　较	燃气涡轮发动机	活塞发动机
不同点	进入燃气涡轮发动机的空气连续	进入活塞发动机的空气不连续,间歇性进排气
	在前后畅通的流动过程中喷油燃烧,若不计流动损失,则燃烧前后压力不变,为等压燃烧	喷油燃烧在密闭固定的空间里,为等容燃烧
共同点	均以空气和燃油作为工作介质;都是吸入空气,经过压缩增加空气压力,经过燃烧增加气体温度,燃气膨胀做功	

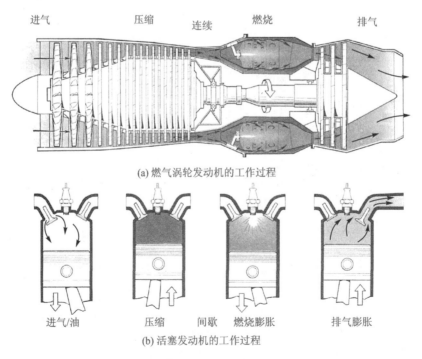

(a) 燃气涡轮发动机的工作过程

(b) 活塞发动机的工作过程

图4-1　燃气涡轮发动机与活塞发动机的工作过程

航空活塞发动机已发展到了相当高的水平,对于装有活塞发动机的飞机,其飞行速度的最高记录达到 750 km/h。要想进一步提高飞机的飞行速度,除了改进飞机外形的气动性能外,主要靠增大发动机的功率。然而,活塞发动机随飞行速度的增大,功率基本不变,螺旋桨的拉力反而下降,因此活塞发动机对增加飞行速度已无能为力。

航空燃气涡轮发动机与航空活塞发动机相比,有两个主要特点:一是能够在重量轻、尺寸小的条件下,提供巨大的推进功率;二是在一个相当大的飞行速度范围内,发动机的推力随飞行速度的增大而不断增大,有可能使装有这种发动机的飞机突破"声障",使飞行速度大为提高。

由于对高温高压燃气使用方法的不同,至今已经形成涡轮喷气发动机(简称涡喷发动机)、涡轮风扇发动机(简称涡扇发动机)、涡轮螺旋桨发动机(简称涡桨发动机)和涡轮轴发动机(简称涡轴发动机)四种主要燃气涡轮发动机。在技术发展的推动下,这四种燃气涡轮发动机在不同时期的不同飞行领域发挥着各自的作用,使航空器性能跨上一个又一个新的台阶,见表 4-2。

表 4-2 航空燃气涡轮发动机的技术进步

年 代	20 世纪 40 年代	20 世纪 50 年代	20 世纪 60 年代	20 世纪 70 年代	20 世纪 80—90 年代	21 世纪 10 年代
发动 机类型	涡喷	涡喷、涡桨	涡喷、涡扇、 涡桨、涡轴	涡喷、涡扇、 涡桨、涡轴	涡喷、涡扇、 涡桨、涡轴	涡喷、涡扇、 涡桨、涡轴
技术 进步	轴流压气机、 加力燃烧室、 双转子	可调静子、 钛合金涡轮	可调喷管、 垂直起降	高推重比、 高涵道比、 三转子结构、 数字控制	超声速巡航、 矢量喷管、 全权限数字控制	超高推重比、 超高涵道比、 变循环发动机、 全电发动机

4.2 发动机工作原理

4.2.1 涡轮喷气发动机工作原理

一台高性能核心机可以发展一系列的发动机,包括涡轮喷气(turbojet)发动机、涡轮风扇(turbofan)发动机、涡轮螺旋桨(turboprop)发动机和涡轮轴(turboshaft)发动机等。另外,按相似理论放大、缩小,可以将核心机尺寸加大或缩小,以改变发动机的推力或功率大小。

1. 涡轮喷气发动机工作过程

单转子涡轮喷气发动机由进气道、压气机、燃烧室、涡轮和喷管等部件组成,如图 4-2 所示,图中画出了气体流过发动机时参数的变化情况。

为了表示方便,在图 4-2 上标识了单转子涡轮喷气发动机的站位规定,后面相关站位处的参数下标以此来区分,如下:

① 0 站位:发动机远前方;

② 1 站位:进气道出口,压气机进口;

③ 2 站位:压气机出口,燃烧室进口;

④ 3 站位:燃烧室出口,涡轮进口;

⑤ 4 站位:涡轮出口,喷管进口;

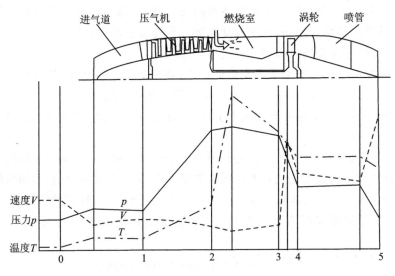

图 4 - 2　单转子涡轮喷气发动机

⑥ 5 站位:喷管出口。

涡轮喷气发动机是结构最简单的一种航空燃气涡轮发动机。首先,空气由进气道以最小流动损失进入压气机,空气经过压缩压力增大,随即流入燃烧室。在燃烧室内,空气与燃油喷嘴喷出的燃油混合,进行连续不断的燃烧,获得大量的热能,温度大大提高。然后,高温高压的燃气流入涡轮,在涡轮内膨胀,燃气的部分热能转变为涡轮旋转做功的机械能,使涡轮带动压气机转子和附件工作。最后,燃气通过喷管继续膨胀,燃气的部分热能转变成动能,从而使燃气的速度大大提高,从喷口高速喷出,使发动机产生推力。气体流过涡轮发动机的各个部件时,气体参数发生变化,最终产生推力,参数的变化如图 4 - 2 所示。

涡轮喷气发动机在高速飞行时具有推力大、重量轻的优点,因此常用于高空高速飞行。但是,提高推力的同时也增加了耗油率。因此,为了降低涡轮喷气发动机的油耗及扩大发动机的工作范围,一般将涡轮喷气发动机的转子结构由两根轴带动,称为双轴涡轮喷气发动机,如图 4 - 3 所示。

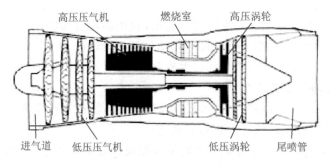

图 4 - 3　双轴涡轮喷气发动机

其中,压气机、燃烧室和涡轮是产生燃气的地方,称为燃气发生器,也是各种发动机的核心,所以又称为核心机,如图 4 - 4 所示。核心机可以作为燃气发生器,但是在双轴燃气涡轮发动机中,燃气发生器还应包括低压转子中的低压压气机和带动低压压气机的那一部分低压涡轮。因此,核心机与燃气发生器是两个不同的概念。

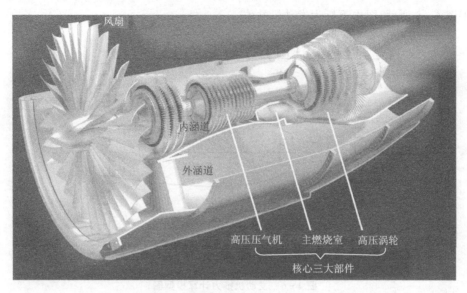

图 4 - 4　燃气涡轮发动机核心机

2．涡轮喷气发动机推力产生及计算

涡轮喷气发动机工作时，将前方静止不动的空气吸入，当这股空气经过压缩、燃烧和膨胀过程后以很大的喷射速度喷出。根据牛顿第二定律可知，发动机对外界气体施加了作用力，因此气体会对发动机产生一个大小相等、方向相反的反作用力，这就是推力。

（1）推力计算

涡轮喷气发动机的推力是指流过发动机内、外部的气体对发动机内、外壁之间各个部件表面上作用力的合力，通常指该合力在发动机轴线方向的分力。

实际上，气体在发动机各个部件上作用力的轴向分力并不都与推力方向相同。例如，如图 4 - 5 所示，涡轮与喷管受到的是向后的轴向力，而压气机部件受到的却是向前的轴向力。

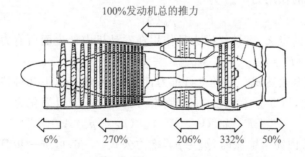

图 4 - 5　涡轮喷气发动机推力在各部件上的分布

由于发动机各个部件的结构不统一，且有些部件形状十分复杂，无法确切地知道部件表面上各处的气体压力和黏力，因而通过计算发动机各部件轴向力合力来计算发动机推力的方法在实际中是行不通的。所以，计算发动机推力时，通常把发动机看作是一个整体，利用动量方程来间接确定发动机的推力。

运用动量方程推导发动机推力公式时，认为发动机外表面受均匀压力，都等于外界大气压力 p_0，并且假设气体流经发动机外表面时，没有摩擦阻力，那么就可画出计算发动机推力的模型图,如图 4-6 所示,图中下标为发动机站位。

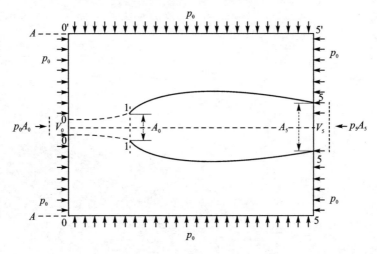

图 4-6　发动机推力计算模型图

根据动量定理可知,发动机内承受的合力等于每秒流出与流进的气体的动量之差,故在发动机工作时的气流区域为

$$F_{in} + p_0 A_0 - p_5 A_5 = q_{mg} V_5 - q_{ma} V_0 \tag{4-1}$$

式中:F_{in} 为发动机内壁对气体的作用力;A_0 为发动机进气口截面积;p_5 为发动机喷管出口处压力;A_5 为发动机喷管出口截面积;q_{ma} 为进气口处空气流量;V_0 为进气口处空气流速;q_{mg} 为排出的燃气流量;V_5 为发动机喷管出口燃气速度。

发动机内壁对气体的作用力 F_{in} 为

$$F_{in} = q_{mg} V_5 - q_{ma} V_0 - p_0 A_0 + p_5 A_5 \tag{4-2}$$

而发动机工作时的外部气流区域中

$$p_0 (A - A_0) - p_0 (A - A_5) + F_{out} = 0 \tag{4-3}$$

则发动机外壁对气体的作用力 F_{out} 为

$$F_{out} = p_0 (A_0 - A_5) \tag{4-4}$$

根据发动机推力的定义,发动机推力是作用在发动机内外表面所有力的合力,因此得

$$F = F_{in} + F_{out} = q_{mg} V_5 - q_{ma} V_0 + (p_5 - p_0) A_5 \tag{4-5}$$

这就是推力计算的完全表达式。实际进行推力计算时,一般有以下几种特殊情况:

① 忽略流量变化,可令 $q_{mg} = q_{ma} = q_m$,则推力公式(4-5)可简化为

$$F = q_m (V_5 - V_0) + (p_5 - p_0) A_5 \tag{4-6}$$

② 当燃气在喷管内完全膨胀时,$p_5 = p_0$,推力公式(4-6)可进一步简化为

$$F = q_m (V_5 - V_0) \tag{4-7}$$

式中:$(V_5 - V_0)$ 为通过发动机每千克空气所产生的推力,称为单位推力,用 F_s 表示,即

$$F_s = V_5 - V_0 \tag{4-8}$$

以上几个公式是计算涡轮喷气发动机推力的基本公式。

在推导上述推力公式时,曾经作了假设,但是发动机在实际工作时,这些假设有时与实际情况并不相符合,因而使得按上述公式计算的推力结果与实际推力有所区别。为了纠正这些误差,考虑气流流过发动机有流动损失,产生阻力,从上述推力公式的计算结果中扣除这种阻力便得到发动机的实际推力,称为发动机的有效推力,以 F_e 表示。此时,流过发动机外部的

气流的动量方程为

$$p_0(A - A_0) - p_0(A - A_5) + F_{out} + X_{out} = 0 \qquad (4-9)$$

根据发动机的推力定义可得

$$F_e = F_{in} + F_{out} = q_m(V_5 - V_0) + (p_5 - p_0)A_5 - X_{out} \qquad (4-10)$$

由式(4-10)可以看出,流动损失大,即外部阻力增大,发动机有效推力减小。

(2) 主要性能指标

发动机推力的大小可以直接决定飞机的主要性能。但是,这并没有考虑发动机的尺寸、重量及燃油消耗,而这些因素又恰恰是飞机性能的影响因素。因此,必须引入以下性能参数,这样才便于比较不同发动机的性能。

1) 单位推力 F_s

发动机推力与通过发动机的空气质量流量之比,称为发动机的单位推力,其单位为 $daN \cdot s \cdot kg^{-1}$,表达式为

$$F_s = V_5 - V_0 \qquad (4-11)$$

对于同一类型的发动机,单位推力反映发动机的尺寸大小。推力一定,单位推力越大,则所需空气流量越小,发动机尺寸越小。目前,涡轮喷气发动机在地面最大状态工作时的单位推力为 $60 \sim 75 \ daN \cdot s \cdot kg^{-1}$。

2) 单位燃油消耗率 sfc

1 h 内产生单位推力消耗的燃料,称为单位燃油消耗率(specific fuel consumption, sfc),简称耗油率,其单位为 $kg \cdot h^{-1} \cdot daN^{-1}$(或 $kg \cdot h^{-1} \cdot N^{-1}$),表达式为

$$sfc = \frac{3\,600 \cdot q_{mf}}{F} \qquad (4-12)$$

式中:q_{mf} 为发动机的燃油流量,单位是 kg/s。

耗油率是决定飞机航程和续航时间的重要参数,是发动机在一定飞行速度下的经济性指标。涡轮喷气发动机在地面静止时的耗油率为 $0.8 \sim 1.0 \ kg \cdot h^{-1} \cdot daN^{-1}$,涡轮风扇发动机已降到 $0.5 \sim 0.6 \ kg \cdot h^{-1} \cdot daN^{-1}$,甚至更低。

3) 推重比

发动机的推力和发动机重量之比,称为发动机的推重比。发动机推重比是重要的总体设计参数,它对飞机的尺寸、重量以及主要飞行性能都有很大影响。

4.2.2　衍生燃气涡轮发动机工作原理

1. 涡轮风扇发动机

为了继续增加推力,同时降低耗油率,需要增加进入发动机内的空气流量,这就衍生了一种新的发动机类型,称为涡轮风扇发动机,如图 4-7 所示。涡轮风扇发动机核心机发出的可用能量,一部分用于驱动风扇及压气机转动,另一部分在推进喷管中用于加速排出空气和燃气产生推力。

在涡轮风扇发动机中,进气道进来的空气,经过风扇后分成两部分,一部分流进压气机,经过燃烧室、涡轮由尾喷管喷出,称为内涵气流道;而另一部分由围绕内涵道的外部环形通道流过喷出机体的气流,称为外涵气流道。

由于有两个涵道,涡轮风扇发动机有时又称为内外涵发动机,如图 4-7 所示。内外涵气流可以分别排出,也可以在排气系统内混合排出。

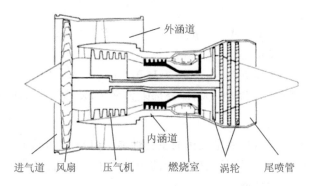

图 4-7　涡轮风扇发动机

　　流经外涵道与内涵道的空气流量之比称为涵道比,也称流量比,用 B 表示。涵道比低于 3 的发动机称小涵道比涡轮风扇发动机,涵道比大于 4 的称为高涵道比涡轮风扇发动机。高涵道比的涡轮风扇发动机的迎风面积大、喷气速度小,不适合用于超声速飞行,也不适合用于直径相对较小的无人机和歼击机,目前多用于民航客机、运输机等多发飞机。而无人机所用的涡轮风扇发动机均为小涵道比涡轮风扇发动机,军用歼击机所用的涡轮风扇发动机还带有加力燃烧室,如图 4-8 所示。

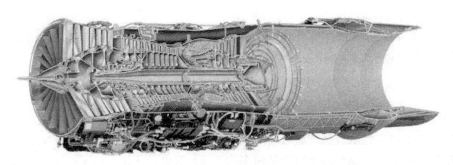

图 4-8　带加力的涡轮风扇发动机

2. 涡轮螺旋桨发动机

　　在燃气发生器后面加装动力涡轮(或自由涡轮),燃气在动力涡轮中膨胀做功,驱动该级涡轮高速旋转并发出一定功率,动力涡轮的动力轴穿过核心机转子,通过压气机前的减速器驱动螺旋桨,就组成了涡轮螺旋桨发动机,如图 4-9 所示。这部分从高温燃气获得的能量是压气机及其附件所需能量之外的额外能量,用于驱动螺旋桨转动。

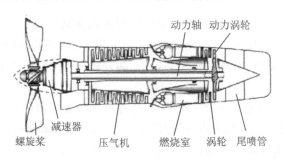

图 4-9　涡轮螺旋桨发动机

　　涡轮螺旋桨发动机将燃气发生器产生的大部分可用功通过涡轮、减速器传给螺旋桨,使螺旋桨产生拉力。其余一小部分可用功以燃气动能的形式从尾喷管喷出,产生反作用推力。

　　涡轮螺旋桨发动机与活塞发动机都是以螺旋桨旋转时所产生的力作为无人机前进的推进力,但是涡轮螺旋桨发动机驱动螺旋桨的动力来自燃气涡轮,并且其螺旋桨通常以恒定的速率运转,而活塞发动机的螺旋桨转速是变化的。

　　涡轮螺旋桨发动机的主要特点是将燃气发生器产生的大部分可用能量由动力涡轮吸收并从动力轴上输出,用于带动螺旋桨旋转;螺旋桨旋转时把空气排向后面,由此产生向前的拉力使飞机向前飞行。涡轮出口的燃气在尾喷管中膨胀加速并喷出,产生反作用推力。由于燃气的温度和速度极低,所产生的反作用力(推力)一般比较少,这个推力转化为推进功率时,仅约占涡轮螺旋桨发动机功率的 10%。正因为排出发动机的能量大大降低了,即提高了推进效率,因此,涡轮螺旋桨发动机的经济性好。具有相同燃气发生器的涡轮螺旋桨发动机,在低速飞行时比涡轮喷气发动机和涡轮风扇发动机具有更大的推力。

　　涡轮螺旋桨发动机的工作原理与传统的涡轮风扇发动机相近,涡轮螺旋桨发动机驱动螺旋桨后的空气流相当于涡轮风扇发动机的外涵道,由于螺旋桨的直径比普通涡轮风扇发动机的大很多,空气流量也远大于内涵道,因此涡轮螺旋桨发动机实际上相当于超大涵道比的涡轮风扇发动机。但涡轮螺旋桨发动机和涡轮风扇发动机在产生动力方面却有很大不同,涡轮螺旋桨发动机输出驱动螺旋桨的轴功率,尾喷管喷出的燃气产生的推力只占总推力的 5% ~ 10%,为驱动大功率的螺旋桨,涡轮级数也比涡轮风扇发动机的多。

　　装有涡轮螺旋桨发动机的无人机,其飞行高度一般不超过 8 000 m,飞行速度一般不超过 700 km/h,在中高空长航时无人机中应用较广。

3. 涡轮轴发动机

　　涡轮轴发动机,是一种输出轴功率的燃气涡轮发动机,主要作为直升机动力装置,其原理与涡桨发动机相类似。涡轮轴发动机中,燃气发生器产生的可用能量基本全被涡轮吸收并从动力轴输出,通过直升机上的主减速器减速后驱动直升机的旋翼和尾桨;由喷管排气装置喷射出的燃气的温度和速度极低,基本上不产生推力,如图 4 - 10 所示。

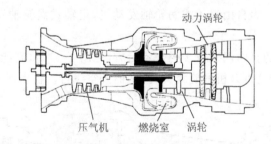

图 4 - 10　涡轮轴发动机

　　涡轮轴发动机的主要组成部件除了有与其他类型航空燃气涡轮发动机相同的进气道、压气机、燃烧室、涡轮及喷管五大部件之外,通常还有体内减速器。涡轮轴发动机主要包括定轴式和自由涡轮式两种类型,如下:

　　定轴式涡轮轴发动机,也称为固定涡轮式涡轮轴发动机,其涡轮既驱动压气机又驱动功率输出轴,如图 4 - 11 所示。定轴式涡轮轴发动机的涡轮产生的功率远大于压气机所需的功率,通过减速器将其剩余的功率输出,用于带动直升机旋翼和尾桨。由于其功率输出轴与核心机为机械连接,因此具有功率传送方便、结构简单、操纵调节简单等优点,但也存在着起动性能差

（起动加速慢）、加速性不好、功率输出轴转速高而需要大的减速器等缺点。

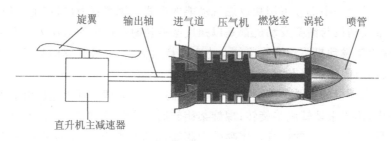

图 4-11　定轴式涡轮轴发动机

　　自由涡轮式涡轮轴发动机由燃气发生器和自由涡轮组成。产生输出功率的自由涡轮安装在发动机功率输出轴上，此轴与核心机转子无机械联系，它们之间仅有气动联系，如图 4-12所示。由于自由涡轮是输出轴功率的，因此又称自由涡轮为动力涡轮。自由涡轮式涡轮轴发动机与定轴式涡轮轴发动机相比，起动性能好，工作稳定，加速性能较好，调节性能和经济性好，但其结构比较复杂。

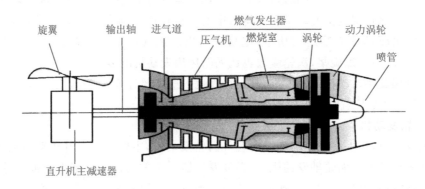

图 4-12　自由涡轮式涡轮轴发动机

　　大部分涡轮轴发动机为自由涡轮式涡轮轴发动机，定轴式涡轮轴发动机仅用于一些功率较小的发动机中。
　　涡轮轴发动机特有的自由涡轮位于燃烧室后方（见图 4-13），高能燃气对自由涡轮做功，通过传动轴、减速器等带动直升机的旋翼旋转，从而升空飞行。自由涡轮并不像其他涡轮那样

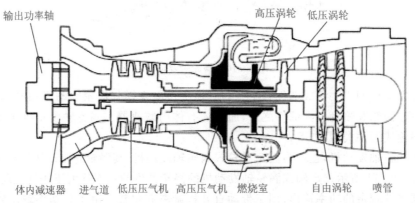

图 4-13　涡轮轴发动机结构示意图

要带动压气机,它专门用于输出轴功率,类似于汽轮机。做功后排出的燃气经喷管喷出,能量已经不大,产生的推力很小,包含的推力大约仅占总推力的十分之一。因此,为了适应直升机机体结构的需要,涡轮轴发动机喷管可灵活安排,可以向上、向下或向两侧,而不一定要向后。尽管涡轮轴发动机内带动压气机的燃气发生器涡轮与自由涡轮并不机械互联,但气动上却有着密切联系。对这两种涡轮,在气体热能分配上,需要随飞行条件的改变而适当调整,从而取得发动机性能与直升机旋翼性能的最优组合。

4. 桨扇发动机

桨扇发动机是一种介于涡轮风扇发动机与涡轮螺旋桨发动机之间的发动机,也称为无涵道风扇(Unducted Fan,UDF)发动机,如图 4 - 14 所示。

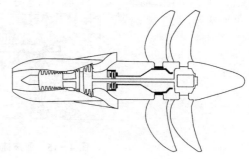

图 4 - 14　桨扇发动机

这种发动机由核心机和两个旋转方向相反的螺旋桨一起工作,桨叶较多(8～10 片),叶片较宽,弯曲而后掠呈马刀形,适用于高亚声速飞行。桨扇的直径比涡轮风扇发动机的风扇直径大,因而可以有更高的推进效率,使耗油率比涡轮风扇发动机更低。桨扇发动机克服了一般螺旋桨在飞行马赫数达到 0.65 以后效率急剧下降的缺点,这种优越性一直保持到飞行马赫数为 0.8 左右,使其既具有涡轮螺旋桨发动机的低油耗,又具有涡轮风扇发动机适用高速飞行的特点。

4.3　发动机系统构造

航空燃气涡轮发动机的工作部件主要包括进气道、压气机、燃烧室、涡轮和喷管。为了使发动机能够稳定工作,需要给这些结构配备相应的工作系统,包括空气系统、燃油系统、起动点火系统和滑油系统等。

4.3.1　进气道

为了能够让气流顺利地进入发动机核心机,需要在无人机或发动机舱进口到压气机进口增加一段管道,称之为进气道。对进气道的基本要求是保证供给发动机所需的空气量,并且使气流以均匀的速度和压力进入压气机,从而避免压气机叶片的振动和压气机失速。

当无人机以一定的速度飞行时,空气流过进气道存在一定的流动损失。这是因为进气道出口的气流速度是根据发动机的工作状态来确定的,它与无人机的飞行速度一般是不相等的。为了满足各种飞行状态下气流速度的转变,进气道产生的流动损失不可避免。进气道的流动损失一般用出口与进口的总压比值来表示。

进气道类型可以按照形状及工作特性分为多种类型。最常用的是按照适用的飞行速度来分,进气道有亚声速进气道和超声速进气道两种类型。

1. 亚声速进气道

在亚声速飞行的无人机上,发动机进气道由壳体和前整流锥组成,目前亚声速无人机发动机使用的是典型的空速管形短进气道,如图 4 - 15 所示。进气道的进口,或称为"唇口",设计为翼型,使气流能以最小的损失进入进气道。当侧风进气时,进气道可避免气流在进口的分离。即使气流分离了,进气道所造成的损失也最小。唇口逐渐收缩而形成进气道的最小截面,即"喉部"。喉部的尺寸决定了发动机的进气量。从喉部开始至压气机进口,截面逐渐扩张。空气以大气压力进入进气道后,边流动,边扩压。经过扩张后,使得压气机进口流场均匀,以利于压气机工作。

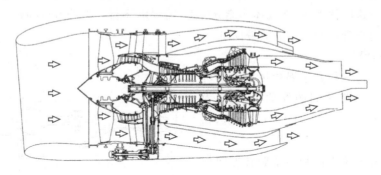

图 4-15　亚声速进气道及气流通道

进气道内所进行的能量转换是动能转变为压力位能和热能。图 4-16 所示为在设计条件下的流动模型和气流参数沿流程的变化情况。

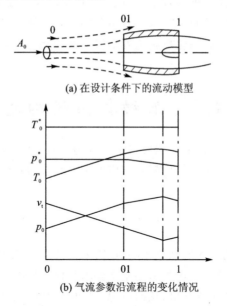

(a) 在设计条件下的流动模型

(b) 气流参数沿流程的变化情况

图 4-16　在设计条件下的流动模型和气流参数沿流程的变化情况

由于直升机飞行速度不大,一般最大平飞速度在 350 km/h 以下,故进气装置的内流进气道采用收敛形,以便气流在收敛形进气道内做加速流动,以改善气流流场的不均匀性。进气装置进口唇边呈圆滑流线,满足亚声速流线要求,以避免气流在进口处突然方向折转,引起气流分离,为压气机稳定工作创造一个好的进气环境。有的涡轴发动机将粒子分离器与进气道设计成一体,构成"多功能进气道",以防止沙尘进入发动机内部磨损机件或者影响发动机稳定工作。这种多功能进气道利用惯性力场,使含有沙尘的空气沿着一定几何形状的通道流动。由于沙尘质量较空气大,在弯道处使沙尘获得较大的惯性力,沙尘便聚集在一起并与空气分离,排出机外,如图 4-17 所示。

进气道的主要性能参数是:总压恢复系数、冲压比和畸变指数等。

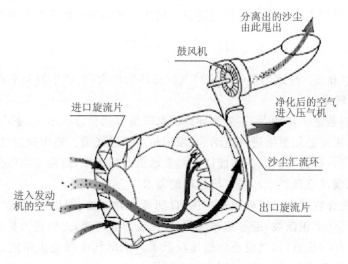

图 4 - 17　涡轮轴发动机进气装置

（1）总压恢复系数

进气道的总压恢复系数是进气道出口处气流的总压 p_1^* 与来流的总压 p_0^* 之比，用符号 σ_i 表示，即

$$\sigma_i = \frac{p_1^*}{p_0^*} \tag{4-13}$$

总压恢复系数 σ_i 是一个小于 1 的数字，σ_i 越大，说明流动损失越小；σ_i 越小，说明流动损失越大。飞行中亚声速进气道的总压恢复系数通常为 $0.94\sim0.98$。

空气流过进气道时，存在唇口损失和内部流动损失。其中，唇口损失是由于气流在唇口突然改变流动方向和撞击壳体而引起的，有时气流还会离体。通常采用圆头较厚唇口，使之适应不同的流动方向，使气流不易离体。内部流动损失包括黏性摩擦损失和气流分离损失。气流流过进气道外壁面时，也有黏性摩擦损失和分离损失。

（2）冲压比

冲压比是进气道出口处的总压与远前方气流静压的比值，用符号 π_i^* 表示，即

$$\pi_i^* = \frac{p_1^*}{p_0} \tag{4-14}$$

根据气体动力学原理，有

$$\pi_i^* = \sigma_i \left(1 + \frac{\gamma-1}{2} Ma^2\right)^{\frac{\gamma}{\gamma-1}} = \sigma_i \left(1 + \frac{\gamma-1}{2} \frac{V^2}{\gamma R T_0}\right)^{\frac{\gamma}{\gamma-1}} \tag{4-15}$$

式中：γ 为热容比；Ma 为飞行马赫数；V 为飞行速度；R 为气体常数；T_0 为大气温度。

由式（4-15）可知，影响进气道冲压比的因素有：流动损失、飞行速度和大气温度。当大气温度和飞行速度一定时，流动损失大，总压恢复系数小，则冲压比减小；当大气温度和流动损失一定时，飞行速度越大，则冲压比越高；当飞行速度和流动损失一定时，大气温度越高，则冲压比越低。

（3）畸变指数

进气道出口气流流场不均匀对发动机的稳定工作有很大的影响，会使压气机喘振和燃烧

室熄火,所以要求进气道出口气流流场要均匀。描述流场均匀度的参数是畸变指数 $\bar{D}$,即

$$\bar{D} = \frac{p^*_{1,\max} - p^*_{1,\min}}{\bar{p}^*_1} \tag{4-16}$$

式中:$p^*_{1,\max}$、$p^*_{1,\min}$ 和 $\bar{p}^*_1$ 分别为进气道出口气流总压的最大值、最小值和平均值。

2. 超声速进气道

如果飞行马赫数进一步增大,正激波导致的总压损失就会急剧增大,亚声速进气道成为超声速飞行的阻碍,因而必须更换进气道结构,采用超声速进气道。超声速进气道要求从亚声速到超声速飞行范围内都具有满意的性能以及与发动机匹配工作,通常采用收敛-扩张型或变几何面积进气道,以满足空气扩压和压气机进口的需求。

超声速气流先在收敛型通道内减速扩压,直到最小截面处,即进气道的"喉部",气流达到声速。气流在喉部产生正激波,经过正激波后,气流变为亚声速,之后进入扩张通道,进一步减速扩压,这样到了压气机进口,气流速度就比较低了。依据气流减速扩压的过程,超声速进气道可分为内压式、外压式和混合式,如图 4-18 所示。

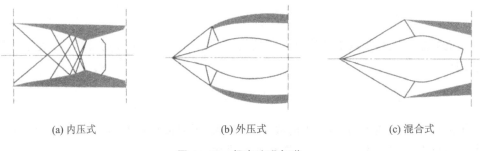

(a) 内压式　　　　　　　(b) 外压式　　　　　　　(c) 混合式

图 4-18　超声速进气道

① 内压式超声速进气道。如图 4-18(a)所示,内压式超声速进气道由特殊型面构成的先收敛后扩张型的管道组成。特殊型面使超声速气流在管道的收敛段经过一系列压缩波减速,在管道最小截面处(喉部)达到声速,然后在扩张段气流继续做亚声速减速流动。气流由超声速变为亚声速的扩张过程完全在进气道完成。

虽然内压式进气道避免了气流在外压式进气道减速过程中的激波损失,也避免了气流通过斜激波时产生的折角,但是它存在非常严重的"起动"问题,因此当前很少投入应用。

② 外压式超声速进气道。如图 4-18(b)所示,气流的减速扩压过程完全发生在进口之外,进气道的内部是亚声速的扩压管道。外压式超声速进气道是利用一道或多道斜激波再加上一道正激波使超声速气流变为亚声速气流而减速增压的,激波系中的激波数目越多,则在同样的飞行马赫数下,总压损失越小,总压恢复系数越大。

③ 混合式超声速进气道。如图 4-18(c)所示,它综合了内压式和外压式超声速进气道的特点,在外部经过斜激波进行减速,然后以超声速由唇口进入进气道,在喉部或者扩张段经过正激波减为亚声速。

混合式进气道综合了外压式和内压式进气道的优缺点。混合式进气道气流进入时偏转小于外压式,相同飞行马赫数下总压恢复系数比外压式要高,外阻也较小。与内压式进气道一样,存在"起动"问题,但是由于经过前段外压的减速,内部气流马赫数较低,喉道面积调整范围也较小,从而缓和了"起动"问题。

3. 其他新型进气道

一般而言,超声速进气道就是以上常见的几类,但是近些年来,随着人们对隐身性能的要求和新一代作战飞机的研制,CARET 进气道(卡尔特进气道,后掠双斜面超声速进气道)得到了越来越多的重视,并已经在超级大黄蜂 F-18E/F 和猛禽 F-22 两种飞机上得到了应用,如图 4-19 所示。

CARET 进气道可以解释为存在两个相互干扰的压缩斜板式进气道,它是受到高超声速乘波机理论的启发而提出的。CARET 进气道具有更高的总压恢复、较低的流动畸变、简单的构造,更重要的是,它容易实现进气道的隐身设计。

20 世纪 90 年代,美国的洛克希德公司提出了 DSI 进气道(Diverterless Supersonic Inlet, DSI)概念,即"无边界层隔板超声速进气道",也称鼓包式进气道。DSI 是一种二维进气道,但它却没有边界层隔板,其进气口处只有一个鼓包,这个鼓包须跟前掠式唇口共同作用才能起到现有的进气道的作用,它不仅起到边界层隔板的作用,还可以对流入空气进行预压缩,起到其他超声速进气道里压缩斜板作用,但具有更高的总压恢复,能满足所有性能和畸变要求。

这种创新设计的鼓包结构简单,没有复杂的机械装置,工作部件少,更加稳定可靠;它还可以减少迎风面阻力,适合于机身一体化设计,隐身效果好;由于结构简单,其维护费用也很低。在亚声速巡航飞行时,其作用与普通超声速进气道一样,但在 $Ma1.5$ 以上的速度时所起的作用还不太明显,有待进一步研究,尤其是对于两侧布局的飞机来说,大迎角和大侧滑角飞行时造成气流不对称,会引起发动机喘振,影响发动机工作效率。目前,DSI 进气道只在美国的闪电 F-35 以及中国的枭龙、歼-10B 以及歼-20 中有应用,如图 4-20 所示。

图 4-19 CARET 进气道

图 4-20 DSI 进气道

4.3.2 压气机

航空燃气涡轮发动机能够产生推力的前提是吸入大量的空气,进入发动机的空气越多,产生的推力越大。能够使空气吸入发动机的部件是压气机。压气机的作用是对气体进行压缩,提高空气的压力,以便混合气燃烧以后能够更好地膨胀,从而增大发动机的推力。

1. 压气机分类

根据气流流过压气机的流动特点,压气机分为离心式压气机(见图 4-21)、轴流式压气机(见图 4-22)和混合式压气机(见图 4-23)。

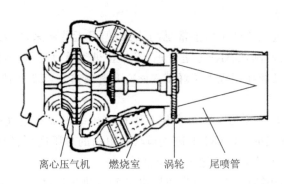

离心压气机　　燃烧室　　　涡轮　　尾喷管

图 4 - 21　离心式压气机

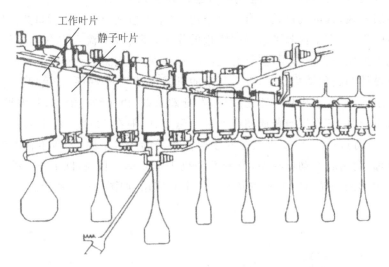

工作叶片

静子叶片

图 4 - 22　轴流式压气机

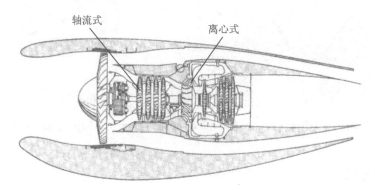

轴流式　　　　　　　　离心式

图 4 - 23　混合式压气机

　　离心式压气机是空气在工作叶轮内沿远离叶轮旋转中心的方向流动；轴流式压气机是空气在工作叶轮内基本沿发动机的轴线方向流动；混合式压气机是轴流式和离心式组合在一起的压气机。

2. 离心式压气机

　　离心式压气机由导风轮（或称进气装置、进气系统等）、叶轮、扩压器和集气管等组成，其中，叶轮和扩压器是两个主要部件。

（1）导风轮

导风轮位于叶轮的进口处，其通道是收敛型的，使气流以一定的方向均匀地进入工作叶轮，以减小流动损失，空气在流过它时速度增大，而压力和温度下降，如图 4-24 所示。

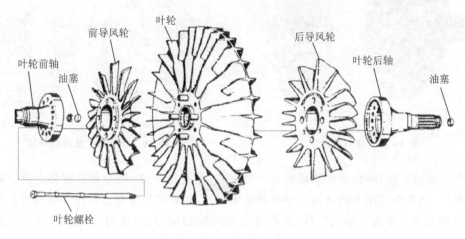

图 4-24　双面叶轮离心式压气机

为了将空气无冲击地引入离心叶轮，导风轮的叶片进气边缘向转动的方向弯曲。为了满足气流进入转动部分的相对速度的方向，进气边缘在叶尖弯曲较多，而在叶根弯曲较少。导风轮以中心孔安装定位在离心叶轮轴上，由离心叶轮用销钉带动。

（2）叶　轮

叶轮是高速旋转的部件，叶轮上叶片间的通道是扩张型的，当空气流过它时，它对空气做功，增大空气的流速，这为气体在扩压器中的增压创造了条件，同时提高了空气的压力，这就是扩散增压。

在叶轮内除了利用扩散增压原理外，还利用离心增压原理来提高空气的压力。所谓离心增压，就是气体流过叶轮时，由于气体随叶轮一起做圆周运动，气体微团受惯性离心力的作用，气体微团所在位置的半径越大，圆周速度越大，气体微团所受的离心力也越大，因此，叶轮外径处的压力远比内径处的压力高。

叶轮是由一个锻造的盘及在盘的一侧或两侧上整体式径向配置的导向叶片组成，如图 4-25 所示。导向叶片通常在径向是平直的。为了使空气从导风轮中易于进入旋转的叶轮，叶轮中心部分向旋转方向弯曲。

轮盘的一侧安装有叶片的称为单面叶轮，如图 4-25（a）所示。单面叶轮从一面进气，可以充分利用冲压作用，而且便于在机身上安装。为了获得更高的增压比，一般可采用两级单面叶轮，这样，可以在不增大迎风面积的条件下，增大推力并提高经济性。轮盘的两侧都安装有叶片的称为双面叶轮，如图 4-25（b）所示。双面叶轮从两面进气，这样可以增大进气量，而且对于平衡作用于轴承上的轴向力也有好处。

（3）扩压器

扩压器位于叶轮的出口处，其通道是扩张型的，常见的有叶片式扩压器和管式扩压器。图 4-26 所示为叶片式扩压器的结构。

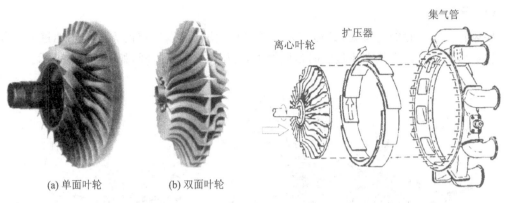

(a) 单面叶轮　　　　(b) 双面叶轮

图 4-25　离心叶轮　　　　　　图 4-26　叶片式扩压器的结构

当空气流过扩压器时,将动能转变为压力位能,使速度下降,压力和温度都上升。在离心式压气机中,通常空气压力的升高一半在叶轮中,另一半在扩压器中。扩压器组件可以和机匣是一整体件或是一单独连接的组件,这些叶片与叶轮相切,其内缘与叶轮出口处的气流方向一致。

(4) 集气管

集气管与燃烧室相连,其作用是进一步降低气流速度,提高压力,并把压缩空气送入燃烧室,如图 4-26 所示。为了减少流动损失,在集气管的弯曲部分内装有一些弯曲的叶片,使气流沿着叶片引导的方向流动。

离心式压气机的主要优点是结构简单,轴向尺寸短,工作可靠,性能比较稳定。与轴流式压气机相比,其单级增压比较大(4~6),现代离心式压气机增压比可达到 15 左右。但是这种压气机单位面积的流通能力低,迎风面积较大,流动损失也大,尤其级间损失更大,工作时效率较低,一般离心式压气机的效率最高只有 83%~85%,甚至不到 80%,因此一般只使用两级,不适用于多级,如图 4-27 所示。自 20 世纪 50 年代以后,除小型涡轴、涡桨发动机及辅助动力系统以外,不再使用离心式压气机。但是,它与轴流压气机配合作为压气机的最后一级,在小型动力装置上却得到了广泛应用,主要用于无人机、靶机或直升机。

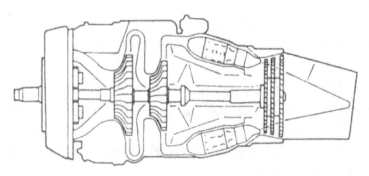

图 4-27　两级单面叶轮离心式压气机

3．轴流式压气机

（1）叶片组件

轴流式压气机内气流通过压气机基本上沿轴向流动，压气机内旋转的部件称为转子，不动的部件称为静子，如图 4 - 28 所示。转子一般由工作叶片、轮盘（鼓筒）、轴和连接件组成，在轮盘的轮缘上安装若干个工作叶片便形成工作叶轮，其中，工作叶片是通过榫头安装在轮盘轮缘上的榫槽内的。静子是由整流器（整流环）和机匣构成的，每个整流环由外环、内环和若干个整流叶片形成，整流叶片先固定在内、外环之间，或几个叶片成组地装配在一起，然后再固定在机匣上，形成不动的静子。

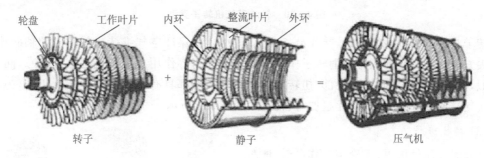

图 4 - 28　轴流式压气机组成

压气机是多级装置，一排转子叶片和一排静子叶片组成轴流式压气机的一个级。与离心式压气机相比，虽然轴流式压气机结构复杂，但其单位面积的流通能力高，迎风面积小，阻力小，级间流动损失小，可以通过增加级数来提高压气机的总增压比，从而获得更大的推力。

为了保证压气机工作稳定，在某些压气机第一级前面装有进口导流叶片，引导气流的流动方向，产生预旋，使气流以合适的方向进入压气机，获得所需要的流场分布。

一般将单转子发动机的压气机分为低压区和高压区；在双转子压气机中，两个压气机分别称为低压压气机和高压压气机；在三转子压气机中，则分别称为低压压气机、中压压气机、高压压气机。在涡轮风扇发动机中，低压压气机往往就是风扇，在高涵道比的涡轮风扇发动机中，大风扇后常常在内涵道中设有 2～4 级的低压增压级，如图 4 - 29 所示。

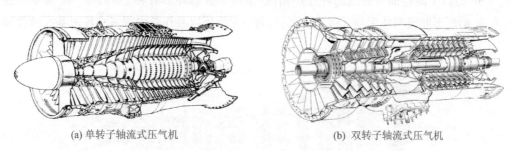

(a) 单转子轴流式压气机　　　　　　　　(b) 双转子轴流式压气机

图 4 - 29　轴流式压气机

当轴流式压气机工作时，转子叶片由涡轮带动高速旋转，空气加速，推向后排静子叶片。转子速度提高，空气在随后的静子通道中扩压并将动能转换成压力位能。静子叶片对空气偏斜有矫正的作用，并将空气以正确的角度送到下一级转子叶片或燃烧室。

压气机转子是一个高速旋转的部件，除了要求尺寸小、重量轻以外，还必须有良好的定心性和足够的刚性。它主要由工作叶片、轮盘或鼓筒及连接件组成。转子的基本类型有盘式、鼓式和鼓盘式,如图 4-30 所示。鼓盘式转子兼有鼓式转子抗弯曲刚性好和盘式转子强度高的优点,因此应用广泛。

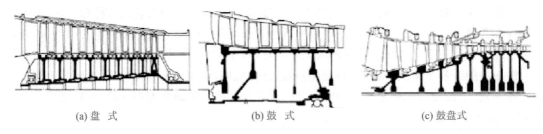

(a) 盘式　　　　　　　(b) 鼓 式　　　　　　　(c) 鼓盘式

图 4-30　轴流压气机转子类型

转子叶片呈翼型截面形状,叶片沿长度有压力梯度,保证空气维持比较均匀的轴向速度。向叶尖方向逐渐变高的压力抵消转子作用在气流上的离心作用。为了获得这些状态,同螺旋桨类似,必须将叶片从叶根向尖部"扭转",以便在每一点都具有正确的迎角。近年来,为了考虑真实气流速度分布特征,叶片越加"扭转",如图 4-31 所示。

(2) 增压原理

在轴流式压气机中,无论是工作叶轮还是整流器,两个相邻叶片间的通道都是扩张型的。压气机内空气的流动是在叶轮和整流器的叶片通道内进行的,对于增压比不高的压气机来说,外径和内径沿轴向的变化不大,所以在每个级中,流线基本上都在一个圆柱面上。沿叶片不同半径处的流动情况虽不完全相同,但工作原理大体相仿,尤以平均半径处的流动情况最具有代表性。

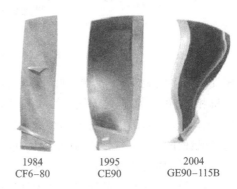

1984　　　　1995　　　　　2004
CF6-80　　　CE90　　　GE90-115B

图 4-31　轴流式压气机转子叶片

为了弄清楚各级中的气流流动过程,现设想用与轴同心,半径分别为压气机平均半径 r_m 和 r_m+dr 的两个圆柱面与各级的叶片环相截,得出某级的环形叶栅,如图 4-32 所示。这个高度为 dr 的环形叶栅叫环形基元级,故压气机的一个级可以看作是由很多个环形基元级叠加而成的。

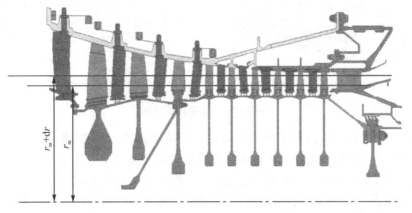

图 4-32　压气机叶片厚度 dr 的截取

　　为了研究方便,可将环形基元级展开成平面,在展成平面的基元级中包括两排平面叶栅,其中一排是动叶平面叶栅,另一排是静叶平面叶栅,如图 4-33 所示。实践表明,用平面叶栅中的流动来近似地代替环形叶栅内的流动与实际情况十分接近。

　　对于基元级所包含的两排叶栅,动叶叶栅以 u 做运动,静叶叶栅是静止不动的。对于静叶叶栅中的流动分析就是在绝对坐标上进行观察,而研究动叶叶栅中的流动时,则必须分析气流相对动叶的运动。一般用 v 表示绝对速度,w 表示相对速度,u 表示牵连速度。由力的合成知识可知,绝对速度等于相对速度和牵连速度的矢量和,即 $v=w+u$。

　　叶轮进口处空气的绝对速度为 v_1,相对速度为 w_1,牵连速度为 u_1,则有 $v_1=w_1+u_1$,构成了叶轮进口处的速度三角形,如图 4-34 所示,其中 β_1 和 β_2 分别为相对速度进口角和出口角。同理,叶轮出口处空气的绝对速度为 v_2,相对速度为 w_2,牵连速度为 u_2,故 $v_2=w_2+u_2$,构成了工作叶轮出口处的速度三角形。随后,空气以绝对速度 v_2 流入整流器进口,再以绝对速度 v_3 流出整流器。

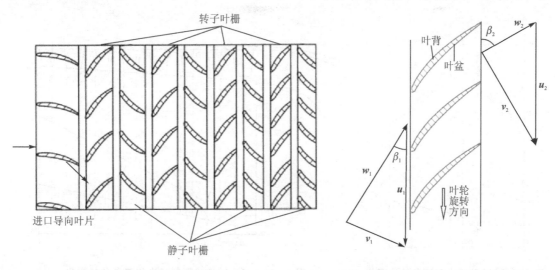

图 4-33　平面叶栅　　　　　　　　　图 4-34　叶轮进出口处的速度三角形

　　当空气流过工作叶轮叶栅通道时,由于高速旋转的叶片对空气做功,使气流的绝对速度增大;由于两个相邻叶片间的通道是扩张型的,气流的相对速度降低,相对运动动能转变为压力位能和内能,气流的压力和温度上升。对气流做功,使气流的总压和总温都提高。

　　当气流流过整流器叶栅通道后,由于整流器中两个相邻叶片间的通道也是扩张型的,气流的绝对速度降低,绝对运动动能转变为压力位能和内能,气流压力进一步提高,温度也继续上升;由于在整流叶栅通道内是绝能流动,故气流总温保持不变,由于流动损失,气流总压略有下降。基元级内气流参数变化的情况如图 4-35 所示。

　　工作叶轮旋转的圆周速度 u 的大小与发动机的转速 n 有关,即

$$u=\frac{\pi D}{60}n \qquad\qquad (4-17)$$

　　圆周速度直接影响叶片对空气加功量的大小。在其他条件相同的情况下,u 越大对空气的加功量越多。

　　多级轴流式压气机由各个单级组成,多级轴流式压气机中任何一级的工作原理都与单级完全相同,但由于多个单级按一定次序组成多级轴流式压气机后,各个级在流程中的位置、几

何尺寸和进口参数都各不相同,因而形成了多级轴流式压气机中各个级的特殊性。

根据气流连续方程,在不考虑引气的情况下,流过压气机出口的空气流量 q_{m2} 等于压气机进口处的空气流量 q_{m1},而 $q_m = \rho A v$,所以有

$$\rho_1 A_1 v_1 = \rho_2 A_2 v_2 \tag{4-18}$$

在压缩过程中,随着压力的提高,气流的密度也逐渐提高,即 $\rho_2 > \rho_1$。在这种情况下,为了满足连续方程,原则上可以采用下述三种方法:

$$A_2 = A_1, v_1 > v_2; \quad A_2 < A_1, v_1 = v_2; \quad A_2 < A_1, v_1 > v_2$$

第一种方法使速度下降太多,大大减小了对空气的加功量,使级数增多;第二种方法也不行,它会使流道面积减小太快,从而使后几级的叶片高度太小,以及使压气机出口处的气流速度太大,不利于燃烧;一般采用第三种方法,即使气速下降,面积减小。

空气在压气机内的流动如图 4-36 所示,可以看出,压气机出口气流速度稍低于压气机进口气流速度。下面分段分析参数的变化。

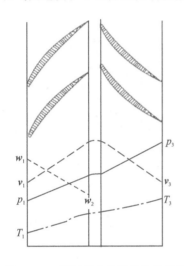

图 4-35　基元级内气流参数的变化

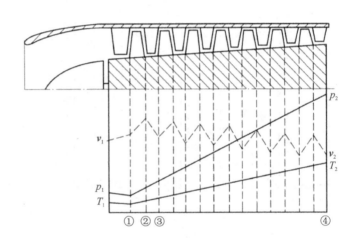

图 4-36　多级轴流式压气机内气流参数的变化

① 进气导向器-导流环。

由于进气导向叶片间的通道略呈收敛型,所以气流速度 v 略有上升,压力略有下降。顺着叶片弯曲的方向偏转,产生预旋,使气流以合适的方向流入第一级工作叶轮。在进气导向器内是绝能流动,故总温不变,而总压下降。

② 工作叶轮。

由于高速旋转的叶片对空气做功,使气流绝对速度 v 上升。由于叶片间的通道是扩张型的,所以气流相对速度 w 下降,压力 p 增大,温度 T 上升。气流方向改变,总温和总压均上升。

③ 整流环。

由于整流环叶片间的通道是扩张型的,所以气流绝对速度 v 下降,压力 p 增大,温度 T 上升。气流方向改变,为下一级工作叶轮提供合适的气流方向。在整流环内是绝能流动,故气流总温不变,而总压下降。

④ 最后一级整流环。

由于最后一级整流环叶片间的通道也是扩张型的,所以气流绝对速度 v 下降,压力 p 增

大,温度 T 上升。气流变为轴向,同时涡流消除。

（3）性能参数

轴流式压气机的主要性能参数有增压比、压气机功和压气机效率。

1）增压比

压气机增压比 π_c^* 是压气机出口处的总压 p_2^* 与压气机进口处的总压 p_1^* 之比,即

$$\pi_c^* = \frac{p_2^*}{p_1^*} \tag{4-19}$$

2）压气机功

压气机功分为理想压气机功和绝热压气机功。

理想压气机功是将单位质量的空气通过理想的过程从 p_1^* 压缩到 p_2^* 所消耗的功,用符号 $w_{c,s}$ 表示。

$$w_{c,s} = c_p T_1^* \left(\pi_c^{*\frac{\gamma-1}{\gamma}} - 1 \right) \tag{4-20}$$

绝热压气机功是将单位质量的空气通过绝热的过程从 p_1^* 压缩到 p_2^* 所消耗的功,用符号 w_c 表示,即

$$w_c = c_p (T_2^* - T_1^*) \tag{4-21}$$

3）压气机效率

压气机效率是理想压气机功与绝热压气机功之比,用符号 η_c^* 表示,通常在 0.83 左右,表达式如下:

$$\eta_c^* = \frac{w_{c,s}}{w_c} \tag{4-22}$$

根据压气机效率的定义,有

$$w_c = c_p T_1^* \left(\pi_c^{*\frac{\gamma-1}{\gamma}} - 1 \right) / \eta_c^* \tag{4-23}$$

式（4-23）表明,影响压气机效率的因素有压气机的增压比 π_c^*、进口空气的总温 T_1^* 和压气机效率 η_c^*。压气机效率的高低,反映了空气流过压气机时的损失情况。

（4）流动损失

流动损失主要包括叶型损失和二次流动损失,其中叶型损失主要包括以下五方面:

① 叶型附面层中的摩擦损失:当气流流过叶栅时,由于空气的黏性作用,在叶栅表面会形成附面层,附面层内空气流动就有摩擦损失。

② 尾迹中的涡流损失:当气流分别由叶背和叶盆流到叶型后缘处时,两边的附面层汇合而成为叶片的尾迹;另外,上、下表面附面层在后缘汇合时,还会生成涡流区,由于黏性作用,旋涡运动所消耗动能转变为热能,这就是尾迹损失。

③ 尾迹和主流区的掺混损失:由于尾迹中的气流速度小,而主流区的气流速度大,这样在尾迹和主流区之间存在着较大的速度梯度。在尾迹和主流区混合时,速度要调匀,这个混合过程就有损失。

④ 附面层分离损失:气流从叶型前缘向后缘流动的过程中,压力是不断提高的,在逆压梯度的作用下,可能会产生附面层分离,特别是激波——附面层干扰导致的附面层分离产生的损失,如图 4-37（a）所示。

⑤ 激波的波阻损失:当叶栅通道中出现超声速区时,就会产生激波,气流流过激波时,总

压下降,这称为激波损失,如图 4-37(b)所示。

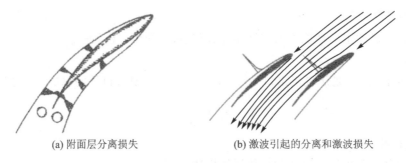

(a) 附面层分离损失　　　　　　(b) 激波引起的分离和激波损失

图 4-37　附面层分离损失和激波损失

二次损失主要包括环壁附面层及其与叶型附面层的相互作用引起的损失,如图 4-38 所示。发生在叶尖与机匣内壁之间径向间隙处的倒流损失和发生在叶尖处由叶盆向叶背处流动的潜流损失如图 4-39 所示,气流流过间隙时产生的间隙涡和工作叶轮叶栅中的通道涡引起的损失如图 4-40 所示。

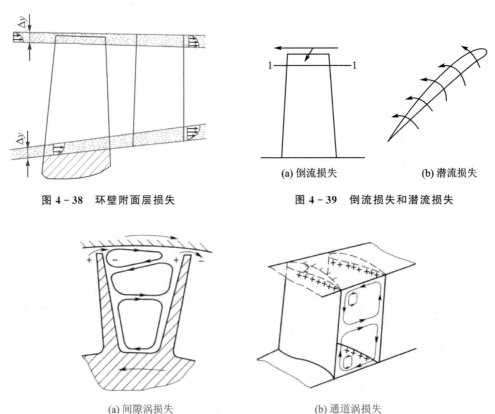

图 4-38　环壁附面层损失

(a) 倒流损失　　　　　　　(b) 潜流损失

图 4-39　倒流损失和潜流损失

(a) 间隙涡损失　　　　　　　(b) 通道涡损失

图 4-40　间隙涡损失和通道涡损失

(5) 压气机工作特性

任何一台压气机的工作情况都由四个参数决定,这四个参数分别是:流过压气机的空气流量 q_m;压气机转子的转速 n;进入压气机的空气总温 T_1^* 和总压 p_1^*。前两个参数取决于压气机工作状态,后两个参数取决于飞行条件和大气条件。

　　压气机的性能参数主要是增压比 π_c^* 和效率 η_c^*，其随流量 q_m、转速 n 和进入压气机空气的总温 T_1^*、总压 p_1^* 的变化规律称为压气机特性。在进入压气机空气的总温 T_1^* 和总压 p_1^* 保持不变的情况下，压气机的增压比 π_c^* 和效率 η_c^* 随进入压气机空气的流量 q_m 和压气机转速 n 的变化规律称为压气机的流量特性。

　　压气机流量特性通过试验的方法获得。在压气机试验台上，当压气机在某一转速下工作时，改变进入压气机的空气流量，并分别测量压气机进口和出口的总温和总压，可得到在这一转速下，空气流量的变化与增压比 π_c^* 之间的变化关系。

　　在不同的转速下做这个试验，就可得到压气机在每个转速下，空气流量 q_m 与增压比 π_c^* 之间的关系，得到压气机流量特性曲线，如图 4-41 所示。

　　在图 4-41 中，转速从 n_1 到 n_5 逐步增加。试验结果发现，在某一转速下，流过压气机的空气流量有个最大值和最小值。把所有转速下的最小流量点连接起来，就是"不稳定边界"。当压气机在不稳定边界上工作时，气流就会由稳定变为不稳定，这时可能产生两种状态：旋转失速和喘振。其中任何一种状况出现都会破坏压气机正常工作，严重的话还可能会导致压气机损坏。流量特性线的最右端作为该转速下，能流过压气机的最大流量，即通过压气机的流量无法再增加了，这一点叫作流量阻塞点。各转速下的流量阻塞点的连线就是压气机的流量阻塞边界。

　　对于实际发动机，在稳定状态下，需要确定压气机在每个转速下的工作点。也就是说，在最大流量和最小流量之间找一个点，让压气机在该点稳定工作。为了安全起见，压气机的工作点应与喘振边界保持一定的距离，这个距离就是喘振裕度。把每个转速下压气机稳定工作的点连在一起，就是压气机的稳态工作线，即让压气机的工作状态沿着"工作线"变化。工作线与喘振边界之间的区域就是压气机整个转速范围内的喘振裕度。

　　(6) 失速、堵塞与喘振

　　1) 失速与堵塞

　　气流在轴流式压气机工作叶片(叶轮)进口处相对速度的方向与叶片弦线之间的夹角 α 称为气流迎角，如图 4-42 所示。一般规定气流方向在弦线下方迎角为正，反之，迎角为负。影响迎角的因素有两个：一个是转速，另一个是气流在工作叶片进口处的绝对速度(大小和方向)。

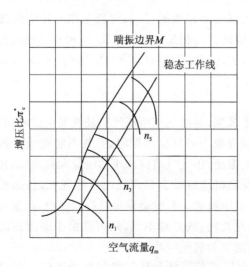

图 4-41　压气机流量特性曲线

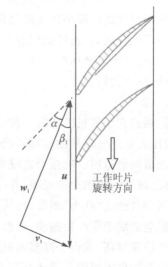

图 4-42　气流迎角 α

气流在工作叶片进口处的绝对速度 v_1 在发动机轴线上的分量 v_{1a} 和工作叶片旋转的切向速度 u 的大小之比称为压气机的流量系数 D。

$$D = v_{1a}/u \tag{4-24}$$

若流量系数小于设计值,则气流迎角为正迎角,正迎角过大会使气流在叶背处分离;若流量系数大于设计值,则气流迎角为负迎角,负迎角过大会使气流在叶盆处发生分离,从而使压气机工作状态处于涡轮状态。

当压气机的转速一定时,如果由于某种原因使压气机的空气流量减少,导致工作叶片进口处绝对速度在发动机轴线方向上的分量下降,使气流迎角上升,在迎角过大的情况下,气流在叶背处发生分离,这种在压气机叶片上发生的现象叫作失速,如图 4-43 所示。

当发动机的转速一定时,由于某种原因使工作叶轮进口处绝对速度在发动机轴线方向上的分量上升,使迎角下降,如果负迎角过大,气流在叶盆处分离,则会使叶片通道变小,甚至出现喉道,发生堵塞,如图 4-44 所示。

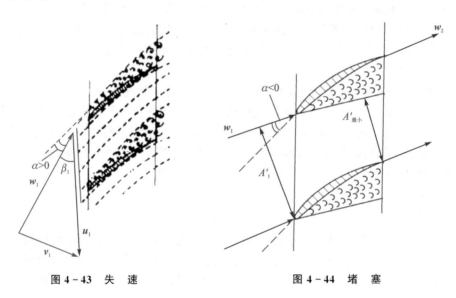

图 4-43　失　速　　　　　　　　　　　图 4-44　堵　塞

当压气机空气流量减小使气流迎角增大到临界迎角附近时,气流工作叶片中的某几个叶片可能首先发生分离,失速区就朝着与叶片旋转方向相反的方向移动,这种移动速度比牵连速度要小,所以站在绝对坐标系地面上观察时,失速区以较低的转速与压气机工作叶片做同方向的旋转运动,称为旋转失速。

2）喘　振

喘振是轴流式压气机工作的一种不正常现象,是指气流沿压气机轴线发生的低频率、高振幅(强烈的压力和空气流量波动)的气流振荡现象。当发生喘振时,空气不能在压气机内正常向后流动而是向前返回。喘振会造成发动机振动,压气机出口总压和流量大幅波动,转速不稳定,有时会出现发动机熄火的现象,有时在发动机进口处会出现气流吞吐现象,包括燃烧室内的高温高压燃气倒流"吐火"现象,即从进气道中喷火。有时会发出低沉的噪声,严重时会有放炮声。喘振会造成工作叶片振动,如果不及时处理,或处理不当,则可能由于剧烈振动而导致压气机叶片快速损坏,或由于高温而损坏燃烧室和涡轮叶片。

发生喘振的根本原因是进入压气机的空气流量不能与压气机转速相适应。在设计状态下,气流能够很好地流过叶片通道,此时迎角合适,气流能平滑地流过工作叶片表面。但当偏离设计转速后,如低转速,起动过程及发动机加、减速时,空气的流动速度就不能很好地与转子转速配合,而造成气流迎角加大。当迎角大到一定程度时,气体就开始在叶背后缘分离。若分离区扩散到整个叶栅通道,则压气机叶栅就会完全失去扩压能力。这时,工作叶片就再也没有能力克服后面较高的反压,推着气流向后流动了,于是流量急剧下降。不仅如此,由于叶栅没有了扩压能力,后面的高压气体还可能通过分离的叶栅通道倒流至前方,这就是喘振时"吐气"的原因。气流返回后,就会使整个压气机的流路变得瞬间通畅,于是瞬间大量的气体又被重新吸入压气机,开始向后流动。但是,由于转速与流量还是不匹配,所以,气流就又分离再返回,从而出现流动、分离、返回这种脉动现象,严重时气流就会逆向冲出压气机。这样的物理过程如图 4-45 所示。

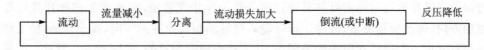

图 4-45　轴流式压气机喘振的物理过程

喘振时,气流的压力和流量都会发生这种脉动,同时压气机的效率和增压比会大大降低。气流的这种不均匀的脉动,会使压气机叶片发生剧烈振动,在叶片上产生很大的应力,造成工作叶片和静子叶片的疲劳断裂。当喘振发生时,由于气流的倒流,使进入燃烧室的空气减少,从而会造成排气温度升高或超温,控制不好还会烧坏发动机。

3）防喘措施

为了保证压气机在发动机的整个工作范围内都能工作正常,一般都要采取一些措施来防止喘振的发生。对于多级压气机来说,一般是压气机的级数越多,设计增压比越高,压气机各级之间的影响就越大,当偏离设计状态时,压气机就越容易发生喘振。

发动机上常用的防喘措施是压气机中间级放气、可调静子叶片和进口导向叶片,以及将压气机设置为双转子或三转子。

压气机中间级放气是通过放气阀或放气带实现的,是通过改变气流流量来改变工作叶轮进口处绝对速度的大小的,或者说绝对速度的轴向分量 v_{1a} 的大小,进而来改变其相对速度的大小和方向,如图 4-46 所示。

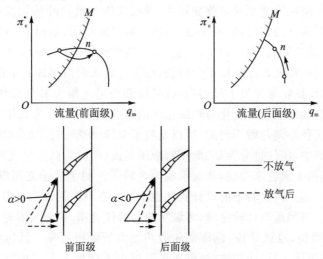

图 4-46　中间级放气防喘示意图

　　当放气阀或放气带打开时,由于增加了排气通道,使前面级的进气量增加,轴向速度增加,从而改变了相对速度的方向,正迎角减小;对于后面的级,由于中间级放气,空气流量减少,轴向速度减小,从而也改变了相对速度的方向,负迎角增大,达到防喘目的。

　　放气阀一般安装在压气机的中间某级或末级。压气机喘振时,一般是前面的级在大的正迎角下工作,后面的级在大的负迎角下工作,即"前喘后堵"。如果能从压气机的某级把气体放掉,达到修正气流速度的效果,就能使压气机脱离这种"前喘后堵"的状态。

　　中间级放气防喘机构的优点是结构简单,有利于压气机在低转速下稳定的工作;缺点是将增压后的空气放入大气,降低了压气机的效率,减小了发动机的输出功率,放气时还会增加放气口附近叶片的激振力,以致造成叶片断裂。

　　可调静子叶片和进口导向叶片是通过改变静子叶片安装角,来改变工作叶片进口处的绝对速度的方向,即改变预旋量,改变工作叶轮进口处的相对速度的方向,减小迎角,使工作叶片进口处相对速度方向保持在要求的范围内,从而达到防喘的目的,如图 4-47 所示。可调静子叶片的调整过程是:当转速低时,关闭静子叶片,使进入压气机的空气流量减少,而随着压气机转速的增加,静子叶片逐渐打开,增加进气量,直到最大开度为止。

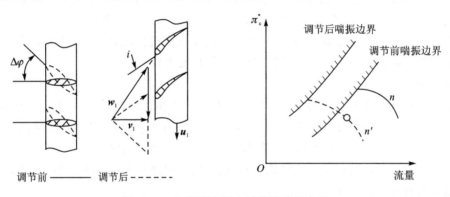

图 4-47　可调进口导向叶片防喘示意图

　　可调静子叶片的优点是可以防喘,在非设计点的效率高,改善发动机的加速性能,适用于高增压比的发动机;缺点是需要增加一套控制机构。

　　双转子或三转子防喘原理是通过改变转速,即改变压气机动叶的切线速度的办法来改变工作叶轮进口处相对速度的方向,以减小迎角,达到防喘的目的,如图 4-48 所示。

　　喘振时会出现"前喘后涡"现象,原因是前、后几级的轴向速度下降和轮缘速度下降不成比例。前面几级的轴向速度比轮缘速度下降得快,结果造成大迎角而进入不稳定状态;后面几级则刚好相反,轴向速度比轮缘速度下降得慢,结果使迎角进入很大的负迎角,进入堵塞或涡轮状态。如果这些级的轴向速度的变化与轮缘速度的变化能够协调,那么压气机就能稳定地工作了。在单转子上这种协调是做不到的,所以发展了双转子或三转子发动机。

　　在双转子发动机中,压气机分为高、低压两个压气机(前面为低压压气机、后面为高压压气机),相应由高、低压两个涡轮来带动,从而形成两个转子。两个转子之间没有机械连接,它们靠气动匹配联系在一起。两个转子的设计转速也不同。在不同的工作状态下,高、低压涡轮产生的功率也不一样。当偏离设计转速时,多级涡轮的特性表明,后面级涡轮的做功能力比前面级的做功能力下降得快,也就是说,低压涡轮做功能力下降更明显。低压涡轮驱动低压压气机,高压涡轮驱动高压压气机,而在这时,低压压气机由于迎角大而变得"重",所以,低压压气机转速就会自动下降,使轮缘速度与气流轴向速度的下降相适应,从而导致迎角减小而避免喘

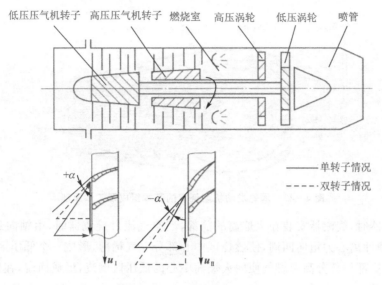

低压压气机转子　高压压气机转子　燃烧室　高压涡轮　低压涡轮　喷管

—— 单转子情况
---- 双转子情况

图 4 - 48　双转子防喘示意图

振的发生;而高压涡轮做功能力下降得少,同时后面级(高压压气机)处于"涡轮"状态,或者说其变"轻"了,所以高压转子转速就会升高,使迎角增加而退出"堵塞"状态。

4.3.3　燃烧室

一般的燃烧室由扩压器、火焰筒、燃油喷嘴、点火器和机匣组成。从压气机进来的气流首先通过扩压器降低速度,为燃烧室提供稳定、均匀的流场,随后进入火焰筒。火焰筒是组织燃烧的场所,一般由涡流器(旋流器)和火焰筒筒体等部分组成。火焰筒头部的旋流器使气流沿轴向速度降低,再与由喷嘴雾化的燃油进行混合,经过点火器点燃,发生化学反应,产生热能,把压气机增压后的空气加热到涡轮前允许温度,从而以最小的压力损失,在有限空间释放出最大的热量,实现供给涡轮所需的均匀加热的平稳燃气流。

燃烧室工作的好坏将直接影响发动机的工作与性能,燃烧室在高温环境下工作,条件十分恶劣,因此对燃烧室的基本要求是点火可靠,燃烧稳定、完全,压力损失小,出口温度场分布满足要求,尺寸小,重量轻,寿命长。

1. 燃烧室燃烧过程

涡轮发动机燃烧室的基本组成及工作原理如图 4 - 49 所示。

发动机工作时,经高压压气机压缩的空气进入燃烧室,一边向后流动,一边与喷嘴喷出的燃油混合燃烧,一边向后传播。发动机起动时,混合气由点火装置产生的火花点燃;起动后,点火装置不再工作,新鲜混合气全靠已燃混合气的火焰回火引燃。混合气燃烧后,温度升高,形成高温、高压燃气,进入涡轮和喷管,膨胀做功。

(1) 稳定燃烧条件

燃烧室稳定燃烧的条件是燃烧时的气流速度等于火焰的传播速度,所以必须采取措施降低空气的流速,并提高火焰的传播速度,以保证达到稳定燃烧的条件。

首先要形成局部低速区域,亦即在局部降低空气的流速。降低气流速度可采用扩压器、旋流器和分股进气等方法。

采用扩压器时,燃烧室前部通道为扩张型,亚声速气流在扩张型的管道内,速度下降。

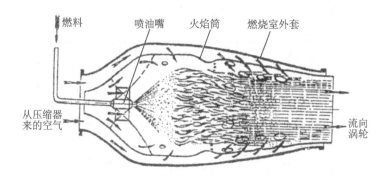

图 4-49　涡轮发动机燃烧室的基本组成及工作原理

采用旋流器时,旋流器安装在火焰筒的前部,当空气流过旋流器时,由轴向运动变成旋转运动,气流被惯性离心力甩向四周,使燃烧区中心部分空气稀薄,形成一个低压区,于是火焰筒四周的空气及后部一部分高温燃气便向火焰筒中心的低压区倒流,形成回流,在回流区形成稳定的点火源,如图 4-50 所示。

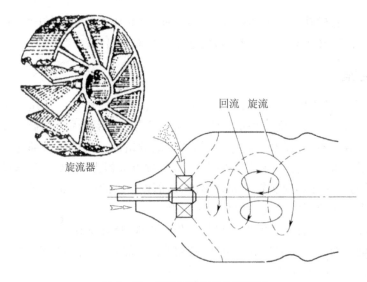

图 4-50　旋流器和回流区的产生

采用分股进气时,由压气机来的空气分成两股进入燃烧室:第一股气流由燃烧室的头部经过旋流器进入,约 25%,与燃油混合,组成余气系数稍小于 1 的混合气进行燃烧;第二股气流由火焰筒壁上开的小孔及缝隙进入燃烧室,占总进气量的 75% 左右,用于降低空气速度,补充燃烧,与燃气掺混,稀释并降低燃气温度,满足涡轮对温度的要求,如图 4-51 所示。从旋流叶片进来的空气和从另二股气流孔进来的空气互相作用,形成低速回流区,起稳定和系留火焰的作用。从喷嘴呈锥形喷出的燃油与回旋涡流的中心相交,这样和主燃区的湍流一起,极大地帮助雾化燃油并使之与空气混合,如图 4-52 所示。

(2)燃油雾化与火焰传播

对已经混合好的混合气来说,影响火焰传播速度的因素主要有:混合气的余气系数,混合气的初温、初压,气流的湍流强度和燃油的雾化程度等。从其影响因素来看,要提高火焰的传播速度应从促使燃油迅速雾化、组成余气系数合适的混合气和增大湍流强度三方面着手。

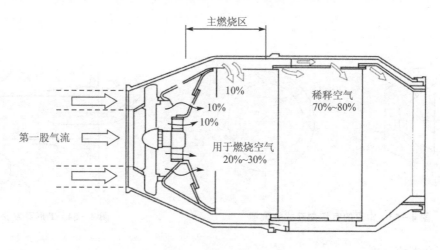

图 4－51　分股进气

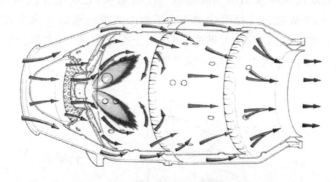

图 4－52　火焰稳定与气流流向

燃油的雾化是通过喷油嘴实现的,目前涡轮喷气发动机通常使用的喷油嘴有离心式喷油嘴、蒸发管式喷油嘴和气动式喷油嘴等。

1）离心式喷油嘴

离心式喷油嘴的工作原理是利用高压燃油通过喷油嘴内的旋流器后,在旋流器内高速旋转,燃油喷出时,靠离心力的作用,把燃油雾化散开成许多微小的油珠。离心式喷油嘴的一个关键部位就是内部装有一个旋流器,图 4－53 所示为常见的有切向孔式旋流器。

由图 4－53 可见,高压燃油从这些切向孔进入旋流室,然后旋转着从喷口出来,由于旋转速度大,所以,燃油以空心雾状油锥的形式从喷油嘴喷出。为了达到好的雾化效果,这就要求进入旋流器的燃油压力要高。油压越高,旋转速度越快,雾化就越好。

2）蒸发管式喷油嘴

在装有蒸发管的燃烧室内,油气混合提前在蒸发管内进行。燃油由一根小的供油管喷入蒸发管内,而蒸发管在火焰筒内处于火焰的包围之中,这样燃油在蒸发管内迅速蒸发变成油蒸气,与进入蒸发管内的少量空气初步混合,但未燃烧,初步混合的气体从蒸发管喷出后,进入主燃区,再与大量的空气混合后燃烧。

如图 4－54 所示,燃油在 T 形蒸发管内加热蒸发,进一步与这部分高温空气掺合。实践证明,使用蒸发管的燃烧室燃烧效率较高,不冒烟,出口温度场较稳定,这种蒸发管式的供油装置与环形燃烧室相配合,得到广泛的应用。

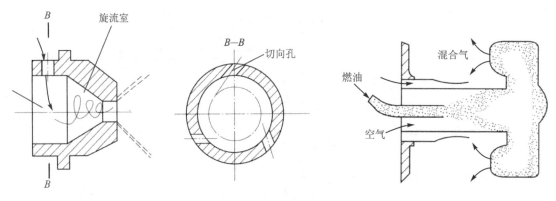

图 4-53　常见的有切向孔式旋流器　　　　　　图 4-54　T 形蒸发管

3）气动式喷油嘴

气动式喷油嘴是现代涡轮发动机上常用的一种喷油嘴,它利用压气机出口的高压空气帮助燃油雾化,如图 4-55 所示。这种喷油嘴克服了离心式喷油嘴以下两个缺点:喷油量与喷油雾化质量都直接与供油压力相关;在大供油量时,由于雾化质量好,大部分是小直径的油珠,由于其动量小,都聚集在喷油嘴附近,容易形成积碳。

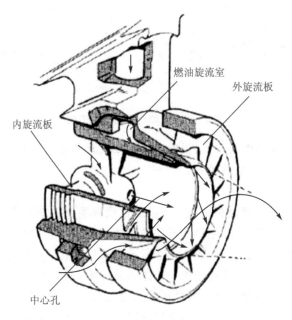

图 4-55　气动式喷油嘴

气动式喷油嘴油量的改变是依靠供油压力,而雾化质量则依靠气动因素。

2. 燃烧室基本类型

涡轮发动机燃烧室常采用三种类型:分管燃烧室、环管燃烧室和环形燃烧室。

（1）分管燃烧室

分管燃烧室布局示意图如图 4-56 所示,分管燃烧室如图 4-57 所示,内、外壳体之间有 6～16 个单管燃烧室,每个单管燃烧室都有单独的火焰筒和外套,火焰筒前安装有旋流器、喷油嘴,通常在 4 点钟和 8 点钟位置的单管燃烧室上装点火装置,各个单管燃烧室之间由联焰管相连。

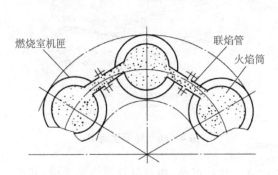

图 4 - 56　分管燃烧室布局示意图

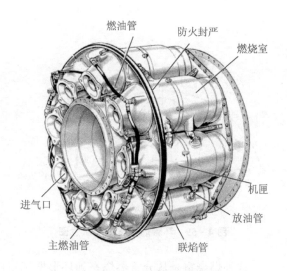

图 4 - 57　分管燃烧室

　　这种燃烧室的最大优点就是抗变形能力强,维护、检查、更换方便,不需要分解发动机。但其环形截面积的利用率低,燃烧室内的流动损失大。由于起动时靠联焰管把火焰传给不同的火焰筒,所以高空熄火后,再起动困难。燃烧室出口温度场分布不均匀,结构上包裹火焰筒所需的材料多,所以整个燃烧室的重量大。

　　图 4-58 所示是分管燃烧室中典型的单管结构。壳体和火焰筒头部之间构成扩压通道,用来降低流速,提高压力,保证燃烧顺利进行以及减少压力损失。火焰筒是一个在侧壁面上开有多排直径大小不同、形状各异的孔及缝的薄壁金属结构,燃烧在其内部进行,保证燃烧充分,掺混均匀,并使壁面得到冷却。联焰管起着传播火焰,点燃没有点火装置的火焰筒内的燃油以及均衡压力的作用。喷油嘴用来供油,并使燃油雾化或汽化,以提高火焰传播

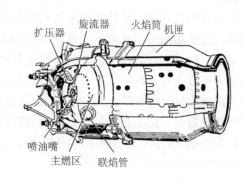

图 4 - 58　单管燃烧室

速度,利于稳定燃烧。旋流器使进气在叶片的引导下旋转,形成回流区,保证火焰稳定。点火装置产生高能电火花,点燃燃油和空气混合气。

　　(2)环管燃烧室

　　环管燃烧室多用于装有轴流式压气机的发动机上。环管燃烧室布局示意图如图 4-59 所示,环管燃烧室如图 4-60 所示。环管燃烧室主要由管形火焰筒、联焰管以及内、外机匣组成。若干个单独的管形火焰筒沿周向均匀排列在内、外机匣之间形成的环形腔里,相邻火焰筒之间用联焰管连接。在每个火焰筒前安装有扰流器、喷油嘴,通常只在 4 点钟和 8 点钟位置的火焰筒上装点火装置。

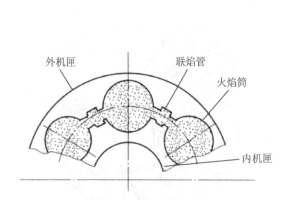

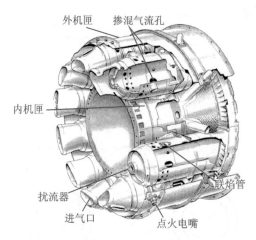

图 4-59　环管燃烧室布局示意图　　　　　图 4-60　环管燃烧室

　　这种燃烧室是从分管燃烧室到环形燃烧室的过渡。其特点是,相对分管燃烧室来说,其迎风面积小,同时其也具有单管火焰筒抗变形能力强的特点;由于也要靠联焰管传递火焰,所以点火性能也较差,但比单管燃烧室强;燃烧室出口温度场分布不如环形燃烧室均匀,但大修时每个火焰筒都可单独更换。

　　(3) 环形燃烧室

　　典型的环形燃烧室布局示意图如图 4-61 所示,环形燃烧室如图 4-62 所示,它是由四个同心的圆筒组成,最内、最外的两个圆筒为燃烧室的内、外壳体,中间两个圆筒所形成的通道为火焰筒。火焰筒的头部装有一圈燃油喷嘴和火焰稳定装置。环形燃烧室是现代涡轮发动机上最常用的一种,与前面两种燃烧室比较,这种燃烧室气流通道与压气机出口和涡轮进口的环形气流通道可以有很好的气动配合,因而可以减少流动损失,而且还能得到较均匀的出口周向温度场。由于火焰筒筒壁的面积减少很多,从而使冷却筒壁所需的冷却空气量也大大减少,使燃烧效率得到提高。由于只有一个火焰筒,所以它也不存在火焰传播问题。另外,发动机环形截面的利用率最大,迎风面积最小,具有重量轻、长度短的优点。

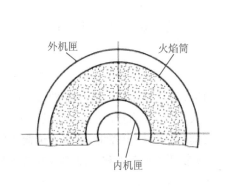

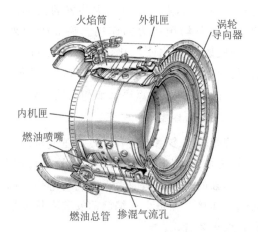

图 4-61　环形燃烧室布局示意图　　　　　图 4-62　环形燃烧室

　　为便于在火焰筒的头部组织燃烧,把环形火焰筒的头部做成若干个类似分管燃烧室火焰筒的头部结构,在这些单独的头部后面再转接成环形的掺混区,这种形式的燃烧室又称为混合式燃烧室,如图 4 - 63 所示。

每个头部都安装有旋流器和燃油喷嘴,一股气流从每个单独的头部进入火焰筒,与经喷油嘴雾化后的燃油混合,形成主燃区。这种燃烧室在早期的一些发动机上应用很多。

(4) 折流环形燃烧室

对于小型燃气涡轮发动机,因其流量小,转速高,所以可以采用离心式压气机和燃油从发动机轴内腔经甩油盘离心甩出的供油方式。为了充分利用空间尺寸,缩短转子支点的距离,可以采用折流环形燃烧室。折流环形燃烧室的火焰筒由内、外壁组成。

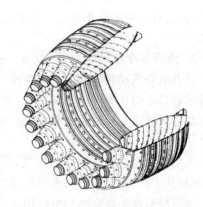

图 4 - 63　带单独头部的环形燃烧室

图 4 - 64 所示是折流环形燃烧室。离心式压气机出来的空气分三股气流进入火焰筒:第一股由前进气盘壁上的孔和缝隙流入;第二股经涡轮空心导向叶片,由火焰筒内壳、后进气锥上的孔流入;第三股经火焰筒外壁的进气斗流入。燃烧室内、外壁后端,沿圆周分别用螺钉和螺栓固定在一级涡轮导向器的内、外环上。环绕在涡轮轴上的挡气环套内有前、后两组密封槽,在两组槽间引入第二股气流以保证涡轮轴的冷却。燃油从发动机轴甩油盘离心甩出。

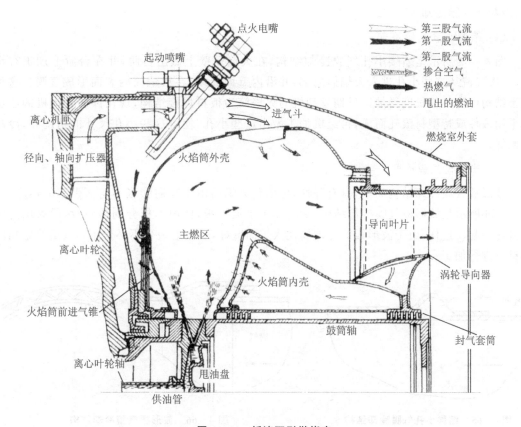

图 4 - 64　折流环形燃烧室

虽然环形燃烧室有较多优点,但是其缺点也比较明显。首先,沿圆周均匀分布的各个离心喷嘴喷油所形成的燃油分布和环形通道的进气不易配合好;其次,环形燃烧室的设计调试比较困难,需要有大型的气源设备。当然,由于仅有一个环形火焰筒,在使用中装拆维护也比较复杂。

3. 燃烧室冷却

随着航空发动机性能的不断提高,发动机的工作压力和涡轮前温度越来越高,燃烧室的工作条件和技术指标要求越来越苛刻,突出的技术矛盾是在燃烧室负荷越来越高的情况下,须满足高的燃烧性能和轻的质量要求。燃烧释放的燃气温度是 1 800～2 000 ℃,传统技术采取冷却方式。

火焰筒内是燃烧着的高温燃气,所以必须对火焰筒采取一定的冷却措施,以降低筒壁温度,延长其工作寿命。目前,火焰筒常用的冷却技术是气膜冷却技术。

气膜冷却在燃烧室冷却中应用最广泛,其原理就是利用二次气流在火焰筒内表面形成一层冷却空气膜。气膜把高温燃气与筒壁隔离开,从而防止热辐射和热对流对筒壁的影响。该种冷却方式结构简单、重量轻,消耗的空气少。一般来说,气膜冷却所用空气量为总流量的25%～35%。

最简单的气膜冷却结构是在火焰筒壁上钻一些小孔,由于小孔的直径较小,所以空气进入火焰筒的射流深度很浅。空气进入火焰筒后,紧贴火焰筒内表面迅速散开,形成气膜冷却的保护层。

为了增强冷却效果,可采用不同的结构方式,常见的有缩腰小孔气膜冷却、波形板气膜冷却、冷却环气膜冷却等。

(1)缩腰小孔气膜冷却

图 4-65 所示是缩腰小孔气膜冷却结构,在火焰筒壁上做出台阶,并在台阶上加工有小孔,二次气流从这些小孔进入火焰筒内部,并沿内壁面流动,在火焰筒内表面形成气膜。这种细腰结构可使气膜长度增加。早期发动机的火焰筒为板料焊接结构,现在许多发动机的燃烧室采用锻件或特型材滚轧而成,再经机加工做出这些小孔,使得这些小孔尺寸的精度高,冷却效果好。

(2)波形板气膜冷却

波形板气膜冷却结构简单,具有弹性,可减轻火焰筒由于径向膨胀不均而引起的热应力。图 4-66 所示是波形板气膜冷却结构,专门加工了波形板,此波形板分别与前、后段火焰筒壁焊接在一起。这样,由于波形板的冷却要比火焰筒壁好,故波形板可不必采用与火焰筒壁相同的材料进行加工。

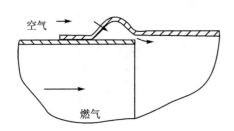

图 4-65　缩腰小孔气膜冷却结构

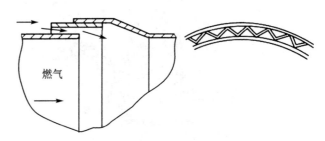

图 4-66　波形板气膜冷却结构

（3）冷却环气膜冷却

冷却环气膜冷却采用带表面陶瓷涂层的"瓦片"式结构，图 4－67 所示为冷却环气膜冷却结构。"瓦片"靠螺栓固定在火焰筒壁上，火焰筒壁上开有进气孔，冷却空气进来后，即可在"瓦片"与筒壁之间的夹层流动，进行对流换热，又可在"瓦片"表面流过，形成气膜冷却，把燃气与"瓦片"表面隔开。为了增加"瓦片"表面的散热面积，其背面加工有很多细小的圆柱形凸起。

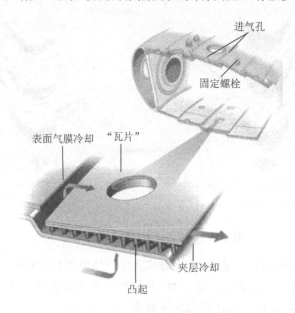

图 4－67　冷却环气膜冷却结构

4.3.4　涡轮系统

涡轮是燃气涡轮发动机的重要部件之一，安装在燃烧室的后面，是在高温燃气作用下旋转做功的部件，带动压气机和附件。在涡桨和涡轴发动机中，涡轮还带动螺旋桨和旋翼等。

涡轮和压气机同是和气流进行能量交换的叶片机，它们之间有许多相似之处，但是涡轮和压气机与气流间的能量交换在程序上正好相反。此外，涡轮叶片在高温条件下高速旋转，工作环境极其恶劣，因此在结构设计和材料选取方面要给予更多关注。

1. 涡轮类型

空气和燃油在燃烧室混合燃烧以后，释放的能量被涡轮吸收，一部分转化为机械能，一部分用来带动压气机转子、螺旋桨（涡桨）或旋翼（涡轴）来工作。涡轮分为径向式和轴流式两种。其中，径向式涡轮一般与离心式压气机配合使用，总是单级，主要用于小功率燃气涡轮发动机；而轴流式涡轮一般与轴流式压气机配合使用，主要用于大型燃气涡轮发动机。

按照驱动涡轮方式的不同，轴流式涡轮一般分为三种类型，即冲击式、反力式和冲击反力组合式。

冲击式涡轮如图 4－68（a）所示，推动涡轮旋转的扭矩是由于气流方向改变而产生的，所以涡轮导向器内叶片间的流动通道是收敛型的，燃气在涡轮环内气流速度增加，压力下降；而在工作叶轮叶片通道内，相对速度的大小不变，只改变气流的流动方向。冲击式涡轮的工作叶片特征是前缘和后缘较薄，而中间较厚。

反力式涡轮如图 4－68（b）所示，推动涡轮旋转的扭矩是由于气流速度的增大和方向的改变而产生的,燃气在涡轮导向器内改变气流流动方向,工作叶片间的通道是收敛型的,故燃气的相对速度增加,流动方向改变,压力下降。反力式涡轮的工作叶片特征是前缘较厚,而后缘较薄。

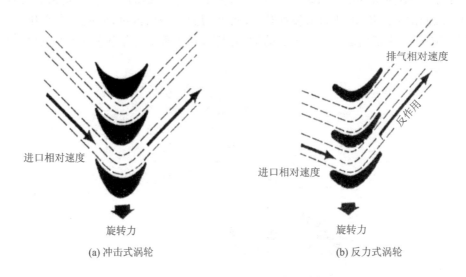

(a) 冲击式涡轮　　　　　　　　　　(b) 反力式涡轮

图 4 - 68　冲击式涡轮和反力式涡轮

涡轮发动机中常采用的涡轮是冲击-反力式涡轮。导向器和涡轮叶片通道都是收敛型的,气体在导向器内和工作叶轮内都要膨胀,所以涡轮在气体的冲击和膨胀的反作用下旋转。导向器静子叶片形成收敛通道,燃气在其内加速流动。

2. 涡轮组成

涡轮由静子和转子两部分组成,其中,涡轮静子又称为涡轮导向器,涡轮转子又称为涡轮工作轮。类似于压气机,按照转子数目来分,涡轮也分为单转子和多转子结构。同样类似压气机,一排静子叶片和一排转子叶片组成涡轮的一个级。如 CFM56 - 3 涡轮风扇发动机有 5 级涡轮,包含 1 级高压涡轮(HP)和 4 级低压涡轮(LP);PW4000 涡轮风扇发动机有 7 级涡轮(2HP,5LP)。由于气体通过涡轮膨胀做功,气体比容增大,密度减小,因而涡轮的气流通道截面是逐渐增大的,呈扩张形。

由于涡轮工作环境的特殊性,涡轮部件除了与压气机一样要保证足够的强度和刚性外,还要注意减少传热、改善部件工作条件。涡轮静子主要由导向叶片和机匣组成。导向叶片位于涡轮机匣中(见图 4 -69),安装方式应允许叶片发生膨胀。导向叶片通常是空心结构,可以由压气机出口空气在其内部流过进行冷却,以减小热应力和气动负荷的影响。

涡轮转子一般由工作叶片、涡轮盘、轴及连接件组成,如图 4 -70 所示。涡轮转子的旋转速度和工作温度高,因此涡轮转子采用盘式或盘鼓式转子,鼓式基本不用。涡轮转子通常由机械加工的锻件制成,可以与轴制成一体,也可以用螺栓连接涡轮轴;轮盘的外圆处还有涡轮叶片安装用的榫槽,涡轮多使用的是枞树形榫头,主要是其具有受热后可以自由膨胀、传热性好的优点,如图 4 -71 所示。为了限制从涡轮叶片向轮盘的热传导,每级轮盘的两面都通有冷却空气。

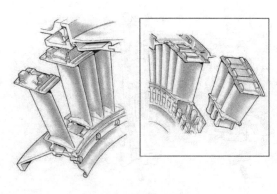

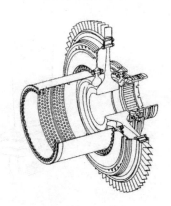

图 4 - 69　涡轮静子　　　　　　　　图 4 - 70　涡轮转子

　　涡轮机匣与工作叶片的径向间隙对涡轮效率影响很大,间隙大,涡轮效率下降。比如径向间隙增加 1 mm,则涡轮效率降低约 2.5%,这将引起发动机耗油率增加约 2.5%;但间隙小,工作时叶尖与机匣相刮,可能引起涡轮材料磨损。因此,需要采用耐磨封严装置或冷却机匣的方式来控制涡轮间隙。

　　3. 涡轮冷却

　　由于燃气温度高,所以涡轮部件必须冷却,这样既可以增加涡轮部件的寿命,又可以间接提升涡轮效率。在涡轮中,需要冷却的部件有导向器、榫头以及转子叶片。涡轮导向叶片和转子叶片内部一般被设计成复杂的冷却通道,如图 4 - 72 和图 4 - 73 所示。单通道内部对流冷却具有很大的实用效果,主要用来自压气机的空气对其进行冷却。多通道的内部冷却涡轮叶片效果更佳,冷却的方法有很多种,如对流冷却、气膜冷却、冲击冷却等,当前大多数现代燃气涡轮发动机上是将三种冷却方法组合使用。

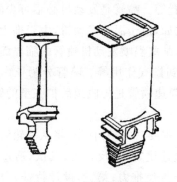
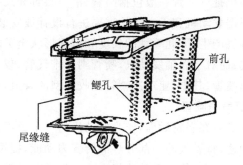

图 4 - 71　涡轮转子叶片　　　　　　　图 4 - 72　涡轮导向叶片冷却

　　更高的涡轮进口温度对于发动机性能而言是有利的,但是涡轮部件工作将受到很大的影响。在如此高温的工作条件下,涡轮部件的负荷将决定它们到底能够使用多久。加之转速高,涡轮材料就必须承受极高的温度负荷和离心力。因此,正确选用涡轮部件的材料显得至关重要。导向叶片处于静止状态,耐热是其最主要的性能要求。虽然需要采用冷却来防止熔化,但仍使用镍合金、陶瓷涂层加强热阻特性,在相同的工作条件下,可减少需要的冷却空气量,从而改善发动机效率。

　　涡轮盘必须在相对低的温度环境下高速旋转,并承受很大的旋转应力。影响轮盘可用寿命的限制因素是其抗疲劳裂纹的能力。近年来用镍基合金制造,增加合金中镍元素的含量,通

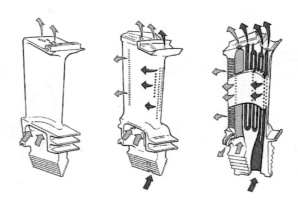

图 4-73　涡轮转子叶片冷却

过增大抗疲劳特性延长轮盘的寿命。另一个途径是采用昂贵的粉末冶金盘,它可提高强度10%,允许达到更高的转速。

涡轮叶片工作时达到红热状态仍应具备足够的强度来承受高速旋转产生的离心载荷。一片小小的涡轮叶片质量仅 56.7 g,在最高转速下的载荷会超过 2 t,它还要承受燃气施加的很高的弯曲载荷,产生驱动压气机所必需的数千千瓦的涡轮功率。涡轮叶片还应当耐疲劳和热冲击,保证在燃气高频脉动影响下不致损坏。工作叶片还要能耐腐蚀和耐氧化。除了所有这些要求之外,工作叶片还应当采用可以精确成型和利用现有制造方法加工的材料制造。

很显然,叶片材料及允许的安全寿命有相应的最大允许的涡轮进口温度以及相应的最大发动机功率。因此,必须不断地寻求更好的涡轮叶片材料和改善叶片的冷却方法。

4.3.5　排气装置

发动机排气装置一般包括喷管、消声装置和反推装置等。喷管是发动机必不可少的部件,其他则根据发动机和无人机的需要进行设计或安装。比如,对于涡喷发动机,由于推力主要是由尾喷排气产生,因此喷管的长度和截面形状至关重要,某些涡喷发动机喷管的临界面积设计为可调式;而对于涡轴发动机,喷管则为排气管,仅仅起到排气作用等。喷管分为亚声速喷管和超声速喷管,其中,亚声速喷管是收敛型的管道,而超声速喷管是先收敛后扩张型的管道。

1. 亚声速喷管

喷管安装在涡轮后面,作为发动机的一个重要部件,主要功能是:首先,将从涡轮流出的燃气膨胀加速,将燃气的一部分热能转变为动能,提高燃气速度,产生反推力;其次,通过反推装置改变喷气方向,使向后的喷气变为向斜前方的喷气,产生反推力;第三,设计特殊结构,减少发动机噪声;最后,通过调节喷管的临界面积来改变发动机的工作状态。

最简单的喷管形式是由排气管和喷口两部分组成的,如图 4-74 所示,排气管位于涡轮与喷口之间,其作用是为燃气提供一个流动通道并使燃气减速,使从涡轮出来的燃气从环形通道过渡到实心通道。整流锥使气流通道由环形逐渐变为圆形,以减小燃气的涡流。整流锥靠整流支板固定在排气管内。整流支板一般做成对称叶型,起半级涡轮作用,迫使方向

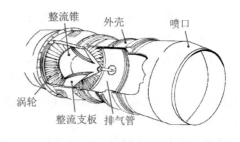

图 4-74　亚声速喷管

偏斜的气流变为轴向流动,以保证燃气轴向排出,减少流动损失。它一般为空心结构,测量排气压力或温度的探头会安装在内部,一些油管路也要穿过它到达轴承腔。除涡轴发动机的排气管外,发动机喷口是收敛型管道,使燃气加速,以获得较大的推力;在排气管内燃气减速增压,在喷口内燃气加速降压。

2. 超声速喷管

超声速飞机用的发动机,其燃气在尾喷管中的膨胀比可达 10～20,如果仍只使用收敛型亚声速喷管,则燃气不完全膨胀所造成的推力损失将很大。

据估计,当飞行马赫数 Ma 为 1.5 时,收敛型亚声速喷管造成的推力损失为 10%;当飞行马赫数 Ma 为 3 时,收敛型亚声速喷管造成的推力损失为 50%。因此,当飞行马赫数 Ma 大于 1.5 时,为保证燃气能充分膨胀,减少推力损失,发动机均采用收敛扩张型的可调节超声速喷管。

图 4-75 所示是收敛扩张型喷管,即拉瓦尔喷管。收敛段的出口现在已成为喉部,而出口则在喇叭形扩张段的末端。当燃气进入喷管的收敛段时,燃气速度增加,静压相应降低,喉部的燃气速度相当于此点声速。当燃气离开喉部流入扩张段时,速度不断增加,直到出口为止。这种动量进一步增加所产生的反作用是作用在喷口内壁上的压力作用力,该力作用于平行于喷管纵轴方向的分力,进一步增加了推力。

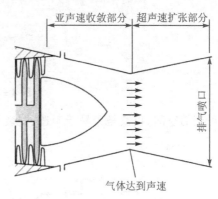

图 4-75　拉瓦尔喷管

4.3.6　空气系统

发动机空气系统里的气流是指那些对发动机推力的产生无直接影响的空气流,占进气量的 70%～80%(见图 4-51)。这些气流主要用于发动机工作的以下几方面:对发动机内部进行冷却;轴承腔封严;压气机防喘控制;涡轮叶片的间隙控制;发动机防冰等。

1. 发动机冷却与封严

发动机内部空气气流的主要任务是内部封严、压力平衡和内部冷却,主要气流的流向如图 4-76 所示。

如前所述,燃烧室的工作环境是十分恶劣的,燃烧室内燃烧释放的燃气温度是 1 800～2 000 ℃,燃气温度太高,不能直接进入涡轮导向叶片,需冷却后进入涡轮导向叶片。冷却在稀释区实现,火焰筒与机匣间的两股空气流中有 20% 的冷却空气直接引入火焰筒稀释区用于降低燃气的温度;40% 的冷却空气沿火焰筒壁的内表面流动,形成一层隔热空气膜,将火焰筒壁面与热燃气隔开,用于冷却火焰筒壁。

涡轮前燃气温度越高,涡轮喷气发动机的热效率越高,但是这个温度受到涡轮叶片和导向器材料的限制,因此需要对涡轮部件进行冷却。从涡轮叶片向涡轮盘的热传导要求对轮盘加以冷却,从而防止热疲劳和不可控的膨胀率和收缩率。冷却涡轮盘的空气进入轮盘之间的空腔,并往外流过轮盘的表面,在完成冷却功能之后,排入主燃气流。

封严件用于防止滑油从发动机轴承腔漏出,控制冷却空气流和防止主气流的燃气进入涡轮盘空腔,如图 4-77 所示。在燃气涡轮发动机上使用了多种封严方法,如篦齿封严、液压封严、石墨封严和刷式封严等。选择何种方法取决于周围的温度和压力、可磨损性、发热量、重

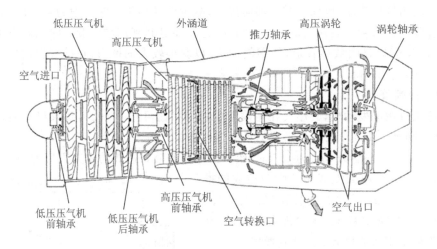

图 4 - 76　内部空气流向

量、可用的空间，以及是否易于制造、安装和拆卸。

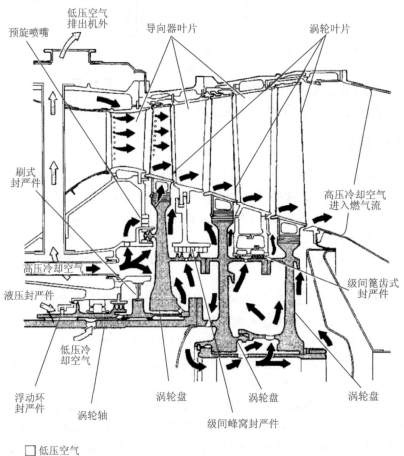

图 4 - 77　空气封严

2. 发动机防喘

压气机防止喘振的主要措施是采用压气机可调静子叶片、放气机构和多转子,即通过改变迎角大小来避免叶片失速。

在单轴上实现高增压比时,必须在压气机设计中采用流量控制。控制形式是在第一级上安装可调进气导向叶片。此外,随着该轴上增压比的提高,在随后的一些级中采用可调静子叶片。可调静子叶片机构是根据发动机状态控制静子叶片的角度,主要由可调静子叶片、摇臂、作动环、作动筒和控制器等组成,如图 4 - 78 所示。当压气机转速从其设计值往下降低时,静子叶片角度逐渐关小,使空气流到后面的转子叶片上的角度合适;反之,当转速增加时,静子叶片角度逐渐开大。

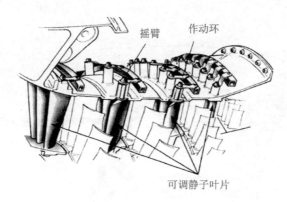

图 4 - 78　可调静子叶片

放气机构是根据发动机状态控制放气活门的开关,打开放掉一部分压气机中间级的空气,一旦脱离喘振区,放气活门或者放气带就关闭。放气机构主要由放气活门(放气带)、作动筒和控制元件等组成。活门关闭过早或过晚均不利,关闭过早发动机没有脱离喘振范围,仍可能喘振;关闭过晚,放掉空气,造成浪费,影响发动机工作效率。图 4 - 79 所示是某型涡轮风扇发动机放气活门工作原理。通过作动筒移动放气活门,当作动筒推向前时,活门打开,部分空气从低压压气机的最后一级流出,进入风扇排气通道;当作动筒向后时,活门关闭。

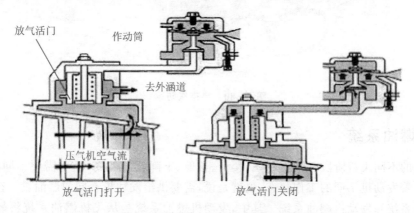

图 4 - 79　某型涡轮风扇发动机放气活门工作原理

3. 发动机防冰

当无人机穿越含有过冷水珠的云层或在有冻雾的地面工作时,发动机的进气道前缘、进气整流罩、进口导向叶片都有可能结冰。防冰是必要的,这是因为结冰会大大限制进入发动机的空气流量,从而影响发动机的工作性能;另外,脱落下来的冰块被吸入压气机后会造成发动机部件损坏。

　　为了防止无人机某些部位结冰,常常采取适当的防冰与除冰技术。发动机防冰方法是对容易结冰的零件表面进行加温。常用热源有:压气机热空气、电加热和滑油加热。

　　防冰用的热空气一般来自高压压气机,经防冰调节活门和供气管路送到防冰部位,如图 4 - 80 所示。前整流罩防冰系统用过的空气可以排入压气机进口或排出机外。调节活门一般由无人机防冰探测系统的信号自动控制,管道上可用压力、温度传感器监视防冰热空气的温度和压力,一旦超限,传感器便给出信号。

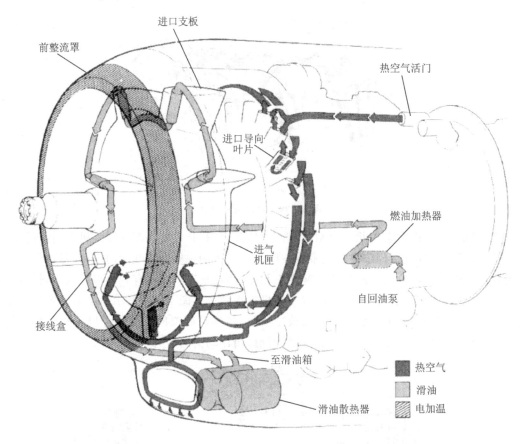

图 4 - 80　热空气防冰

4.3.7　燃油系统

　　无人机的不同飞行阶段(滑跑、起飞、爬升、巡航、下降、进近、复飞等)需要不同的推力(或功率),对应着发动机不同的工作状态,也就是说,需要供给发动机不同的燃油量。在无人机上有飞机燃油系统和发动机燃油系统。其中,发动机燃油系统是从飞机燃油系统将燃油供到发动机的燃油泵开始,一直到燃油从燃烧室喷嘴喷出,这中间除燃油泵外还有滑油散热器、燃油滤、燃油控制器、燃油流量计、燃油总管和燃油喷嘴等。

　　燃油泵主要负责供油和增压。燃油泵有低压油泵和高压油泵之分,其中,低压油泵能够在低燃油进口压力下使热交换器更轻便和更有效,保证高压油泵的进口总能维持一定的压力;而高压油泵能够产生高燃油压力,保证发动机正常工作。

　　燃油一般从发动机燃油泵的增压级(低压油泵)出来后进入到滑油散热器,在这里冷却滑油的同时燃油得到加温,然后燃油通过燃油滤到高压油泵,如图 4-81 所示。而有的发动机滑油散热器位于高压油泵的下游,优点是外部燃油管较少,但是燃油漏进滑油散热器的危险比低压系统高。

　　燃油控制器主要负责计量燃油,并供应动力油、伺服油控制一些作动机构,如作动筒、活门等,除控制供往燃烧室的燃油外,还操纵控制发动机可变几何形状部件,例如可调静子叶片、放气活门或放气带等,保证发动机工作稳定和提高发动机性能。

　　经高压油泵增压后的燃油进入燃油控制器,计量好的燃油离开燃油控制器到燃油流量计,以便测量实际供给喷嘴的燃油质量流量。然后到燃油分配活门,经燃油总管将计量燃油分送到各个喷嘴。有的发动机机型在燃油进入喷嘴前的管路上还有油滤清洁燃油。燃油喷嘴的作用是把燃油雾化,使燃油能与空气充分混合,它是发动机燃油系统的终点。早期涡轮喷气发动机采用的是单油路离心喷嘴,为了提高雾化效果,现在已发展到双油路喷嘴和空气雾化式喷嘴,如图 4-82 所示。

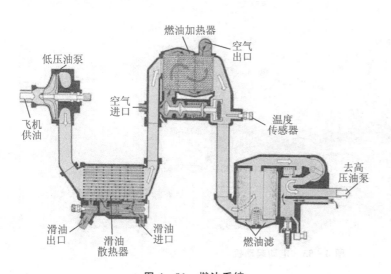

图 4-81　燃油系统

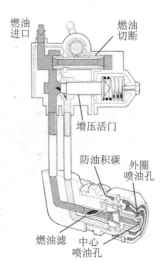

图 4-82　喷　嘴

4.3.8　起动点火系统

　　为了保证航空燃气涡轮发动机能顺利起动,需要有两个相互协调工作的系统:起动系统和点火系统。发动机在地面正常起动时,两个系统必须同时工作。首先由起动系统将发动机压气机转子带转到一定转速,使适量空气进入燃烧室并与燃油喷嘴喷出的燃油相混合,再由点火系统点燃燃烧室内的油气混合气,燃烧产生的高温高压燃气带动涡轮转动,此时,压气机在起动机和涡轮的共同作用下不断加速,当转速达到一定值时,起动机退出工作。

1. 起动系统

　　使发动机转子的转速由零增加到慢车转速的过程,称为起动过程。航空燃气涡轮发动机的结构和循环过程,决定了它不能像汽车发动机那样自主的点火起动。在静止的发动机中直接喷油点火,压气机没有旋转,前面空气没有压力,就不能使燃气向后流动,也就无法使涡轮转动起来,这样会烧毁燃烧室和涡轮导向叶片。所以,燃气涡轮发动机的起动特点就是:先要气流动,再点火燃烧,即发动机必须要先旋转,再起动。这就是矛盾,发动机还没起动,还没点火,却要它先转动。根据这个起动特点,就必须在点火燃烧前先由其他能源来带动发动机旋转。

根据发动机起动过程中,带动转子转动的扭矩与转子阻力矩的变化情况,可以将起动过程分为三个阶段:由起动机开始带动发动机压气机转子转动,到涡轮发出功率,转子仅由起动机带动;由涡轮开始发出功率起,到起动机脱开为止,压气机转子由起动机和涡轮共同带动;由起动机脱开时起,到发动机进入慢车状态,转子由涡轮单独带动。

起动机必须产生高扭矩并传递到发动机旋转组件,以提供一种平缓的方式从静止状态加速转子,供应足够的空气到燃烧室和燃油混合燃烧,直到流经发动机涡轮的燃气流提供足够的功率取代起动机的功率。

起动机的类型有很多,其中电动起动机和空气涡轮起动机使用较多。电动起动机主要用于涡轮螺旋桨、小型喷气发动机和辅助动力装置。电动起动机就是一台直流电动马达,使用维护方便,尺寸小,易使起动过程自动化。图 4 - 83 所示为一种电动起动机,它通过减速齿轮、棘轮机构或离合器与发动机连接,当发动机达到自维持转速后能自动脱机。

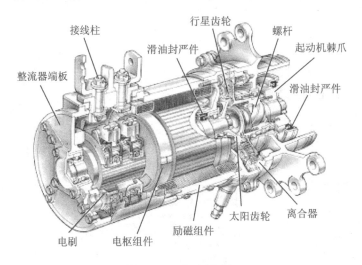

图 4 - 83　电动起动机

空气涡轮起动机用于大型喷气发动机,由单级涡轮、减速器、离合器和传动轴等组成,如图 4 - 84 所示。空气涡轮起动机具有重量轻、扭矩大、结构简单的优点。但是,空气涡轮起动机工作时需要有气源(它的可用气源有:地面气源,机上辅助动力装置的引气和已起动的发动机的引气),因此它不单独起动。

2. 点火系统

点火系统首先保证在发动机起动过程中点火,包括地面起动和空中起动;其次,在起飞、着陆和遇到恶劣天气等情况下,提供连续点火,以防止发动机熄火。

(1) 点火系统组成及功用

点火系统包括三个主要部件(点火激励器、点火导线、点火电嘴)及相应的冷却系统。点火激励器把输入的低压电转换成高压电,通过点火导线送到点火电嘴。点火电嘴安装在燃烧室内,电嘴放电产生电火花,点燃燃烧室内的油气混合物。点火电嘴按能量分类,常见的有低能量和高能量两种:高能量一般为 10～20 J,低能量一般为 3～6 J。

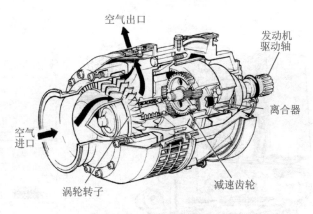

图 4 – 84　空气涡轮起动机

通常发动机上装有两套点火系统,每套点火系统都包含有自己的点火激励器、点火电嘴和点火导线。两套点火系统可单独工作,也可共同工作。两个点火电嘴分别装在燃烧室的 4 点钟和 8 点钟位置。从点火激励器到点火电嘴之间的高压导线有金属屏蔽编织网,起防干扰作用。空中起动时,为了保证成功,通常两套点火系统都工作。

涡轮发动机点火系统与活塞发动机点火系统不同,其具有如下特点:

涡轮发动机点火系统只在起动点火的过程中工作,只要在燃烧室中形成稳定的点火火源,点火系统就停止工作,而不像活塞发动机那样,在发动机的整个工作过程中都工作;采用高能点火系统,这是因为燃气涡轮发动机的点火条件差,即点火时的气流速度高,特别是在空中点火时,不但气流速度高,而且温度低,压力低,点火条件更差;点火系统对发动机的性能没有影响。

(2) 点火激励器

点火系统使用的是飞机供电系统的电源,由起动点火系统电路控制,其中有一个是从飞机应急电源系统供电。电能被储存在点火激励器的储能电容中,直到达到非常高的预定电压值,该能量便以高电压、高电流放电形式通过点火电嘴释放出来,产生火花。也就是说,点火激励器是把低压电转换成高压电,而高压点火导线是将高压电从点火激励器传送到点火电嘴。根据使用电源的不同,点火激励器分为直流点火激励器和交流点火激励器两种。

1) 低压直流点火激励器

图 4 – 85 所示为低压直流断续器式点火激励器。该点火装置由断续器机构、感应线圈、高压整流器、储能电容器、扼流线圈、放电间隙、放电电阻和安全电阻等组成。

低压直流电经过断续器机构和感应线圈的共同工作后变为脉动高压电,再经高压整流器给储能电容器充电。当储能电容器中的电压达到密封放电间隙的击穿值时,点火电嘴端面即发生放电,产生电火花。装置中的扼流线圈能延长放电时间,放电电阻用于限制储能电容器的最大储能值,并保证储能电容器中储存的电能在系统断开 1 min 内被完全释放。安全电阻则用来保证在高压导线断开或绝缘的情况下也能安全工作。

2) 高压交流点火激励器

图 4 – 86 所示是高压交流点火激励器,它由变压器、储能电容器、放电间隙、扼流线圈、放电电阻和安全电阻等组成。

高压交流点火激励器输入的是 115 V 400 Hz 的交流电。低压交流电经过变压器变为高

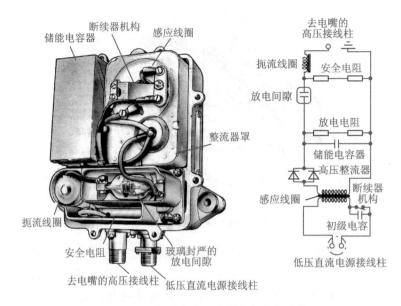

图 4-85　低压直流断续器式点火激励器

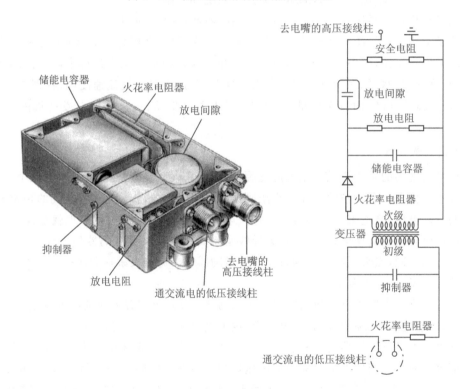

图 4-86　高压交流点火激励器

压交流电,再经高压整流器给储能电容器充电。当储能电容器中的电压升高到密封放电间隙的击穿值时,点火电嘴端面即发生放电,产生电火花。同直流点火激励器一样,在交流点火激励器中也装有放电电阻和安全电阻。

　　飞机发动机常用的点火激励器为复合式点火激励器,该点火激励器具有双电源输入和双能量输出功能,既能输出高能量,又能输出低能量。通常地面起动、空中起动时用高能量;为防止熄火而连续点火时,用低能量。通常输入电源有两个:28 V 或 24 V 直流和 115 V 400 Hz 交流,相应的输出对应为高能量和低能量,即一个点火激励器内有两套系统。

(3) 点火电嘴

点火电嘴的功用是产生电火花点燃混合气。涡轮发动机上用的点火电嘴主要有收缩或约束空气间隙式和分路表面放电式。

图 4 - 87(a)所示为空气间隙式点火电嘴。在中央电极和接地极之间是绝缘材料,这样的电嘴要产生电火花必须击穿中央电极与接地极(电嘴壳体)之间的间隙,即此种电嘴是借强电场使此间隙的空气电离而导通的。要击穿这个间隙,需要的电压很高,一般在 25 000 V 左右,这种电嘴也叫高压点火电嘴,要求整个高压系统的绝缘性要好。

图 4 - 87(b)所示为分路表面放电式点火电嘴。在电嘴端部中央电极和壳体(接地极)之间是一种半导体材料。点火激励器产生的高压电经中央电极、半导体到接地极进行放电,放电是沿半导体表面进行的。当给电嘴两极加电压后,因为半导体表面载流子多,电阻小,所以会在半导体表面产生较大的电流,此电流使电嘴表面发热,发热又使半导体表面电阻率下降,电流增加,表面温度不断升高,当半导体表面电流达到一定值后将产生热游离现象,从而在中央电极和接地极之间,沿半导体表面产生电弧而放电。这种放电不是击穿电极间空气间隙实现的,而是通过在半导体表面材料蒸气电离中形成电弧放电来实现的。因此,这种电嘴所加电压要足够高,一般在 2 000 V 左右,以保证产生的热量要大于因辐射、对流、传导而失去的能量,这种电嘴也叫低压点火电嘴。

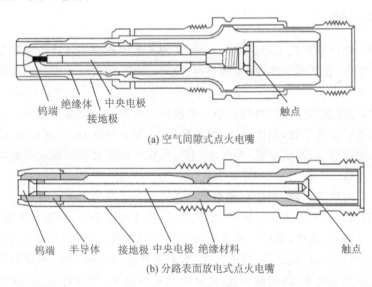

(a) 空气间隙式点火电嘴

(b) 分路表面放电式点火电嘴

图 4 - 87　点火电嘴

3. 发动机在不同季节的起动

在严寒季节里,由于大气温度很低,燃油的粘度增大,挥发性不好,雾化和汽化的质量也变差,因而在燃烧室内产生火源和形成稳定火焰的条件都变差了。一般来说,大气温度降低到 -30 ℃时,起动点火装置尚能产生稳定的火源。但是,燃油系统喷出的燃油所形成的混合气,被火源点燃和形成稳定火焰所需的时间却随着大气温度的降低而增长。这会使涡轮参加工作的时间推迟,起动过程所需时间增长。同时,由于大气温度降低,大气密度增大,发动机的空气流量增大,压气机功率随之增大。在起动机发出的功率不变的条件下,起动过程第一、二阶段的剩余功率将会减小,这又会进一步使起动过程所需时间增长。对于起动机工作受到限制的发动机来说,起动的可靠程度随着大气温度的降低而变差。压气机功率与大气温度有一定的比例关系,因为在转速不变时,压气机功率基本上随大气密度成正比变化;而当大气压力不变时,大气密度随大气温度成反比变化。所以,压气机功率随大气温度成反比变化。如以 P_c、ρ 和 P'_c、ρ' 分别表示大气温度为 T 和 T' 时的压气机功率和大气密度,则

$$\frac{P'_c}{P_c} \approx \frac{\rho'}{\rho} = \frac{T}{T'} \tag{4-25}$$

假设大气温度从 $+15\ ℃$ 降低到 $-40\ ℃$,则根据上式可算出压气机功率约增长 24%。

在低温条件下起动时,为了便于形成混合气以及缩短形成稳定火焰的时间,使发动机能够顺利地起动,在燃油系统开始供油时,可以使混合气稍富油一些。这样燃油蒸气分子增加,便于形成混合气而被火源点燃。富油混合气燃烧后,温度较高,也有利于形成稳定的火焰。当温度特别低时,例如在 $-40\ ℃$ 以下,最好先对起动点火装置和发动机进行加温,然后再起动。

在炎热季节里,大气温度较高,一般来说,发动机比较容易起动。但是,大气温度升高时,大气密度减小,会使流过发动机的空气流量减少,容易造成混合气过分富油,燃气温度过高。此外,某些发动机在大气温度较高时(如 $+30\ ℃$ 以上)再次起动,由于燃烧室温度较高,进入燃烧室的空气受热,密度减小,易造成过分富油,不能被电火花点燃,发动机就起动不起来。因此,大气温度较高时,发动机停车后,应对发动机进行充分的冷却,以利于发动机再次起动起来。

4.3.9　滑油系统

滑油系统的主要任务是把一定压力、一定温度而又洁净的滑油送到需要润滑的地方,以保证发动机能正常工作,包括减少摩擦、降低磨损、冷却、清洁、防腐等。滑油还是螺旋桨调速器、测扭泵的工作介质。

选择滑油时,要注意其性能参数的大小。滑油流动的阻力由滑油粘度表示。滑油流动慢,说明粘度大。粘度随温度变化,温度过低,滑油粘度大,流动性变差,造成润滑、冷却、散热效果不良,起动困难;温度过高,滑油变稀,粘度小,不能形成一定厚度的油膜或者油膜可能被破坏,使润滑、冷却、散热效果不良。

滑油系统一般由供油系统、回油系统和通风系统三个子系统组成。其中,供油系统把一定压力、一定量的滑油送到需要润滑的区域,如轴承腔、附件齿轮箱等;回油系统把润滑后的滑油尽可能快地送回滑油箱,这样,既可以充分利用油箱中的滑油,又可以减少滑油在轴承腔等部位的停留时间,从而减少滑油接触高温的时间,有利于保持滑油的性能;通风系统将轴承腔、滑油箱和附件齿轮箱相互连通,以消除压差,提高滑油喷射效率,并将各收油池的滑油蒸气收集到一起,进行油气分离,分离出的气体通到机外。

滑油系统部件包括滑油箱、滑油泵、滑油滤、磁屑探测器、滑油散热器、油气分离器等,图 4-88 所示为滑油系统的主要组成部件。

滑油箱通常安装在发动机上,有独立外部油箱的滑油系统称为干槽式,如图 4-89 所示。如果滑油在发动机内集油槽或集油池中,则称为湿槽式。现在燃气涡轮发动机绝大部分是干槽式。滑油箱加油可以是重力式或压力式加油。滑油箱一般留有 10% 容量的膨胀空间。滑油箱应有传感器用来测量油箱滑油量,并在监控平台上指示。滑油箱中有油气分离器,将滑油回油中的气体分离,滑油继续循环使用,如图 4-90 所示。有的滑油箱有防虹吸部件,防止停

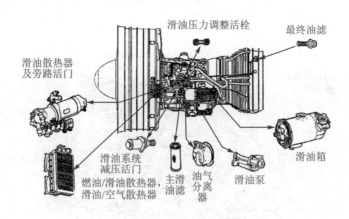

图 4-88　滑油系统的主要组成部件

车后滑油箱中的油通过供油管流到系统中的最低点。

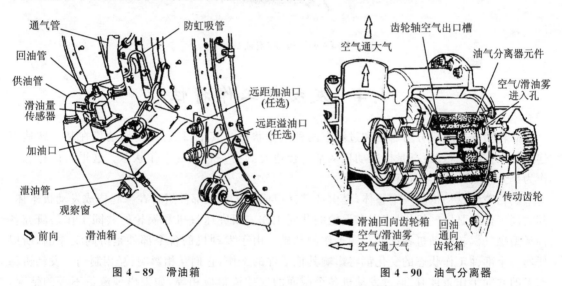

图 4-89　滑油箱　　　　　　　　　　图 4-90　油气分离器

　　滑油泵对于发动机能否有效工作极为重要。齿轮泵是最常用的供油泵和回油泵,也有发动机使用旋板泵和摆线泵。由于滑油回油温度高,并且含有大量气泡,回油系统的能力至少是供油系统的两倍以上,所以如果供油泵是 1 个,则回油泵必须有 3 个或 4 个。供油泵和回油泵常位于润滑组件中,装在附件齿轮箱上。

　　滑油需要循环使用,但必须将滑油的热量散掉,这就是燃油/滑油散热器(见图 4-91)的任务,也有使用空气/滑油散热器的。空气/滑油冷却器可以作为散掉滑油过多热量的第二冷却器。空气/滑油冷却器通常用于涡轮螺旋桨发动机,因为燃油热量相对低,需要从发动机散掉的滑油热量相对高。

　　磁屑探测器装在回油路上,探测金属粒子,判断发动机内部机件的工作状态,主要是判断轴承和齿轮的磨损情况。其内部的永久磁铁和滤网吸附含铁及不含铁的粒子、碎块。磁屑探测器应定期拆下检查,在高倍放大镜下观察分析。

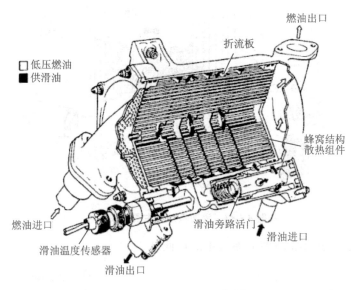

图 4 - 91　燃油/滑油散热器

4.4　发动机工作特性

涡轮喷气发动机分为稳态和过渡态两种工作状态。其中,稳态是指发动机在某一转速下连续的工作状态,过渡态是指发动机从某一转速变到另一转速的工作状态。这里只以稳态工作为例介绍其共同工作过程。

涡轮喷气发动机是一个整体,是由各部件组成的。几大部件组合在一起构成发动机本体,其共同工作就是压气机、燃烧室和涡轮的共同工作。研究压气机和涡轮的共同工作是研究各种类型燃气涡轮发动机各部件共同工作的基础。由于发动机的各个部件是协同工作的,所以任何一个部件工作状态的变化都将影响其他部件的工作,它们互相影响、互相制约。发动机稳态下的共同工作条件有:通过发动机各个截面的气体流量应相等,如果出现流量不等的情况,就必然通过气流压力或流量本身的改变来影响相邻部件的工作;当发动机在稳定状态下工作时,涡轮产生的功率与压气机消耗的功率应相等,如果出现功率不等的情况,就会使发动机转速发生变化;第三个相互制约的条件是压气机转速与涡轮转速相等。

涡轮功率与压气机功率平衡是暂时的、相对的、有条件的。当外界条件(飞行高度、速度和大气状态)发生变化或部件性能参数发生变化时,都将使涡轮功率和压气机功率发生变化,不能保持平衡。由于发动机各个部件是协同工作的,所以它们相互影响,相互制约。

同航空活塞发动机一样,一定飞行条件下,发动机推力、耗油率会随发动机油门位置发生变化,对应着发动机不同的工作状态,常用的有最大起飞工作状态、最大连续工作状态、最大巡航工作状态和慢车工作状态四种典型工作状态。

4.4.1　单轴涡轮喷气发动机工作特性

在给定的调节规律下,保持飞行状态不变,发动机推力 F 和耗油率 sfc 随着油门位置或发动机转速 n 的变化关系称为发动机的油门特性,也叫转速特性或节流特性。保持发动机转速不变,发动机推力 F 和耗油率 sfc 随着飞行状态的变化关系称为发动机的飞行特性。发动机的飞行特性包括速度特性和高度特性。

1. 转速特性

图 4－92 所示为典型单轴涡轮喷气发动机地面试车台上的转速特性,图中给出了不同大气温度和大气压力下的转速特性,图中发动机推力 F、耗油率 sfc 和发动机转速 n 均取相对值 $\overline{F}$、$\overline{\text{sfc}}$、$\overline{n}$。由图 4－92 可以看出,当发动机转速下降时,发动机的推力急剧下降,发动机的耗油率起先略有下降,在到达最小值后,随发动机转速的下降而增大。

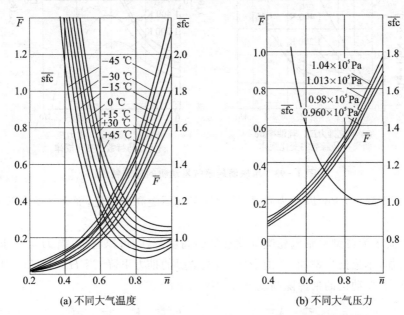

(a) 不同大气温度　　　　　　　　　(b) 不同大气压力

图 4－92　单轴涡轮喷气发动机地面试车台上的转速特性

大气温度上升,空气密度减小,在同样的转速下,流过发动机的空气流量减小,压气机增压比下降,使发动机推力减小,耗油率增加,大气压力上升,造成流量和各截面的总压增加,推力增加,但耗油率不受影响。

2. 速度特性

图 4－93 所示为典型单轴涡轮喷气发动机的速度特性,图中给出了涡轮前温度 T_3^* 为 1 600 K、1 400 K、1 200 K 三种不同数值的速度特性,可以看出:

① 随着飞行马赫数的增大,单位推力 F_s 不断减小。当飞行马赫数增大至某一数值时,单位推力降为零。例如,当 T_3^* 为 1 400 K、飞行马赫数为 3.5 时,单位推力降为零。

② 随着飞行马赫数的增大,空气流量 q_m 不断增大。在亚声速范围内增加较慢,而在超声速范围内增加较快。

③ 随着飞行马赫数的增大,发动机的推力 F 起初略为下降或增加得很缓慢,随后迅速增大,达到某一最大值后,推力随马赫数的增大而减小。最后,发动机的推力下降为零。

④ 随着飞行马赫数的增大,耗油率 sfc 不断增加,至某一飞行马赫数后,急剧加大。

很显然,涡轮前温度对单轴涡轮喷气发动机的速度特性是有影响的。提高涡轮前温度对于高马赫数下的涡轮喷气发动机性能是有利的,这是因为提高涡轮前燃气温度,高马赫数下的涡轮喷气发动机推力增大,且耗油率减小。

3. 高度特性

当飞行高度改变时,大气压力、大气温度都随着变化,在 11 km 以下,高度增加时,大气压

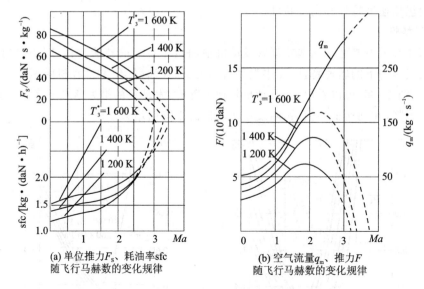

(a) 单位推力F_s、耗油率sfc　　　　(b) 空气流量q_m、推力F
　　随飞行马赫数的变化规律　　　　　　随飞行马赫数的变化规律

图 4 - 93　单轴涡轮喷气发动机的速度特性

力、大气温度都下降；11 km 以上为同温层，大气温度不随高度变化，而大气压力随高度增加继续下降。

　　图 4 - 94 所示为典型单轴涡轮喷气发动机的高度特性，可以看出：当 $H \leqslant 11$ km 时，随着飞行高度的增加，单位推力增加，耗油率下降，发动机的推力下降；当 $H > 11$ km 时，单位推力和耗油率都不变，发动机的推力随高度增加而继续下降。

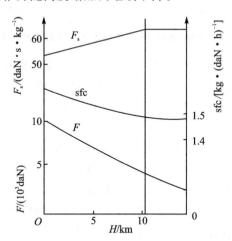

图 4 - 94　单轴涡轮喷气发动机的高度特性

4.4.2　双轴涡轮喷气发动机工作特性

　　双轴涡轮喷气发动机的低压涡轮驱动低压压气机，高压涡轮驱动高压压气机，并分别组成低压转子和高压转子，它们在各自的转速下工作。两个转子会随着各自负荷的变化自动地调整其转速。

　　双轴涡喷发动机实际上是把一台高增压比的压气机分为两台低增压比的压气机，因此高压转子的共同工作条件与单轴涡喷发动机中压气机和涡轮的共同工作条件一样，即转速一致、流量连续和功率平衡。

1. 转速特性

在任意工作状态下,双轴涡轮喷气发动机两
个转子的转速互不相同,但两者之间有着对应的
关系。例如,当某型发动机低压转子转速相对值
为 0.8 时,高压转子转速相对值为 0.9。由于两个
转子之间有这样一个单值的关系,所以通过研究
双轴发动机的推力和耗油率随任一个转子转速的
变化,就可以得到双轴涡轮喷气发动机的转速特
性,如图 4-95 所示。

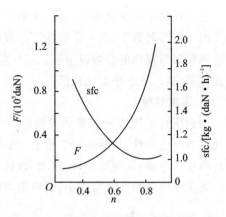

图 4-95　双轴涡轮喷气发动机的转速特性

从图 4-95 中可以看出,双轴涡喷发动机转
速特性的变化规律与一般单轴涡喷发动机基本相
同。在中低转速下双轴涡喷发动机的压气机效率
比单轴涡喷发动机的高,因而双轴发动机具有较
低的涡轮前燃气温度。

由于双轴涡轮喷气发动机在中等转速以下涡轮前燃气温度较低,而且压气机效率较高,所
以,与设计参数相同的单轴涡轮喷气发动机相比,它的耗油率 sfc 在较宽广的工作范围内比单
轴涡轮喷气发动机的低。这是双轴涡轮喷气发动机转速特性的重要特点。

2. 速度特性

双轴涡轮喷气发动机的速度特性也与发动机的调节规律有关。图 4-96 所示为飞行高度
为 6 km 时三种不同调节规律下的速度特性,从图中可以看出,改变调节规律并不影响速度特
性的趋势。

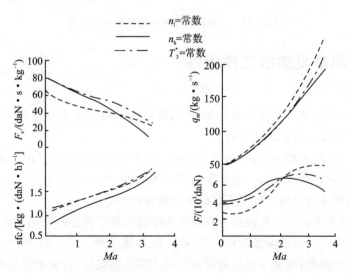

图 4-96　双轴涡轮喷气发动机在三种不同调节规律下的速度特性

综合单位推力和空气流量的变化规律可以看出,采用低压转子转速 n_l＝常数调节规律
时,在高飞行马赫数下推力较大,而在低飞行马赫数下的推力较低。显然,对于要求在高飞行
马赫数下推力性能好的发动机,采用这种调节规律比较合适。而采用高压转子转速 n_h＝常数
调节规律时,情况刚好相反,推力在低飞行马赫数时较高,在高飞行马赫数时较低。当采用涡

轮前温度 $T_3^* =$ 常数时,单位推力将高于上述两种调节规律,空气流量和推力的变化介于上述两种调节规律之间。

至于耗油率的变化规律,$n_h =$ 常数和 $T_3^* =$ 常数这两种调节规律基本上相同。这是因为在高的飞行马赫数下,$n_h =$ 常数的 T_3^* 较高,两者对耗油率的影响大体相同。在低飞行马赫数下这两种调节规律的参数很接近。$n_1 =$ 常数调节规律在大部分飞行马赫数下的 T_3^* 较低,增压比较高,所以耗油率也比较低。

3. 高度特性

用低压转子转速 $n_1 =$ 常数和高压转子转速 $n_h =$ 常数两种调节规律来说明双轴涡轮喷气发动机的高度特性,如图 4 - 97 所示。由图 4 - 97 可以看出,当飞行高度小于 11 km 时,随着飞行高度的增加,温度减小,转速增大,这种调节规律下的转速和涡轮前燃气温度 T_3^* 都要减小。更主要的是大气密度减小,所以推力随飞行高度的升高而减小。

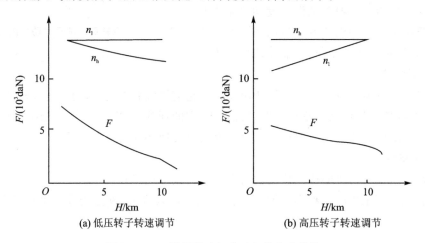

图 4 - 97　双轴涡轮喷气发动机的高度特性

4.4.3　涡轮风扇发动机工作特性

1. 转速特性

在飞行速度和飞行高度保持不变的条件下,涡扇发动机的推力和耗油率随发动机转速的变化规律,称为涡扇发动机的转速特性。

双转子涡扇发动机有高、低两个转子,供油量按照哪个转子的需要进行调节,就以该转子的转速作为研究转速特性的基础。通常涡扇发动机的供油量都是按照高压转子的转速进行调节的,故这里所说的发动机转速就是高压转子的转速。

图 4 - 98 所示为涡扇发动机的推力和耗油率随高压转子转速的变化关系。

分析图 4 - 98 可知:同涡喷发动机一样,推力随转速的增大而一直增大,但接近最大转速时,推力增长得越来越慢;耗油率起初随转速的增大降低得较快,后来下降缓慢,到接近最大转速时有所增加,其增加的程度比涡喷发动机稍大一些。

2. 高度特性

在飞行速度和发动机转速保持不变的条件下,涡扇发动机的推力和燃油消耗率随飞行高度的变化规律,称为涡扇发动机的高度特性。在讨论涡扇发动机的高度特性时,假设涡轮前燃气温度 T_3^* 保持不变。

图 4 - 99 所示为涡扇发动机的相对推力 $\overline{F}$ 和相对耗油率 $\overline{\text{sfc}}$ 随高度变化的特性，在图上也表示了相同参数的涡喷发动机的高度特性曲线，两者的变化规律一样，只是快慢略有不同。

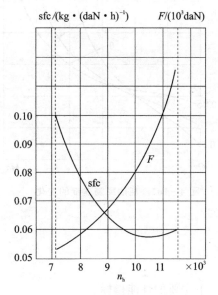

图 4 - 98　涡扇发动机的转速特性

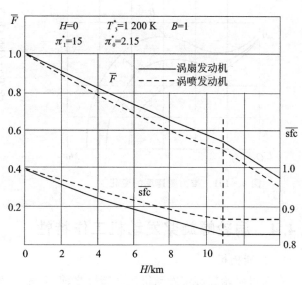

图 4 - 99　涡扇发动机的高度特性

当飞行高度增大时，空气密度减小，发动机的空气流量一直减少。在 11 km 以下，当飞行高度升高时，大气温度降低，风扇增压比和内涵压气机增压比增加，使单位推力增大，涵道比减小；在 11 km 以上，大气温度保持不变，单位推力和涵道比保持不变。在上述影响推力的三个因素中，空气流量一直占主导地位，所以，随飞行高度的升高，推力一直减小。

耗油率随飞行高度的变化规律为，在 11 km 以下时，随着飞行高度的增加，增压比和加热比将增加，使发动机总效率上升，因而耗油率下降；在 11 km 以上时，由于随着高度的增加，大气温度保持不变，所以单位推力和涵道比均保持不变，耗油率也就保持不变。

3．速度特性

在飞行高度和发动机转速保持不变的条件下，涡扇发动机推力和耗油率随飞行速度的变化规律，称为涡扇发动机的速度特性。

在讨论涡扇发动机的速度特性时，假设涡轮前燃气温度保持不变。随飞行速度的增大单位推力下降，涵道比增大，空气流量增多，如图 4 - 100 所示，但涵道比和空气流量增多的程度不如单位推力下降的程度大，所以随飞行速度的增加推力将减小，特别是高涵道比的涡扇发动机，发动机的推力随飞行速度的增加推力一直是减小的，涵道比越大，推力下降得越快，如图 4 - 101 所示。

耗油率随着飞行速度的增加而增加，低涵道比发动机耗油率上升得较慢，高涵道比发动机耗油率上升得较快，如图 4 - 102 所示。

从上述分析可以看出，涡扇发动机，特别是高涵道比的涡扇发动机，由于其速度特性不好，因此不适宜作为高速飞行无人机的动力装置。

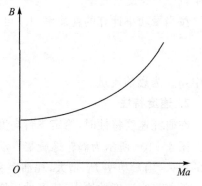

图 4 - 100　涵道比随速度的变化

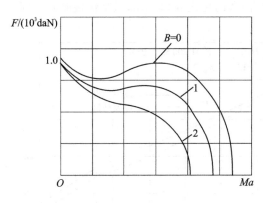

图 4-101　推力随速度的变化

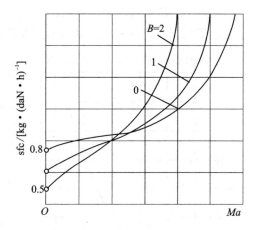

图 4-102　耗油率随速度的变化

4.4.4　涡轮螺旋桨发动机工作特性

1. 性能指标

在探讨涡轮螺旋桨发动机工作特性之前,首先介绍一下主要的性能指标。

螺旋桨轴功率 P_{pr} 可表示为

$$P_{pr} = \frac{q_{ma} W_{pr}}{735.5} \tag{4-26}$$

式中:q_{ma} 为空气流量;W_{pr} 为每千克空气产生的螺旋桨功。

按轴功率计算的耗油率 sfc_{pr} 为

$$sfc_{pr} = \frac{3\ 600 \cdot q_{mf}}{P_{pr}} \tag{4-27}$$

燃气喷射产生的反作用推力 F 可表示为

$$F = q_{ma}(V_5 - V_0) \tag{4-28}$$

假设涡轮螺旋桨发动机的全部推进功率都是由螺旋桨产生的,相当于产生全部推进功率的螺旋桨功率称为当量功率,用 P_e 表示,即

$$P_e = \frac{q_{ma}}{735.5}\left[W_{pr} + \frac{(V_5 - V_0)V_0}{\eta_{pr}}\right] \tag{4-29}$$

式中:η_{pr} 为螺旋桨效率。

按当量功率计算的耗油率 sfc_e 可表示为

$$sfc_e = \frac{3\ 600 \cdot q_{mf}}{P_e} \tag{4-30}$$

式中:q_{mf} 为燃油流量。

2. 速度特性

在研究速度特性时,给定飞行高度,并假定调节规律为 $n = n_{max} =$ 常数和 $T_3^* = T_{3max}^* =$ 常数。图 4-103 所示为涡轮螺旋桨发动机的速度特性。从图 4-103 中可以看出,随着飞行速度的增大,当量功率 P_e 增大,耗油率 sfc 降低。

随着飞行速度的增大,速度冲压增大,发动机的总增压比增大,气流在涡轮中的总膨胀比也增大,在涡轮前燃气温度 T_3^* 不变的条件下,涡轮的膨胀功增大,传给螺旋桨轴的功也加大。

同时,流过发动机的空气流量也是增大的。因此,螺旋桨功率随飞行速度的增加而增大。

随着飞行速度的增大,喷管出口气流喷射速度 V_5 也加大,但比飞行速度增加得慢,出口气流喷射速度 V_5 与飞行速度 V_0 之差是减小的,排气推力随着飞行速度的增大而减小。因此,随着飞行速度 V_0 的增大,当量功率 P_e 增大,但比螺旋桨轴功率 P_{pr} 增加得慢。

随着飞行速度的增大,耗油率是减小的,但这并不意味着飞行速度越大,采用涡轮螺旋桨发动机越有利。根据螺旋桨功率和螺旋桨拉力之间的关系:

$$\eta_{pr} P_{pr} = F_p V_0 \tag{4-31}$$

可以看出,随着飞行速度 V_0 的增大,η_{pr} 下降,螺旋桨拉力将迅速下降。

3. 高度特性

在研究高度特性时,给定飞行速度,调节规律仍为 $n = n_{max} =$ 常数和 $T_3^* = T_{3max}^* =$ 常数。图 4 - 104 所示为涡轮螺旋桨发动机性能指标的相对值随高度变化的工作特性。表 4 - 3 所列为功和耗油率与高度的关系。

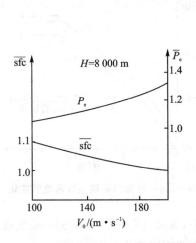 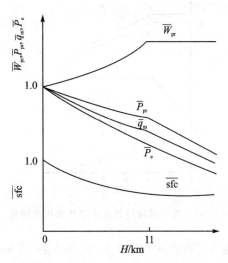

图 4 - 103　涡轮螺旋桨发动机的速度特性　　图 4 - 104　涡轮螺旋桨发动机的高度特性

表 4 - 3　功和耗油率与高度的关系

H/km	功	耗油率
$H \leqslant 11$	随着飞行高度的增加,大气温度下降,压气机的增压比增大,涡轮膨胀比也增大,在 T_3^* 一定时,涡轮功 W_t 和涡轮桨功 W_{pr} 都增大。但由于大气压力下降,通过发动机的空气流量减小,螺旋桨功率 P_{pr} 随飞行高度的增加而下降,但比空气流量下降得慢	由于大气温度随飞行高度的增加而下降,总增压比增大,燃烧室中的加热比 T_3^*/T_0^* 也增大,燃气发生器中热的利用程度改善,所以耗油率随飞行高度的增加而下降
$H > 11$	随着飞行高度的增加,大气温度不变,如果不考虑雷诺数变化的影响,则涡轮桨功 W_{pr} 不变,P_{pr} 和空气流量以同样的速度下降	如果不考虑雷诺数变化的影响,则耗油率不随着飞行高度的增加而变化

从涡轮螺旋桨发动机的高度特性可以看出,随着高度的增加,螺旋桨的轴功率和当量功率都是下降的。若按高空飞行的功率要求,则在地面工作时发动机的功率将会大得多。现在的问题是,发动机的结构强度设计是按高空飞行所需的功率还是按地面大得多的功率进行设计。

若按地面大得多的功率来设计发动机,则在高空工作时,它的强度就太富裕。由于涡轮螺旋桨发动机减速器的传动比大,所以它的重量大约相当于涡轮转子的重量。为了减轻发动机的重量,大部分使用中的涡轮螺旋桨发动机都是按某一高度的空中飞行功率进行结构强度设计的。在这一高度以下,用降低燃气发生器转速或涡轮前燃气温度的方法,使螺旋桨轴上的功率不超过最大允许值。这种按高空功率进行结构强度设计的涡轮螺旋桨发动机称为高空涡轮螺旋桨发动机。

图 4 - 105 所示为高空涡轮螺旋桨发动机的高度特性。这一发动机的设计高度为 3.8 km,在飞行高度从 0 增大到 3.8 km 的过程中,在周围大气压力降低的同时使涡轮前燃气温度 T_3^* 升高(在地面状态下,涡轮前燃气温度 T_3^* 不处于最大值),以便使 P_{pr} 和 P_e 近似地保持不变。在这过程中单位功率 $P_{e,s}$ 不仅随周围大气温度的降低而增加,而且还随涡轮前燃气温度 T_3^* 的升高而增加,如图 4 - 106 所示。

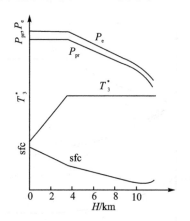

图 4 - 105　高空涡轮螺旋桨发动机的高度特性

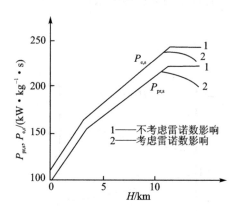

图 4 - 106　单位功率随飞行高度的变化

在飞行高度从 $H = 3.8$ km 增大到 11 km 的过程中,保持 $T_3^* =$ 常数,这是一般情况下的高度特性,单位功率随高度的增加而增加,功率随高度的增加而减小。

当飞行高度大于 11 km 时,由于雷诺数减小使压气机和涡轮的效率降低,所以单位功率随高度的升高而降低,如图 4 - 106 中的曲线 2 所示。功率随高度的增加下降得更快。

雷诺数对涡轮螺旋桨发动机特性的影响比对涡轮喷气发动机的影响更大,因为涡轮螺旋桨发动机比涡轮喷气发动机多一个动力涡轮,涡轮焓降大,受雷诺数影响更为严重。

耗油率随高度的增加是降低的。在 $H = 0 \sim 3.8$ km 范围内,由于 T_3^* 随高度增加,故耗油率随高度下降得较快。当 $H > 3.8$ km 时,由于保持 $T_3^* =$ 常数,耗油率下降得较慢,在高空,由于雷诺数的减小和燃烧室的完全燃烧系数减小,故耗油率将有所增大。

4. 油门特性

图 4 - 107 所示为目前常用的具有单轴式燃气发生器的分轴式涡轮螺旋桨发动机的油门特性。

从图 4 - 107 中可以看出,随着油门的减小,燃气发生器的转速下降,发动机功率迅速下降,耗油率急剧上升。

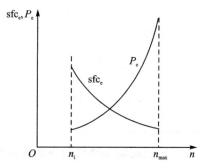

图 4 - 107　具有单轴式燃气发生器的分轴式涡轮螺旋桨发动机的油门特性

4.4.5　涡轮轴发动机工作特性

1. 转速特性

在保持飞行高度和飞行速度不变的条件下,发动机的功率和耗油率随燃气发生器转速的变化规律叫作发动机的转速特性,又叫作节流特性。

涡轴发动机的转速特性如图 4-108 所示,可以看出:功率随转速的增大而增大,而且转速越大,功率随转速增大而增长得越快,耗油率随转速的增大而减小。

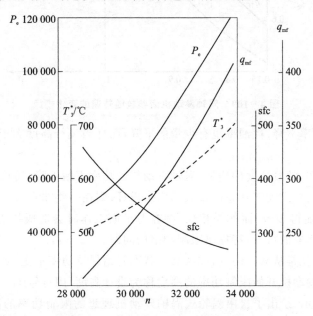

图 4-108　涡轴发动机的转速特性

影响涡轴发动机功率的因素是空气流量 q_m 和单位流量功率 P_s。随着转速的增大,通过发动机的空气流量 q_m 近似成正比增加;而单位流量功率 P_s 取决于压气机的增压比 π_c^*、涡轮前燃气总温 T_3^*、压气机效率 η_c^*、涡轮效率 η_T^* 和自由涡轮与排气管的组合效率 η_{Tf}^* 等。图 4-109 所示为压气机的上述参数相对值随转速的变化规律,可以看出,在转速从慢车转速增大到最大转速的过程中,压气机增压比 π_c^* 一直增大;涡轮前燃气总温 T_3^* 先降低,后又升高;压气机效率 η_c^* 和自由涡轮与排气管的组合效率 η_{Tf}^* 提高,但接近最大转速时又降低;涡轮效率 η_T^* 先增大,后保持不变。

耗油率的变化主要取决于增压比和涡轮前燃气总温的变化。由于目前涡轴发动机的增压比一般都低于最经济增压比,因此,当发动机转速由低变高时,增压比不断提高,向最经济增压比靠近,使发动机的经济性得到改善,同时,涡轮前燃气总温升高,各种效率增大,也使发动机的经济性得到改善。所有这些影响的结果都使耗油率随发动机转速的增大而下降,但是,当转速超过设计值时,由于压气机效率和自由涡轮与排气管的组合效率随转速的增大而降低,对经济性起不利的影响,使耗油率降低变得缓慢。

2. 高度特性

在给定的发动机工作状态和选定的调节规律下,保持发动机的的转速和飞行速度不变时,发动机的功率和耗油率随飞行高度的变化规律为涡轴发动机的高度特性,如图 4-110 所示。

假设调节规律 $n=$ 常数,$T_3^*=$ 常数,气流在喷管中完全膨胀。分析图 4-110 可知,随着

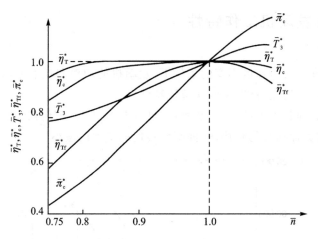

图 4-109　涡轴发动机诸参数随转速的变化规律

飞行高度的增加,功率下降,耗油率也有少量的下降,而且当飞行高度大于 4 km 后,其下降量就变得缓慢起来。

从高度特性可知,随着高度的增加,涡轴发动机的功率不断下降;而从强度观点来看,若发动机的结构以海平面标准大气状态的最大功率来设计,则在一些非设计状态下工作时,发动机结构质量和尺寸会显得多余,而如果相反,则在海平面工作时会造成扭矩过大,超过允许值。为减轻发动机和减速器的重量,特提出限制功率的问题。

所谓功率限制,就是从某一高度,或从某一状态开始保持功率不变,防止功率、转速等参数超过最大允许值。发动机开始限制功率的高度称为设计高度,用符号 H_d 表示。

如图 4-111 所示,绘出了自由涡轮式涡轴发动机理想的限制功率的高度特性曲线,从海平面到设计高度,发动机的输出功率保持不变,在设计高度以下,为了使发动机的扭矩不超过最大允许值,让发动机的输出功率保持不变,可通过改变涡轮前燃气总温,或改变发动机的转速来实现。按这样的设计高度来设计发动机可以使发动机的重量、减速器的重量比以海平面为设计点的有所减小。

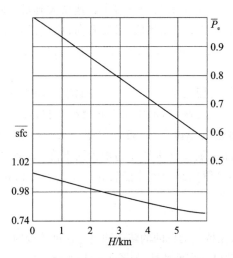

图 4-110　涡轴发动机的高度特性

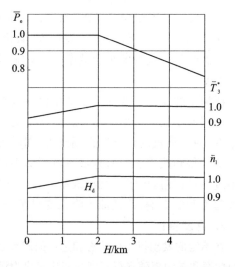

图 4-111　限制功率的涡轴发动机的高度特性

图 4-112 所示为某涡轴发动机在温度 T_0 为 5 ℃以下时对功率的限制,即保持功率不变,这是通过降低涡轮前燃气总温或降低燃气发生器的转速来实现的。

3. 速度特性

在给定发动机工作状态和选定的调节规律下,保持发动机的转速和飞行高度不变时,发动机功率和耗油率随飞行速度的变化规律为发动机的速度特性,如图 4-113 所示。

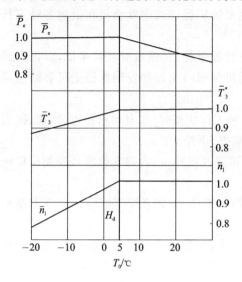

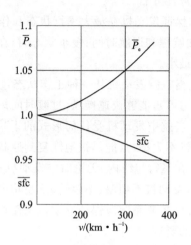

图 4-112　一定温度下的功率限制　　　　　图 4-113　涡轴发动机的速度特性

从图 4-113 可以看出,当飞行速度提高时,相对功率增大,而相对耗油率减小。因为飞行速度增大,进入发动机的空气流量变大,使功率增加,同时,发动机的总增压比变大,使单位流量功率增加,也使功率增加。发动机的总增压比变大还改善了发动机的经济性,从而使耗油率减小。

同时,当飞行速度从 0 增大到 300 km/h 时,发动机的功率增大了 5%,而耗油率减小了 3%,直升机的飞行速度超过 300 km/h 的时候是不多的,故直升机上涡轴发动机的速度特性通常不考虑。

4.5　航空发动机控制

在燃气涡轮发动机上,除进气道、压气机、燃烧室、燃气涡轮、喷管等主要部件外,航空发动机控制系统及其测量系统起着举足轻重的作用。

无人机在不同高度和速度下飞行时,在整个飞行包线内,航空发动机随着工况(如最大状态、巡航状态、加力状态、加速及减速状态等)的变化,其气动热力过程会发生很大变化。为了保持发动机的给定工作状态,或按照所要求的规律改变工作状态,必须对航空发动机进行控制。控制航空发动机的目的就是使其在任何环境和任何工作状态下都能稳定、可靠地运行,并充分发挥其性能效率。

随着无人机性能的提升,对航空发动机的控制要求也在不断提高。比起过去,现代航空发动机需要对更多的被控参数进行更加精确地控制,需要进行健康管理、系统控制、故障监视以及保证发动机性能和安全等,因此这也决定了发动机的控制系统具有复杂、多回路的工作特点。

4.5.1　航空发动机控制系统的任务

1. 航空发动机对控制的要求

① 飞行状态的变化,如滑跑、起飞、爬升、平飞、加速飞行、减速飞行、下滑、机动飞行等,将引起航空发动机工作状态和特性的很大变化,控制系统应保证航空发动机在上述各种飞行状态下正常且可靠。

② 保证发动机在最大飞行状态和作战状态下性能最优;在巡航时耗油率低,以提高经济性,增加航程和巡航时间;慢车状态时,在保证发动机加速时间短和发动机稳定可靠的前提下使推力最小。

③ 当航空发动机从一种工作状态过渡到另一种工作状态时(如发动机加速、减速、接通与切断加力等),能够快速操纵,过渡时间短,而且不喘振、不熄火。

④ 当航空发动机受任何形式的干扰作用时(如强气流冲击、武器发射等),控制应保证航空发动机不失稳,且能尽快地恢复到原状态。

⑤ 在飞行包线内,无论航空发动机在任何条件下工作,控制系统都应保证航空发动机安全工作,发动机不超温、不超转、不超功率。

总之,控制系统应保证发动机工作稳定、安全可靠,在各种工作状态下都能达到发动机控制规律的要求。

2. 航空发动机控制系统的任务

（1）燃油流量控制

根据发动机的不同状态(包括起动、加速、稳态、减速、反推等),将清洁的、无蒸气的、经过增压的、计量好的燃油供给燃烧室。在控制中要求:不能喘振、不能超温、不能超转、不能富油熄火、不能贫油熄火。这就是所谓的推力控制、过渡控制和安全限制。

① 推力控制。根据发动机的工作状态和无人机的飞行状态,计量供给燃烧室的燃油,获得所需的推力。推力控制包括转速控制、增压比控制和反推力控制。

② 过渡控制。过渡控制的目的是使发动机状态转换过程能迅速、稳定和可靠地进行。其一般包括起动、加速和减速过程的控制及压气机的防喘控制。

③ 安全限制。安全限制的目的是保证发动机安全正常的工作,防止超温、超压、超转和超功率。安全限制系统只有出现超温、超压、超转和超功率时才起作用。

发动机在地面条件下工作时受到最大转速、贫油熄火、涡轮前燃气总温的最高值及压气机喘振边界的限制,如图 4 - 114 所示。

发动机在空中飞行条件下工作时受到的限制有:高空低速时,受燃烧室高空熄火的限制,这是因为高空空气稀薄,燃油雾化质量差,难以稳定燃烧;低空高速时,受压气机超压限制。

（2）空气质量流量控制

对流经发动机的空气质量流量进行控制,以保证压气机工作的稳定性,包括采用可调静子叶片或放气活门等防止发动机喘振。

（3）涡轮间隙控制

控制高压涡轮,包括低压涡轮的转子叶片和机匣之间的间隙,以保证在各个工作状态下间隙为最佳,减少漏气损失,提高发动机性能。

（4）冷却控制

冷却控制包括：一是燃油、滑油温度的管理，保证滑油的充分散热及燃油既不结冰又不过热，根据燃油、滑油温度的情况，决定各个热交换器的工作方式；二是以最少的引气量，控制发动机部件的冷却，同时提高发动机性能。

（5）涡桨、涡轴发动机控制

涡桨、涡轴发动机控制包括螺旋桨调速器、动力涡轮转速调节器、多发动机负载匹配控制等。

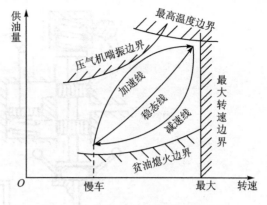

图 4-114　航空发动机安全工作范围

（6）超声速飞机控制

对超声速飞机发动机进气道和喷口面积进行控制，以保证各部件相互之间匹配工作。

4.5.2　发动机控制的基本概念

燃油控制系统根据油门位置、飞行条件和大气条件，按照预定的控制方案控制燃油质量流量。发动机的控制方案是指根据外界干扰（主要反映在飞行高度和速度的变化）或控制指令来改变可控变量，以保证发动机被控参数不变或按照预定的规律变化，从而达到控制推力的目的。控制方案也称调节规律或调节计划。

发动机控制系统的主要元件有敏感元件、放大元件、执行元件和供油元件等。

1. 闭环控制

闭环控制被控对象的输出量就是控制器的输入量；而控制器的输出量 q_{mf} 是被控对象的输入量，在结构方框图上，信号传递的途径形成一个封闭的回路，如图 4-115 所示。闭环控制系统如图 4-116 所示。

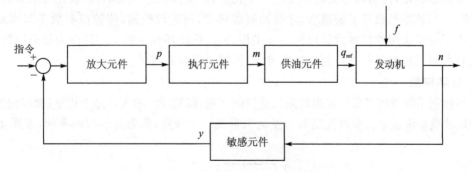

图 4-115　闭环控制系统方框图

敏感元件为离心飞重，其作用是感受发动机的实际转速；指令由飞控计算机给出，通过传动臂、齿轮、齿套等来改变调准弹簧力，确定转速的给定值；放大元件为分油活门，分油活门的位置由离心飞重的轴向力与给定指令的校准弹簧力比较后的差值决定；执行元件是随动活塞，它控制柱塞泵斜盘的角度，从而改变供油量；供油元件是燃油泵，为发动机提供燃油。

发动机稳定工作时，发动机的转速和给定值相等，分油活门处于中立位置，如图 4-116 所

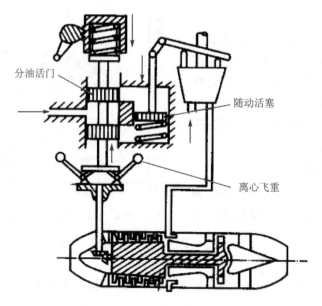

图 4 - 116　闭环控制系统

示,控制器各部分都处于相对静止状态。

当外界条件变化引起进入发动机的空气质量流量减少时,由于供油量未变,涡轮功增大,发动机的转速增加,使敏感元件离心飞重的离心力变大,作用于分油活门上的轴向力大于调准弹簧力,分油活门向上移动,将分油活门两个突肩堵住的上下两条油路打开,随动活塞的上腔与高压油路相通,下腔与回油路相通,随动活塞向下移动,柱塞泵的斜盘角变小,供油量减少,使转速恢复到给定值。

当外界条件变化引起进入发动机的空气质量流量增加时,调节过程相反。

当改变指令时,通过传动臂、齿轮、齿套等来改变调准弹簧力,改变转速给定值,控制器相应地调节供油量,将转速调到新的给定值。

应当注意的是,控制器感受的不是外界干扰量,而是直接感受发动机(被控对象)的被控参数(转速)。当被控参数有了偏离后,才被控制器感受,而进行控制,使被控参数重新恢复到给定值。由于它是按照被控参数的偏离信号工作的,故称闭环控制的工作原理为偏离原理。

闭环控制系统的特点是控制比较准确,但控制不及时有滞后。

2. 开环控制

开环控制系统被控对象的输出量是发动机的转速,控制器的输入量是干扰量;而控制器的输出量是燃油质量流量 q_{mf},所以控制器与发动机形成一个开路,称为开环控制系统,如图 4 - 117 所示。

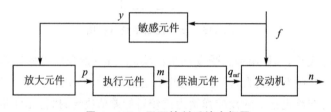

图 4 - 117　开环控制系统方框图

其中,敏感元件为膜盒,感受进气总压 p_0,进气总压是飞行高度和飞行马赫数的函数;放大元件为挡板活门,挡板通过与膜盒相连的杠杆的作用来改变其开度;执行元件为随动活塞,控制柱塞泵斜盘的角度,从而改变供油量;供油元件为柱塞泵,如图 4-118 所示。

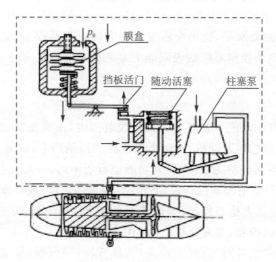

图 4-118 开环控制系统

当飞行高度增加时,进入发动机的空气质量流量减少,同时也使 P_H^* 减小,控制器和膜盒同时感受到这一干扰量的变化,于是膜盒膨胀,通过杠杆使挡板活门的开度增大,随动活塞上腔的放油量增大,使随动活塞上移,并带动柱塞泵的斜盘角变小,供油量减少与空气质量流量的减少相适应,从而保持转速不变。

在这种系统中,控制器和发动机同时感受外界的干扰量,只要干扰量发生变化,控制器就相应地改变可控变量 q_{mf},以补偿干扰量对发动机所引起的被控参数 n 的变化,从而保持被控参数不变,故称这种控制系统的控制工作原理为补偿原理。

开环控制系统控制及时,滞后较小,但由于不能感受所有的干扰量,故控制不太准确。

3. 复合控制

复合控制系统是开环和闭环控制的组合控制系统,其结构方框图如图 4-119 所示。这种控制系统兼有开环和闭环控制系统的优点,即控制及时(响应快)又准确(精度高),工作稳定,但控制器结构较复杂。

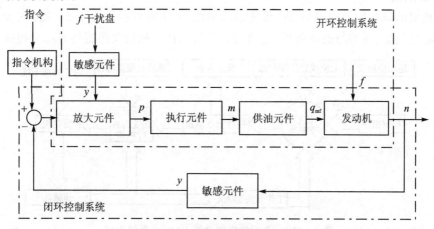

图 4-119 复合控制系统方块图

4.5.3　全权限数字式电子控制系统

全权限(全功能)数字式电子控制(Full Authority Digital Electrical Control,FADEC)是航空发动机控制发展的最新水平,也是今后发展的方向。所谓权限,就是指直接行动的能力,FADEC 是利用数字式电子控制系统的极限能力来完成系统所规定的全部任务。

1. 技术要求

(1) 功能要求

FADEC 系统所具有的功能是在整个飞行包线范围内,在确保发动机安全工作的前提下,尽可能实现无操作限制地控制发动机,产生所需的推力或轴功率,以满足飞行要求。

FADEC 系统对于不同类型的发动机,其功能也有所不同,一般具有的主要功能如下:

① 控制功能:地面和空中起动过程控制;加速(或遭遇加速)或功率增加过程控制;稳态控制;加力接通与切断以及加力稳态控制;减速或功率减小过程控制;失速和防喘控制;矢量喷管控制;叶尖间隙控制;防冰控制;多发动机之间的协调控制等。

② 监控功能:最小供油量限制;最大转速(或换算转速)限制;最高温度限制;压气机出口总压限制;输出功率限制;燃油、滑油压力监视等。

③ 其他功能:故障诊断与容错控制;运行参数记录与存储;与飞控计算机、火控计算机、地面检测仪的通信;与操控人员的信息交换;在多发动机飞行器中,与其他发动机控制器的信息交换;对起动机的控制及与起动机控制系统的信息交换;发动机监测数据、维护报告的输出;在分布式控制系统中,各分布节点间的相互通信等。

(2) 性能要求

对 FADEC 的性能要求包括稳态性能和动态性能要求。在整个飞行包线内,航空发动机在 FADEC 的控制下应具有良好的动态与稳定性品质,包括动态过程时间短、超调量小、由某一状态到另一状态的过渡平稳、发动机各部件负荷变化速率在允许范围内;稳态控制精度高;抗干扰能力强;具有良好的保护功能,以避免发动机出现超温、超转、超压等情况,即使受某些因素的影响,出现了工作参数超限的危险情况也能够在最短的时间内使发动机恢复至正常工况;还应具有良好的操纵性。

2. 系统组成

一个典型的航空发动机 FADEC 系统组成如图 4-120 所示。由图 4-120 可见,FADEC系统由核心控制器、供油与能源部件、电液转换装置与执行机构及传感器等部分组成。

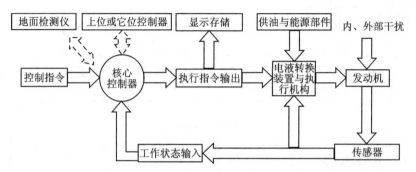

图 4-120　典型航空发动机 FADEC 系统组成

（1）核心控制器、工作状态输入及执行指令输出模块

在 FADEC 系统中，核心控制器、工作状态输入、执行指令输出这三个模块均为电子模块，通常将它们统一放在一个特殊设计的机箱中。核心控制器的主体是高性能的数字计算机，其内部装载有航空发动机控制软件，依据飞控系统所给定的控制指令完成相应的控制功能计算。

工作状态输入模块将来自传感器的信号调理（滤波）后，与控制指令输入装置的信号一起送入 A/D 转换器（接收模拟量信号）或计算机通用信号接口（接收开关量或频率信号），再在计算机的控制下，通过 A/D 转换器或通用接口将这些信号转变为数字计算机所能接受的数字量，输入计算机并完成所需的数据处理单位的转换，以供后续控制计算、故障分析、数据存储、数据传输、状态显示使用。

执行指令输出模块的主要功能是通过 D/A 转换器（将数字量信号转变为模拟量信号）、通用信号接口（输出开关量或频率量或占空比信号）或数据总线，将核心控制器给出的控制量信号转变为相关执行机构所能接收的信号，并传输给相关的执行机构；或者将相关信息传输至显示、存储器，显示与存储信息。

（2）供油与能源部件

这一系统借由燃油泵向发动机燃烧室提供所需要的燃油，同时以一定压力和流量流动的燃油作为工作介质带动执行机构工作。某些执行机构以一定压力和流量流动的液压油或滑油为工作介质，也有的执行机构以一定功率的电源作为动力。

（3）电液转换装置与执行机构

电液转换装置将来自数字控制器的电信号转换为液体工作介质的流量或压力。对电液转换装置的基本要求是转换响应速度快、过程平稳、重复性好、分辨率高、抗介质污染的能力强，具有断电定位能力，应急状态能够平滑地切换到备份系统，以及转换装置应重量轻、体积小，具有冗余结构、自检结构等。FADEC 系统常用的电液转换装置是以步进电机、高速电磁阀、电液伺服阀、力矩马达等为核心的装置。

电液转换装置输出一定流量和压力的液体到执行机构，带动执行机构工作。执行机构包括燃油计量装置、可调风扇导流叶片角度调节机构、可调压气机静子叶片安装角调节机构、喷管面积作动筒等。对执行机构的要求是响应速度快、重量轻、能承受工作环境温度等。

（4）传感器

对控制系统而言，及时、准确、可靠的测量可以反映被控制对象运行状态的参数和环境参数，是进行高质量控制的前提。因此，具有合适的工作频带、精度高、可靠性高、体积小、重量轻、耐振动、符合环境温度要求的传感器是航空发动机电子控制的关键技术。

（5）地面检测仪

发动机控制系统地面检测仪是用来在发动机工作之前或工作之后检测控制系统的完好性的，主要是对系统的输入、输出通道的完好性，控制器工作是否正常，系统电源部分工作是否正常等进行检测。地面检测仪通过相关接口与发动机控制器构成"半物理仿真系统"，检测发动机控制器的输入和输出通道工作是否正常。

发动机控制系统地面检测仪是必不可少的发动机维护、检测设备，属于发动机配置的仪器。考虑到外场工作的特殊需求，地面检测仪多为便携式结构。其电源系统也针对外场可能提供的电源类型而设计。

（6）上位或它位控制器

对飞行/推进系统综合控制，上位控制器往往是无人机的飞控计算机，它将当前无人机飞行姿态数据及飞行操控指令传送给发动机控制器，发动机控制器综合发动机当前的进口气流和工作状态数据、飞行操控指令、飞行姿态数据，给出控制发动机的信号。有的上位控制器还作为发动机运行数据的存储设备。对于无人机用发动机，上位控制器既可以将发动机控制指令传送至发动机的FADEC，还可以用于将发动机的当前工作状态信息传送给遥测信号发送装置，向地面或其他遥测信号接收装置发送发动机的当前工作状态信息。

如果无人机装有多台发动机，则协调各发动机的工作状态也是发动机控制器的一项重要控制内容。这就需要了解各发动机的工作状态与参数，并对发动机进行协调控制。此外，获取的各发动机的相关数据，也为某一发动机控制系统的故障分析、重构控制系统、变换控制规律等提供依据。

3. FADEC 的优越性

现代无人机多数采用航空发动机 FADEC 系统，与航空发动机机械液压式控制系统相比，这种控制系统具有明显的优越性，如下：

① 由于数字式计算机的计算能力和逻辑判断能力强、计算精度高，作为发动机控制器可以实现先进的多变量控制方法和复杂的控制模式与控制规律，从而使发动机控制系统各项性能指标得到很大的提高，使发动机性能潜力得到充分发挥。

② 数字式计算机的高速运算、高度综合和通信能力，使武器（火力）控制计算机、飞行控制计算机和推进系统控制计算机构成综合系统，实现武器/飞行/推进系统一体化控制，从而可大大提高无人机的性能、作战效能和生存能力。

③ 数字式控制器所实现的控制规律、控制模式和控制算法主要取决于控制软件，这就可以在不更换控制器硬件的情况下，通过调整控制软件来调整控制器的控制效能，以满足系统的性能要求。根据发动机要求，需要改变控制模式或控制算法时，只需修正或更换控制软件即可实现，这就使得发动机控制系统的调整变得简单、方便。由于数字式电子控制器硬件的模块化，使硬件具有一定的通用性，因而根据不同类型发动机的控制要求改变控制软件即可拓展数字控制器的应用。由此可以看出，采用数字式电子控制器可以大大缩短发动机控制系统的研制周期，降低研制费用和研制风险。

④ 在 FADEC 系统中，采用发动机状态监视、故障诊断及容错控制技术，可以使发动机控制系统的可靠性得到很大提高。

⑤ 利用数字式计算机的数据存储能力，可以将发动机使用过程中的信息加以存储，通过对信息的分析，判断发动机性能变化，对发动机状态进行监视，并利用存储信息进行故障诊断，实现视情维修，从而降低维修成本。

⑥ FADEC 系统的高度智能化，可以大大减小甚至取消对操控人员的操纵约束，从而减轻操控人员的操纵负担。

以上所介绍的发动机 FADEC 系统的优越性是机械液压式控制系统所不具备的，但数字电子式控制器的抗电磁干扰能力却比机械液压式控制器的要差，并且在发动机使用过程中，各种条件变化很大，相关条件的组合可能导致控制失效，从而产生严重后果。但随着技术的发展，这些问题都可以得到解决。

4.6　其他类型发动机

活塞发动机与燃气涡轮发动机作为目前应用最广泛的航空发动机,它们的发展带动了科技的进步,但是为满足航空器更快、更高、更远的要求,人们多年来一直在航空动力探索新概念发动机,包括冲压发动机、固体火箭发动机、全电发动机、脉冲爆震发动机、组合式发动机等。有些无人机在放飞时,需要借助固体火箭发动机提供初始助推力。在本章结束之时,对冲压发动机和固体火箭发动机进行简要介绍。

4.6.1　冲压发动机

燃气涡轮发动机是靠压气机压缩空气来提高进气压力的,如果要使空气喷气发动机适用于高速飞行,就要用冲压类型的空气喷气发动机。冲压喷气发动机不使用压气机,其压缩空气是靠高速空气在进气道中减速,然后将动能转化为势能(压力能)。冲压喷气发动机的工作原理基本上与燃气涡轮发动机相同,也同样包括进入发动机的空气受到压缩,空气与燃油混合燃烧,燃气进行膨胀并喷出这三个基本工作过程。但在结构方面,它却与燃气涡轮发动机有很大不同。冲压发动机利用进气道的冲压作用来实现对空气的增压,没有压气机和涡轮那样的转动部件,所以结构相对简单,重量轻得多。

冲压发动机为完成上述三个基本工作过程,包括如下四个基本组成部分,其中三部分如图 4-121 所示。

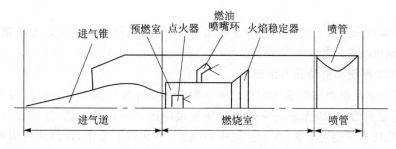

图 4-121　冲压发动机示意图

1. 进气道

进气道的主要作用是引入空气,利用速度冲压作用来实现对气流的增压,即利用高速气流的滞止过程使气流压力提高。在理想情况下,高速气流速度可以完全滞止到零。当迎风气流速度从 $Ma=2$ 滞止到零时,压力可提高 7.8 倍;从 $Ma=3$ 滞止到零时,压力可提高 36.8 倍;从 $Ma=5$ 滞止到零时,压力可提高 52.9 倍,这种增压比是非常大的。虽然实际情况还会存在压力损失,且气流速度不会滞止到零,也就是增压比不会达到上面所说的那样高的数值,但随着飞行速度的增大,增压比是急剧上升的。

进气道是空气进入的通道,是冲压发动机的一个关键组成部分,常采用超声速进气道,与燃气涡轮发动机一样,超声速进气道可分为外压式进气道、内压式进气道和混合式进气道三种。

2. 燃烧室

燃烧室是空气与燃油混合燃烧,生成燃气的地方。燃烧室一般制成圆筒体,内腔装有预燃室、燃油喷嘴环、点火器以及火焰稳定器等组件。从进气道流入的空气,与燃油喷嘴喷出的雾化燃油混合,形成可燃的混合气体。发动机起动时,点火器工作,放射火花点燃预燃室中的燃气,形成一个点火"火炬",然后由它进一步把整个可燃的混合气体点燃。混合气体在燃烧室中的燃烧温度可达 1 500~2 000 ℃。

由于燃烧室中气流流动速度很高,燃烧在高速气流中进行,火焰很容易被吹灭。因此,一是要合理确定燃烧室进口的气流速度,速度过低,将使燃烧室截面积增大,使飞行阻力增大;速度过高,不利于稳定火焰。二是要有火焰稳定装置,一般采用火焰稳定器。火焰稳定器的作用是使燃气通过它形成回流区,用以"挂住"火焰,并使火焰易于传播和稳定,保证稳定而完全地燃烧。火焰稳定器由单锥体和流线形支架组成,也有由 V 形环组成的。

燃料所形成的液滴群在燃烧室中边运动,边蒸发,边扩散,边掺合,在稳定器后方形成一定的气态燃油分布,符合着火条件后由点火器点燃。在冲压发动机上,多使用烟火点火器。它的工作过程是:先发指令信号,使点火器的发火系统起动工作,发火系统再点燃主烟火药,产生足以保证点燃预燃室所需的高温产物。高温产物通过热传导、对流和辐射,将热量传给预燃室的可燃混合气,使可燃气达到着火点,点燃预燃室。预燃室是为使液体燃料冲压发动机可靠点火和稳定燃烧而在燃烧室中设置的小燃烧室。工作时,先用点火器点燃预燃室,形成先锋火炬,再点燃整个燃烧室。由于预燃室排出的未燃混气可以在燃烧室中继续燃烧,所以不要求预燃室有高的燃烧效率,只要求有良好的着火性能,并发出足够的火炬温度和热量,以点燃主燃烧室。

为了保护燃烧室不被烧坏,常常把它做成双层结构(内层用耐热合金材料),利用两层之间的通道引进从进气道流入的部分空气来达到冷却的目的。

3. 喷管

喷管使高温高压燃气进行膨胀而加速喷出,产生发动机推力。亚声速发动机喷管是收缩的,超声速发动机喷管是拉瓦尔喷管。

4. 燃油供给系统和自动调节系统

燃油喷嘴喷油受燃油供给系统控制。供给系统感受外界气流参数(速度、温度、压力),根据需要供给适量的燃油,以保证正常燃烧。供油量应随飞行状态变化,保证发动机在助推段中,在较贫油的状态下稳定点火;在加速段中,在较富油状态下工作,以得到所需推力;在巡航阶段中,在最经济状态下工作,以降低能耗,增加航程。自动调节系统可以根据不同的航段调节供油,还可以根据需要调节进气道和喷管。

现代冲压发动机按适应的飞行速度可分为亚声速、超声速和高超声速冲压发动机。亚声速冲压发动机使用扩散形进气道和收敛形喷管,飞行时增压比不超过 1.89,飞行马赫数 $Ma<0.5$ 时一般不能正常工作。超声速冲压发动机也称为亚燃式冲压发动机,采用超声速进气道,进气道采用反拉瓦尔喷管,超声速气流经进气道进入燃烧室时,速度降为亚声速,燃烧在亚声速气流中进行,喷管的形状为收敛形或收敛扩散形,其适应的飞行马赫数 Ma 为 1~6。目前采用冲压发动机的飞行器基本都是这种形式,如图 4-122 所示。高超声速冲压发动机也称为超燃式冲压发动机,使用碳氢燃料或液氢燃料,燃烧室入口的气流为超声速,燃烧在超声速气流中进行,喷管的形状为扩张形,飞行马赫数 Ma 可达 5~16,如图 4-123 所示。高超声速冲压发动机燃烧室中的静温静压都较低,所以大大减小了热传导和结构负荷,构造简单,重量轻,但其在燃烧室内稳定燃烧比较困难。

冲压发动机与涡轮喷气发动机相比,构造简单,重量轻,推重比大,成本低。冲压发动机产生的推力与进气速度有关,飞行速度越大,冲压越大,因而产生的推力也就越大,所以冲压发动

机较适合于高速飞行,高速飞行状态下($Ma>2$),经济性好、耗油率低。在低速飞行时冲压作

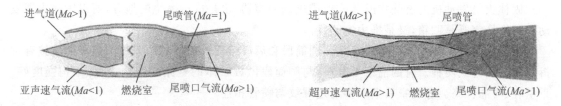

图 4 - 122　超声速冲压发动机　　　　　图 4 - 123　高超声速冲压发动机

用小,压力低,经济性差(耗油率高)。由于冲压发动机在静止时不能产生推力,因此要靠其他动力装置将其加速,达到一定速度后才能正常工作,所以冲压发动机通常要和其他发动机组合使用,形成组合式动力装置。如果冲压发动机作为无人机的动力装置单独使用,则必须由其他飞行器将其携带至空中并具有一定速度时,才能将冲压发动机启动并投放。

冲压发动机对飞行状况的变化敏感。例如,飞行速度、飞行高度、飞行迎角(迎角大,进气受到影响,能量损失大)等参数变化都直接影响发动机的工作,因此,其工作范围较窄。随着冲压发动机技术的发展,冲压发动机在高空($H=20\sim40$ km)、高速($Ma\geqslant2.5\sim4$)和低空(掠海和贴地)、超声速($Ma=2$ 左右)、大航程(大于 100 km)等无人机领域内具有良好的适用性和优越的性能。

4.6.2　固体火箭发动机

1. 固体火箭发动机组成及工作原理

固体火箭发动机使用固体推进剂,由氧化剂和燃烧剂组成。推进剂被做成一定的形状(药柱)装填或直接浇注在燃烧室中。推进剂直接在燃烧室中燃烧,形成高温、高压燃气(燃烧产物)并从喷管喷出,产生推力。固体火箭发动机由燃烧室、喷管、推进剂和点火装置等部分组成。

固体火箭发动机的推进剂可以是自由装填的,即首先将推进剂按设计要求加工成一定形状的药柱,装填到燃烧室内,为此需要用药柱支撑装置。对于浇注推进剂的固体火箭发动机,不需要支撑装置,装药与燃烧室壁粘结在一起。图 4 - 124 所示为装填式固体火箭发动机结构组成。

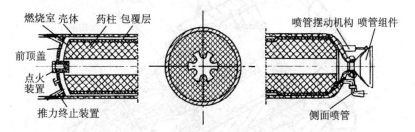

图 4 - 124　装填式固体火箭发动机结构组成

固体火箭发动机起动点火一般是在发动机头部装一个点火装置(也称点火器),也有装在其他空隙处的。起动时,通电引燃点火器内的热敏药,热敏药再引燃加强药,加强药再引燃点火药,产生一定压强的燃气,点火药的燃气很快把药柱表面包围,药柱被加热并点燃。燃气经喷管膨胀,高速排出,产生推力。

（1）燃烧室

固体火箭发动机的燃烧室既是贮放推进剂的容器，也是进行燃烧的地方，所以固体火箭发动机的燃烧室既是贮箱，又是推力室。

燃烧室通常呈薄壁圆筒形，由顶盖、圆筒段和后段组成。前端的顶盖与圆筒段的连接有可拆卸式与固定式两种。有的前端不开口，与圆筒段做成一体的整体式结构，这种结构强度好、重量轻、可靠性高。燃烧室后端大多通过螺纹与喷管相连。

浇注在燃烧室内的内孔药柱，能利用火药本身作隔热材料，把高温燃气与壳壁隔开，燃烧室能承受较长时间的燃气作用，装药也不要支承装置。

自由装填式药柱需要支承装置，使药柱不能自由移动。支承装置由前支持件和后挡药板组成。支持件有一定弹性，以适应温度变化和承载时冲击作用。挡药板的构造要保证燃气流畅通，发动机工作过程不发生大的变形。

（2）喷　管

固体火箭发动机采用拉瓦尔喷管。装药的燃烧速度受环境初温影响很大，当喉部截面积不变时，由于初温的变化，导致装药燃烧温度变化，燃烧室内压强产生变化，初温增大，燃烧速度增大，燃烧室内压强增大。它不仅影响发动机的性能参数，如推力、比冲等，有可能使其偏离设计指标，而且对发动机壳体结构强度提出过高要求，导致结构重量增加。

（3）点火装置

点火装置的作用是迅速准确可靠地点燃装药，使发动机进入正常工作状态。固体火箭发动机点火一般用强迫点火方法。强迫点火就是给装药以初始能量，激发装药点火直至使装药进入正常燃烧。点火装置主要由发火管和点火药两部分组成。

电发火管是常用的一种发火管，如图 4-125 所示。它是在导线脚线的电桥上，浸粘着以热敏火药制成的引火剂药头，其外表涂上胶起保护作用，并套以塑料管。电桥材料常采用 0.05 mm 左右的铂铱合金或镍铬合金丝。发火管在发火电流的作用下应保证可靠发火。

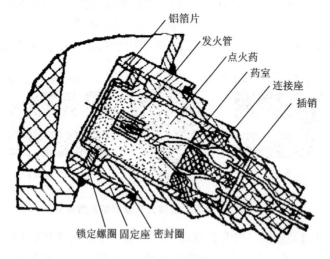

图 4-125　整体式点火器

点火药常用黑火药，点燃温度为 300 ℃，燃烧时产生大量气体和固态颗粒，有利于建立点火压强以及将热量迅速传给药柱。但黑火药能量较低，燃速较慢，使用时常加入一些铝镁等金属粉末以改善其性能。也可用金属粉末加过氯酸盐组成的烟火剂作点火药,但由于铝和镁极易氧化,镁粉易吸湿,所以这种点火药的贮存和使用都不够安定。

2. 固体火箭发动机推进剂

对固体火箭发动机推进剂要求单位体积内含的能量要高;在低压下能正常燃烧;燃烧速度受初温影响要小,受生成气体在发动机内流动速度的影响要小;应具有良好的物理、化学稳定性,便于推进剂长期贮存,不老化、不脆裂,不吸收大气中水分,也不蒸发火箭发动机水分,推进剂的成分不会在贮存期内发生渗出及挥发,不发生化学变化和分解。依据固体火箭发动机推进剂的燃烧剂和氧化剂组合的情况,可分为双基、复合、改性双基推进剂。

(1)双基推进剂

双基推进剂是一种均质推进剂。均质推进剂是指在同一分子中同时含有燃烧剂和氧化剂。双基推进剂的主要成分为硝化棉和硝化甘油。此外,还有助溶剂、化学安定剂等。双基推进剂比冲低,密度小,机械强度高;火焰温度低;长期贮存有良好的安定性;对潮湿环境不敏感;性能再现性好。双基推进剂在各种小型发动机上得到了最广泛的应用,是一种早期常用的无烟推进剂。

(2)复合推进剂

复合推进剂是目前用得最广的一种推进剂,属于异质推进剂。复合推进剂由氧化剂、粘接剂和燃烧剂等组成。氧化剂和燃烧剂的含量一般在 85% 左右。常用的氧化剂有:过氯酸钾、过氯酸铵和硝酸铵等。粘接剂不但把氧化剂和金属颗粒粘接起来,同时又作为燃烧剂,在燃烧过程中提供燃烧元素。粘接剂的种类很多,有聚硫橡胶、聚氨酯、聚丁二烯等,它使推进剂成为一种坚韧的橡胶状,能受热应力和机械应力所产生的剧烈应变。金属添加剂又叫燃烧剂。燃烧剂加入的目的是抑制不稳定燃烧以及提高推进剂的密度和发动机的比冲。燃烧剂是一种轻金属粉末,如 Al、Mg 和 Be 等,其中以铝粉为常用。除此以外,还有固化剂、增塑剂和防老剂等。

(3)改性双基推进剂

改性双基推进剂在结构上高于均质推进剂。在双基推进剂中加入过氯酸铵和铝粉后,就成为改性双基推进剂。推进剂中氧化剂是过氯酸铵,粘接剂是硝化棉。它适用于环境温度可以控制的飞行器上。

3. 固体火箭发动机药型

发动机的推力及其变化规律与装药燃烧面积的大小及其变化规律有关,而装药的燃烧面积又直接与药型有关。装药的药型直接影响发动机的推力大小及其变化规律,同时发动机的装填密度、药柱的强度也与药型有密切关系。因此,必须合理地选择药型。

根据燃烧面积的变化规律,装药的药型可以是恒面型、减面型和增面型的;按燃烧表面所处的位置可以分为端面燃烧药柱、侧面燃烧药柱和侧端面同时燃烧药柱;按燃烧方向的维数可以分为一维药柱、二维药柱和三维药柱。通常,端面燃烧药柱即为一维药柱。两端包覆的侧面燃烧药柱,或长径比很大可以忽略端部燃烧面的侧端面燃烧药柱皆属于二维药柱。长径比较小,端部燃烧面不可忽略的侧端面燃烧药柱则属于三维药柱。按药柱形状和燃烧方式可以分为端燃药柱、管形药柱、星形药柱、车轮形药柱等。装药截面形状及其推力曲线如图 4-126 所示。

有些飞行器由于不同飞行阶段对动力的要求不同,所以可采用双推力药柱。这种药柱是用于单室双推力发动机的药柱。双推力可以借助采用两种不同燃烧面积的药型来实现,也可

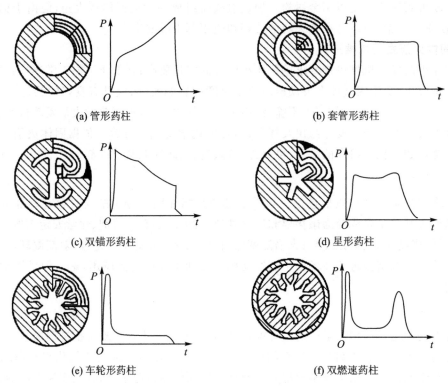

图 4 - 126　　装药截面形状及其推力曲线

以借助采用两种燃速不同的推进剂来实现。单室双推力发动机推力曲线如图 4 - 127 所示。

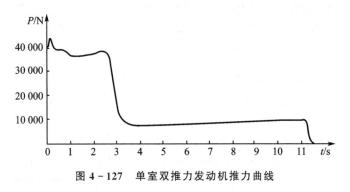

图 4 - 127　单室双推力发动机推力曲线

本章小结

　　本章从介绍涡轮喷气发动机的工作原理入手,介绍了燃气涡轮发动机的核心机工作原理,继之拓展至衍生的其他类型燃气涡轮发动机工作原理;重点介绍了发动机本体和共同工作系统的结构组成及工作原理,分析了无人机使用的涡喷、涡扇、涡桨、涡轴发动机的转速、速度和高度特性;简要介绍了航空发动机的控制原理;最后还简单介绍了无人机涉及的冲压发动机和固体火箭发动机的工作原理。本章的重点是掌握燃气涡轮发动机系统各组成部分的结构组成工作原理和关联关系,以及对发动机工作性能的影响,会分析几类主要燃气涡轮发动机的工作特性和典型故障机理。图 4 - 128 所示为本章思维导图。

航空燃气涡轮发动机

发动机工作原理
- 涡轮喷气发动机工作过程：空气由进气道进入压气机，经压缩后流入燃烧室，部分热能变为机械能，与燃油喷嘴喷出的燃油混合，燃烧；与燃油喷嘴喷出的燃油混合，燃烧，使涡轮带动压气机转子和附件工作，使燃气从喷口高速喷出，使发动机产生推力

发动机系统构造
- 进气道（按适用的飞行速度分类）：亚声速、超声速、卡头特进气道
  - 燃气通过喷管继续膨胀
- 压气机：离心式压气机（适用于小功率）：扩压器、超声筒、点火器；轴流式压气机（适用于大型）、混合式压气机
- 燃烧室（常用气膜冷却）：扩压器、火焰筒、燃油喷嘴、点火器
- 涡轮系统：径向式涡轮（单级）、适用于小功率；轴流式涡轮（适用于大型）；组成类似压气机，作用带动压气机；反推装置等
- 排气系统：喷管、消声装置、反推装置等
- 空气系统：气流用于①对发动机内部进行冷却；②轴承腔封严；③压气机防喘控制；④涡轮叶片的间隙控制；⑤发动机防冰等。需冷却→对流冷却+气膜冷却+冲击冷却
- 燃油系统：低压泵→高压泵→燃油滤→燃油控制器→燃油流量计→燃油总管→燃油喷嘴
- 起动点火系统：起动系统引进空气→点火系统产生电火花→起动系统退出
- 滑油系统：（由滑油散热器散热）供油+回油+通风系统；减少摩擦，降低磨损，冷却，清洁，防腐

发动机工作特性（发动机推力和单位油耗消耗率的变化）

	油门特性（转速特性、节流特性）	速度特性	高度特性
单轴涡喷发动机	转速下降，推力总降，耗油率略降，$n=0.7$附近，反而增大	马赫数增大，推力大致趋势为先增后减，总耗；也和发动机的调节规律有关	≤11 km，高度增，推力降，耗油率降；>11 km，耗油率不变，推力继续降
双轴涡喷发动机	与单轴基本相同，但两转子转速互不相同		<11 km时推力随高度的升高而减小
涡扇发动机	（同涡喷）转速增，推力增，后消耗增	推力随转速增加一直减小，涵道比越大，耗油率低涵道比上升慢，高涵道道比上升快	同涡喷，不过速度不一样
涡桨发动机	油门减小，燃气发生器转速下降，发动机功率迅速下降，耗油率急剧上升	速度增大，当量功率增大，耗油率降低	高度增加，曝旋桨轴功率和当量功率下降
涡轴发动机	转速增，功率增，且转速越高，耗油率越低	速度越高，功率增大，耗油率降低	高度增加，功率、耗油率少量下降

航空发动机控制
- 航空发动机控制系统的任务：燃油流量控制、空气质量控制、涡轮间隙控制、冷却控制、涡桨涡轴发动机功率控制、超声速飞机控制
- 发动机控制的基本概念：组成、主要元件、控制方式
- 全权限数字式电子控制（FADEC）系统

其他类型发动机
- 冲压发动机：没有压气机和涡轮，利用进气道产生的冲压作用，将动能转化为势能
- 固体火箭发动机：固体推进剂，由燃烧室、喷管、药柱和点火装置等部分组成

图4-128　本章思维导图

思考题

1. 对比各类航空燃气涡轮发动机工作原理的异同和优缺点。
2. 分析航空燃气涡轮发动机压气机和涡轮工作原理的异同。
3. 航空燃气涡轮发动机燃油系统有何功用？由哪几部分组成？
4. 说明航空燃气涡轮发动机喘振的产生机理和应对方式。
5. 发动机过渡状态调节系统包括哪几方面？
6. 为什么要对航空燃气涡轮发动机进行润滑？
7. 阐述空气系统的作用。
8. 说明航空燃气涡轮发动机起动点火系统的功用和组成。
9. 分析对比不同航空燃气涡轮发动机的工作特性。
10. 航空燃气涡轮发动机控制系统的任务和控制方式。
11. 阐述冲压发动机的工作原理和优缺点。
12. 分析涡轮喷气发动机空中停车的可能原因。

第5章 起飞回收系统

5.1 无人机的起飞方式

无人机的起飞方式按其特性可归纳为手抛起飞、短距助推起飞、空中投放起飞、起落架滑跑起飞和垂直起飞等类型。

在地面或舰面起飞时,无人机用的比较广的起飞方式是短距助推起飞,包括火箭助推起飞、导轨式起飞、起飞车上起飞、滑跃式起飞、弹射起飞等;大展弦比机翼的无人机,特别是长航时无人机,通常使用起落架滑跑起飞方式;一些中小型无人机可采用母机挂载,空中放飞的方式起飞,空中起飞方式的主要优点是机动性能好,起飞点活动范围大,可以降低无人机燃油载量和航程要求;垂直起飞方式则是无人直升机和某些特殊混合布局的无人机的起飞方式。

1. 手抛起飞

手抛起飞方式比较简单,可由 1 到 2 人完成,靠无人机自身动力起飞。手抛起飞的无人机最大尺寸一般小于 3 m,起飞质量几千克到十几千克。例如美国陆军装备的 RQ - 11"乌鸦"无人机,其翼展 1.40 m,机长 0.91 m,起飞质量 1.9 kg,如图 5 - 1 所示。

2. 短距助推起飞

短距助推起飞,就是无人机借助助推火箭,或是气动和液压动力,经过滑跑一段较短距离之后迅速离地(舰)升空。这种起飞方式在一些大型或较大型舰上以及起飞距离或场地受限的情况下使用得较多。对于在舰艇上采用滑跃起飞或弹射起飞的无人机,其起飞方式和舰载有人机类同,当然也要进行一些适应性改进,如美国的 X - 47B(见图 5 - 2)。

图 5 - 1　美军 RQ - 11"乌鸦"无人机手抛起飞

图 5 - 2　美国 X - 47B 在航母上弹射起飞

（1）火箭助推起飞

采用火箭助推起飞的固定翼无人机既可以通过陆上或舰上铺设的导轨或甲板助推起飞,也可以直接从舰上固定装置上助推起飞。无人机安装在火箭起飞装置上,在一台或者多台助飞火箭发动机推力作用下飞离起飞装置,无人机起飞后,扔掉助推火箭,由机上主发动机完成飞行任务。一般火箭助推发射单元与无人机有多种衔接方式,这主要取决于机体本身和机体框结构的设计。火箭助推发射单元可以是一个或多个,当采用一个时,或安装在无人机纵轴方向后部,或装在无人机机身下部。如果从舰上固定装置助推起飞,则需要在舰的发射架前端安装一个适宜无人机发射,且有上翘角的平台。该种方法的优点是占用空间较小、没有明显的环境条件限制、不需要加压时间、助推发射单元安装后无人机仍可以存储较长时间、前期投入费用较低等。火箭助推发射装置主要由发射架、助推火箭、推力杆、定力杆等组成。图 5 - 3 所示为美国海军"先锋"无人机在舰艇上发射,图 5 - 4 所示为 ASN - 206 无人机在载车上发射。

图 5 - 3　舰载"先锋"无人机火箭助推起飞　　　图 5 - 4　车载 ASN - 206 无人机火箭助推起飞

（2）导轨式起飞

导轨发射有很多方式,如橡筋绳弹射、气动发射、弹簧发射、旋转发射等,即在无人机达到安全飞行速度之前的运动轨迹由导轨牵引,快速滑动,在自身发动机或者辅助起飞装置作用下起飞。当无人机通过导轨加速到发射速度后,就飞离导轨,然后在无人机上的主发动机作用下完成飞行任务。导轨发射主要由以下几部分组成:发射轨道、电绞机构、弹力装置、锁紧和释放装置(电气控制装置)、发射固定座及辅助支撑。导轨发射方式一般用于起飞重量比较轻的无人机,如美国的 RQ - 7"影子"无人机(见图 5 - 5)。

（3）起飞车上起飞

起飞车上起飞是将无人机安装在起飞车上,在机上发动机推力作用下,使无人机与起飞车组合体沿普通跑道滑跑,当加速到无人机起飞速度时,释放无人机。我国的"长空一号"无人机就是使用的这种起飞方式(见图 5 - 6)。

图 5 - 5　RQ - 7"影子"无人机在导轨上起飞　　　图 5 - 6　"长空一号"无人机正在起飞

3. 空中投放起飞

无人机由载机(有人机或无人机)携带到空中,当飞到某飞行高度和速度时,空中放飞无人机。如图 5 - 7 所示,美国采用 C130 运输机空中投放"小精灵"无人机。对于固定翼载机携带无人机,一般采用翼下悬挂或机腹半隐蔽式携带方式,直升机一般由机身两侧携带无人机。

4. 起落架滑跑起飞

起落架滑跑起飞方式与有人机类同,所不同的是某些无人机采用可弃式起落架,在无人机滑跑起飞后,起落架便被扔下,回收无人机时,采用别的方式。但是大多数无人机,尤其是中小型无人机,采用非收缩型起落架,航程较远和飞行时间较长的大型无人机采用收放型起落架,如"全球鹰"滑跑起飞(见图 5-8)。无人机起飞滑跑跑道短,对跑道的要求不如有人机那样苛刻,后面将详细介绍。

图 5-7　"小精灵"无人机在载机上投放　　　　　图 5-8　"全球鹰"滑跑起飞

5. 垂直起飞

垂直起飞是从舰甲板或陆地上直接升空。采用垂直起飞的无人机一般包括固定翼式和旋翼式两种。

固定翼式垂直起飞多是利用尾支座或尾座式起落架支撑无人机,使之垂直竖立在舰甲板上。当它接到指令后先由机载动力装置推进无人机垂直升空,然后再由垂直起飞姿态逐渐改为水平飞行姿态,即倾转机身无人机。图 5-9 所示为美军新型无人机在舰艇上起飞。常用的另一种垂直起飞的固定翼无人机是结合多旋翼飞机和固定翼飞机的特点,利用旋翼起飞,利用螺旋桨发动机驱动无人机巡航飞行。图 5-10 所示为国产 CW-007 无人机飞行。

图 5-9　美军新型无人机在舰艇上起飞　　　　　图 5-10　国产 CW-007 无人机飞行

旋翼式垂直起飞方式也可以细分为主旋翼/尾旋翼(尾桨)式垂直起飞、共轴式垂直起飞以及倾转翼起飞等,如图 5-11 和图 5-12 所示。

旋翼式起飞方式的特点是以旋翼作无人机的升力面,旋翼旋转使无人机垂直起飞。这种起飞方式有着极大的优越性,能够直上直下,占据空间极小,无需在舰上滑跑,因而能够最大数量地在舰上部署和最快捷地应急升空,是国外海军舰载无人机的主要选型和发展方向。如美国海军的"鹰眼"倾转旋翼舰载无人机,以直升机方式爬升、下降、悬停和横向机动,再以固定翼飞机方式转入巡航状态,如图 5-13 所示。还有一种无人机采用倾转机翼的形式起飞,如

图 5-14 所示,美国 DARPA 采用鸭式布局的"雷击"倾转机翼无人机,起飞时鸭翼和机翼均向下倾斜,利用垂直推力起飞,起飞后鸭翼和机翼向前转平,以固定翼飞机模式飞行。

图 5-11　S-100 无人直升机在舰艇上起飞

图 5-12　国产 TD450 共轴式无人直升机

图 5-13　"鹰眼"倾转旋翼舰载无人机在舰艇上起飞

图 5-14　"雷击"倾转机翼无人机起飞

5.2　无人机的回收方式

无人机的回收方式可归纳为伞降回收、空中回收、撞网回收、滑行着陆、垂直回收、阻拦索回收等类型。

1. 伞降回收

伞降回收是一种较普遍的回收方式。无人机上带有降落伞,它按照预定程序或在遥控指挥下到达回收区上空,然后自动开伞或根据遥控指令开伞,降落在陆地上或水面上。为了尽量减少无人机回收后的损伤,特别是为保护机载任务设备,有些无人机还在机体触地部位装了减震装置;同时,还考虑机体触地部位尽可能远离任务设备舱。RQ-84 就是采用伞降回收,如图 5-15 所示。

2. 空中回收

采用这种回收方式,在大飞机上必须有空中回收系统。在无人机上除了有阻力伞和主伞之外,还需有钩挂伞、吊索和可旋转的脱落机构,其开伞的程序与伞降回收方式相同,当无人机打开降落伞在空中飘落时,用回收母机在空中将无人机回收,然后携带回场着陆,如图 5-16 所示。

图 5 - 15　RQ - 84 采用伞降回收

图 5 - 16　空中回收

3. 撞网回收

用拦截网系统回收无人机是目前世界小型无人机较普遍采用的回收方式之一,如图 5 - 17 所示。拦截网系统通常由拦截网、能量吸收装置和自动引导设备组成。能量吸收装置与拦截网相连,其作用是吸收无人机投网的能量,避免无人机触网后在网上弹跳不停,以致损伤。自动引导设备一般是一部置于网后的电视摄像机,或装在拦截网架上的红外接收机,由它们及时地向地面站报告无人机返航路线的偏差。无人机在地面无线电遥控下,降低高度,减小速度,对着拦阻网飞去。拦阻网由弹性材料编织而成,网的两端还连接有能量吸收器。无人机撞入网中后,速度很快减为零。

与撞网回收类似,有的无人机采用撞绳回收,比如美国的"扫描鹰",机翼端部有一个钩子,撞到绳后能扣住,如图 5 - 18 所示。

图 5 - 17　RQ - 7 在舰面采用撞网回收

图 5 - 18　"扫描鹰"无人机采用撞绳回收

4. 滑行着陆

起落架滑行着陆的回收方式与有人机类似,大部分采用滑跑起飞的无人机均采用此种着陆方式,如图 5 - 19 所示。有些无人机,特别是舰载无人机,会在机尾装尾钩,在着舰滑跑时,尾钩钓住拦阻索,与舰载有人机一样,依靠拦阻锁着舰,从而大大缩短了着舰滑跑距离,如图 5 - 20 所示。

5. 垂直回收

无人机的垂直回收方式与其起飞方式类似,只是过程相反。

图 5-19　常规滑行着陆

图 5-20　尾钩拦阻索着舰

5.3　液压系统

　　液压系统作为无人机的一种动力源,具有可靠性高、效率高、输出功率大、自润滑和便于控制等优点,并可简单、方便地通过管道与所需作动的系统或部件连接。大、中型无人机主要利用液压系统作动起落架收放、刹车,有些还包括襟翼收放。在无人机中,采用收放式起落架的系统需要用到液压系统,因此将液压系统的基本组件安排在本节介绍。

　　液压系统主要由供压、控制和作动几部分组成,如图 5-21 所示。这几部分共同工作,既可以保证系统具有足够压力,又可以保证系统安全,还可以保证所作动的部件按操纵控制输入信号的要求而运动,实现液压传动的目的。液压油从吸油管被抽出,经过油滤进入液压泵。在液压泵处,油液被加压,然后通过选择活门,向作动装置(图 5-21 中为作动筒)供压。在作动装置中,液压油的内能转换为机械能,对外做功,作动部件运动。系统中的安全活门连接在泵出口与回油管之间,有防止系统压力过高的功用。与供压管路连接的蓄压器属于储能装置,能够降低系统压力波动并提供短时间内大流量的辅助供压。管路中单向活门的功用是允许油液朝一个方向流动,而不能反向流动。

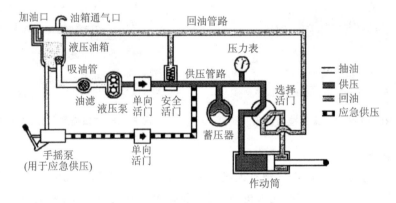

图 5-21　液压系统基本组成示意图

5.3.1　供压系统

　　供压部分主要包括液压油箱、液压泵、油滤和蓄压器等附件,主要作用是向系统提供洁净的高压油液。

1. 液压油箱

液压油箱用于储存系统所用油液,补充因泄漏或蒸发而损失的油液,还要接收因作动装置(作动筒或液压马达)运动、系统卸荷或系统热膨胀而产生的回油。飞行高度较低的飞机,其液压油箱可不增压,但必须通过管道与大气相通(见图 5-22)。液压油箱内设有油量传感器,用于远距离指示油量。通常在油箱上还装设有目视油量观察窗。

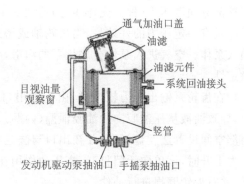

图 5-22　液压油箱

液压系统正常工作状态下由发动机或电机驱动泵从油箱抽油,其抽油口由一根垂直安装的竖管构成;用手摇泵应急供压时,其抽油口位于油箱的底部。这种设置的目的是,当正常供油管路及其附件发生泄漏故障时,仍会存留竖管高度的油量,用于手摇泵应急供压。

2. 液压泵

液压泵是液压系统供压部分的核心附件,其功用是驱使液压油流向系统。系统没有负载时,液压泵只需克服系统摩擦力就能使液压油在系统中流动,也就是处于卸荷状态。当系统有负载,油液流动阻力很大或流动被完全阻断时,泵出口的压力就会迅速增大,因此液压系统的压力与系统负载有关。

液压泵种类繁多,可根据液压系统的种类和动力源情况选用。所有液压泵都属于容积泵,即通过泵内部的容积变化达到抽油、压油的目的。根据液压泵结构和工作原理的不同,液压泵可分为叶片泵、齿轮泵和柱塞泵等,其中齿轮泵和轴向式柱塞泵应用最广;根据泵驱动动力的不同,可分为电动泵、发动机驱动泵和手摇泵等;根据液压泵输出流量是否可调,又可将液压泵划分为定流量液压泵和变流量液压泵两大类。

(1) 定流量液压泵

定流量液压泵向系统提供连续的、流量相对固定的油液。泵每运转一周,便输出一个固定体积的油液,只要动力源转速不变,输出的流量就是恒定的。采用这种泵的系统在建立了正常工作压力之后,如果泵继续运转,其输出的油液量将超出系统能够容纳的限度,系统压力会持续上升,导致液压泵负载增大,系统管路和附件可能因达到其强度极限而损坏。因此,采用定流量液压泵的系统需要有压力调节活门或释压活门,或者采用其他方式,如中立位开口系统或根据需要接通和关断动力源等,防止系统压力超过规定值。定流量液压泵有齿轮泵、摆线泵、叶片泵和柱塞泵几种。

1) 齿轮泵

齿轮泵在中压系统中应用最广,具有结构简单、体积小、重量轻、工作可靠、造价低廉以及对油液污染不太敏感等优点。图 5-23 所示为典型的采用一对直齿圆柱齿轮啮合工作的齿轮泵工作原理图。两个齿轮装于封闭的壳体内,其中主动齿轮由发动机通过花键轴驱动,逆时针转动,并通过啮合带动从动齿轮顺时针转动。随着两齿轮的运转,上腔(抽油腔)因轮齿连续脱开啮合,体积增大,形成局部真空。因此,油箱中的油液被抽入上腔,并随着齿轮的转动,由两齿轮轮齿之间的空间带到下腔(压油腔)。下腔因轮齿连续进入啮合,空间减小,压力增大,将油液从出口挤出。

部分压力油液通过空心轴(图 5-23 中的虚线)对齿轮及其轴承进行润滑、冷却和封严。当这部分油液压力(称为壳体压力)达到一定值时,通过一个单向活门流回泵的进口。保持泵壳体具有一定压力的好处是,当齿轮轴或密封圈出现划伤时,油液将流出泵体,而不会将空气抽入泵体。空气进入泵体会恶化泵的润滑,导致泵损坏,并使系统出现气塞现象,影响传动的稳定性。

在齿轮泵输出压力较大时,由于进出口之间存在较大压差,会使泵体发生一定的弹性变形,导致油液从压油腔向抽油腔泄漏(内漏),造成压力损失。因此,有些齿轮泵在齿轮一端的内部空间设置法兰盘衬套,并在出口与法兰盘之间设置管路,由单向活门控制通油。当泵输出压力上升时,该单向活门打开,高压油作用在法兰盘上,使法兰盘贴紧齿轮,从而使内漏降至最低,并对齿轮磨损进行补偿。

2) 摆线泵

摆线泵由固定偏心衬套所构成的油室、内齿轮转子、主动齿轮和端盖组成,如图 5-24 所示。内齿轮转子有 5 个摆线轮齿;主动齿轮有 4 个摆线轮齿,由发动机或电机通过传动轴驱动;端盖上有 2 个月牙槽,分别与泵的进口和出口相通。当泵工作时,主动齿轮和内齿轮转子顺时针转动。左边的轮齿从下向上连续脱开啮合,空间增大,形成局部真空,从进口将油液抽入油室;右边的轮齿向下连续进入啮合,空间减小,将油液从出口挤出供油。

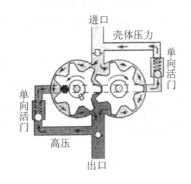 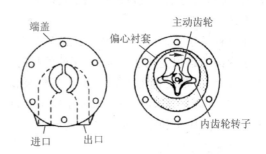

图 5-23　齿轮泵工作原理图　　　　　　图 5-24　摆线泵工作原理图

3) 叶片泵

某些液压系统要求泵的输出流量大,但不需要太高压力,这种系统可以采用叶片泵。这种泵由转子、定子、隔离轴、叶片等组成,如图 5-25 所示。转子被偏心地置于定子内,沿其径向均匀开了 4 个槽,插入自由滑动的叶片。叶片由隔离轴顶在定子的内壁上。当转子沿图 5-25 中箭头所指方向转动时,进口一侧叶片之间的体积增大,而出口一侧叶片之间的体积减小,体积的变化使泵从进口边抽油,从出口边挤出供油。

4) 柱塞泵

高压液压系统常使用轴向式固定倾角柱塞泵,按其结构特点可分为直轴式和斜轴式两大类。除了结构和外形有所区别外,它们的工作原理完全相同。图 5-26 所示为直轴式柱塞泵工作原理图。该泵主要由旋转缸体、若干柱塞、斜盘和固定分油盘等组成。青铜制成的旋转缸体通常钻有 7 个或 9 个缸孔,由发动机附件齿轮箱驱动或电机驱动旋转。与缸孔精密配合的柱塞可沿缸孔轴向滑动。柱塞杆端连接球形万向接头,并通过滑靴或弹簧始终紧靠在斜盘上,而斜盘与旋转缸体轴线的垂直平面之间的夹角为一定值 θ。当泵的旋转缸筒转动时,因斜盘存在倾角,在自上而下回转的半周内,柱塞向左滑动,使缸孔体积增大而形成局部真空,油液便从配油槽 a(图 5 - 26 中为后半月牙)吸入缸孔;而在自下而上回转的半周内,柱塞向右滑动,使缸孔体积减小,将孔内油液经配流槽 b 压出。缸体每旋转一周,每个柱塞就往复运动一次,完成一次吸油和压油过程。缸体连续运转,即可实现连续供油。

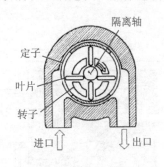

图 5 - 25　叶片泵工作原理图

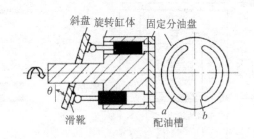

图 5 - 26　直轴式柱塞泵工作原理图

　　5)定流量液压泵系统的压力保护

　　如前所述,采用定流量液压泵的系统必须具备某种手段,当系统压力超过规定的工作压力值时,能够将泵卸荷,以保护液压泵、管路及附件的安全,并减少功率消耗。小型飞机通常采用中立位开口系统或采用卸荷活门两种方式。

　　中立位开口系统(见图 5 - 27)指选择活门处于中立位置时,定流量液压泵供来的油液通过选择活门中央通道直接通向回油路而流回油箱。此时系统不建立压力,泵处于无负载运转状态。而当选择活门顺时针或逆时针旋转 45°(如起落架置于"收上"或"放下"位)时,由于泵来油通向作动筒的左腔或右腔,系统立即建立压力,通过作动筒去作动部件运动。系统中的安全活门仅作为备用。

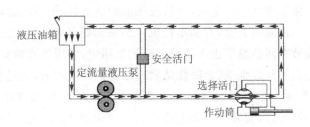

图 5 - 27　中立位开口系统示意图

　　图 5 - 28 所示为另一种采用定流量液压泵的液压系统。该系统的选择活门处于中立位置时,泵来油不能直接通过回油路流回油箱。因此,在泵出口、供压总管和回油总管这三者之间设置了压力调节活门,也称为卸荷活门。该活门的功用是将系统压力保持在设定的工作压力范围内。如果系统压力上升到工作压力范围的上限,卸荷活门就将泵来油接通到回油总管,使泵处于卸荷状态。此时系统油液由一个单向活门封闭在供压总管内,保持较高压力状态;当供压总管压力下降到工作压力范围的下限时,卸荷活门将泵的回油路关闭,使泵向供压总管补充油液,直到系统压力上升到工作压力范围的上限,如此循环。

　　(2)变流量液压泵

　　变流量液压泵可根据系统需要输出油液,使系统压力保持在规定范围或规定值,而不需要使用卸荷活门。图 5-29 所示是一种广泛应用于高压液压系统的轴向柱塞式变流量液压泵。该泵的基本构成与轴向柱塞式定流量液压泵基本相同,区别在于斜盘的角度可随系统压力变化而自动调整。

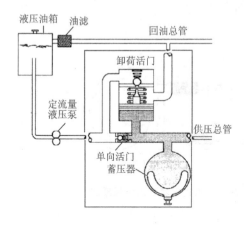

图 5-28　设有卸荷活门的定流量液压泵系统

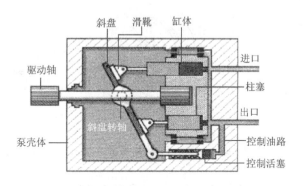

图 5-29　轴向柱塞式变流量液压泵

当泵工作时,随着输出压力的升高,泵出口压力通过控制油路作用于控制活塞,克服弹簧力推动活塞向左移动,使斜盘绕自身转轴顺时针转动,与驱动轴垂直平面的夹角变小。这就意味着柱塞轴向往复移动的冲程减小,抽油量和压油量随之减小。当系统压力达到规定值时,控制活塞正好将斜盘推到与缸体轴线垂直的位置,与垂直平面的夹角为 0°。这时虽然缸体仍然在驱动轴的带动下转动,但各柱塞的冲程为零,没有抽油、压油过程,所以输出油量也为零,从而将系统压力保持在规定值。

3. 油　滤

油滤用于过滤悬浮于油液中的杂质,保持液压油的清洁,以防系统运动装置磨损加剧。油滤分为低压油滤和高压油滤两大类,其基本构成包括头部组件(滤体)、滤芯、滤杯和旁通活门等。低压油滤通常安装在回油总管进入油箱之前的管路中,高压油滤则安装于泵出口。

低压油滤的滤芯由特殊纤维纸、金属烧结物或不锈钢网线制成,能过滤 5～10 μm 的固体颗粒,如图 5-30(a)所示。来自回油总管的油液从进口进入滤杯,通过滤芯向内流动而过滤,从出口流出。当滤芯堵塞时,安装于头部组件内的一个旁通活门在进、出口压差作用下打开,

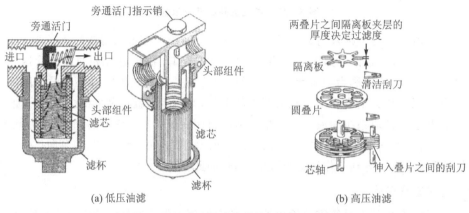

(a) 低压油滤　　　　　　　　(b) 高压油滤

图 5-30　液压油滤的结构与工作示意图

允许未经过滤的油液直接进入系统,以保证系统工作的连续性。这时油滤头部的一个红色指示销被顶起,以提醒维护人员注意检查。

高压油滤因处于泵下游供压系统管路中,承受压力较大,故要求其结构强度足够大。常用的高压油滤是叠片转动式油滤,如图 5 - 30(b)所示,其滤芯由若干安装在芯轴上的圆叠片和隔离板堆叠而成。在叠片之间有清洁刮刀。芯轴伸出油滤,由驱动装置传动,带动滤芯旋转。油液自滤芯外部从叠片之间向内部流动,并从出口流出,实现对油液的过滤。在滤芯转动过程中,清洁刮刀将过滤在叠片上的污染物刮出,并落到滤杯底部,以便维护人员在下一次检查时清除。

4. 蓄压器

蓄压器是液压系统供压部分的重要附件之一,其功用包括:在系统对流量和压力需求量大时辅助泵供压,并且还可吸收系统中油液的热膨胀;储存能量,需要时向飞机的重要部件(如刹车)供压;在正常工作期间减弱系统压力波动等。

蓄压器主要分为缸筒式和球形两大类,其中,缸筒式蓄压器内部由浮动活塞分为两个腔;球形蓄压器又分为胶囊式和隔膜式两种,其内部由胶囊或柔性隔膜分为两个腔,如图 5 - 31 所示。蓄压器的两个腔中,一个腔充以预定压力的氮气,另一个腔与系统相通。当液压系统压力上升时,液压油推动活塞、气囊或柔性隔膜向充气腔方向运动,压缩气体,直到气体压力与系统压力相等为止。这时气体储存了能量。当系统压力降低时,气体推动活塞、气囊或柔性隔膜反向移动,向系统辅助供压。

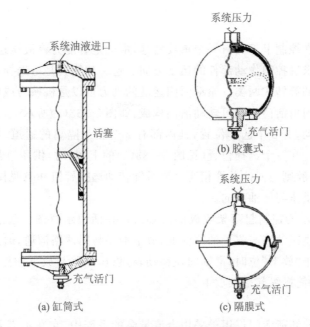

图 5 - 31　蓄压器的种类和结构

5.3.2　控制与安全装置

液压系统的控制和安全装置主要包括各种活门和压力调节装置,如单向活门、选择活门、卸荷活门、安全活门、节流器、减压活门、顺序活门、保压活门等。这里重点介绍无人机常用的控制与安全装置。

1. 单向活门

单向活门是液压系统最常用的附件,其工作是自动进行的,它通常只允许油液单方向流动,而不能反向流动。常用单向活门的种类和构造如图 5-32 所示。

球形单向活门　　　　锥形单向活门　　　　摇动式单向活门

图 5-32　单向活门的种类和构造

球形单向活门的钢珠端与高压连通,作用在钢珠表面上的液压推动钢珠克服弹簧力向右运动,使油液可以全流量流过活门。只要供压压力降低就会引起弹簧将钢珠压回活门座而封严,防止油液倒流。

锥形单向活门的工作原理与球形单向活门类似,所不同的是防止反向流动的封严装置是圆锥面,而且当油液正向流动时,因为弹簧力较大的缘故,油液也不能全流量自由流动。这种单向活门可用于保持齿轮泵壳体压力。

摇动式单向活门利用一个弱弹簧加载的旋转圆盘作为封严装置。当油液正向流动时,活门很容易打开,油液全流量流动;当油液欲反向流动时,油液压力和弹簧力作用在圆盘上,完全阻断油液流动。

2. 选择活门

所有液压系统在控制上都具有一个重要特性,那就是有能力将液压送往指定系统中,按照操纵输入信号的要求去控制作动部件的运动方向。这一功能就是由选择活门来实现的。选择活门可分为滑轴式和旋转式两类。驱动活门运动的动力可以是机械力或电磁力。

旋转式选择活门由活门座和可转动活门构成,如图 5-33(a)所示。活门座有 4 个通油口。活门由旋钮操纵转动,有 2 个选择位置,其内部有 2 个相互隔离的通道,4 个孔口与活门座上的 4 个通油孔对应。在一个选择位置(见图 5-33(a)的上图)时,供压口与作动筒的一个腔相通,而作动筒的另一腔则与回油总管相通。顺时针转动选择旋钮 90°(见图 5-33(a)的下图),则作动筒两个腔的供压与回油反向。

图 5-33(b)所示为控制起落架收放的滑轴式选择活门示意图。起落架操纵处于"收上"位时,滑轴右移,将供压油路与收上油路沟通,放下油路与回油路沟通,通过收放作动筒操纵起落架收上;反之,置于"放下"位时,滑轴向左移动,将供压油路与放下油路沟通,收上油路与回油路沟通,通过作动筒操纵起落架放下。

3. 卸荷活门

图 5-34 所示的卸荷活门仅用于采用定流量泵的系统中,它在不需要作动部件时给泵提供一个空转回路,并保证系统工作压力始终处于一定范围内。卸荷活门由单向活门、上端带锥形活门的活塞及弹簧构成,有"切入"和"切出"两种工作状态。当系统压力下降到规定工作压力范围的下限时,活门中的活塞在弹簧力作用下将上部锥形活门关闭,阻断泵与回油路的通道,使泵输出的油流向系统供压,系统压力升高,即为"切入"状态;当系统压力达到规定工作压力范围的上限时,活塞在系统压力作用下向上移动,克服弹簧力,顶开锥形活门,将泵输出油液接入回油路,同时单向活门将系统封闭保持压力,使泵处于卸荷状态,即"切出"状态,从而减小

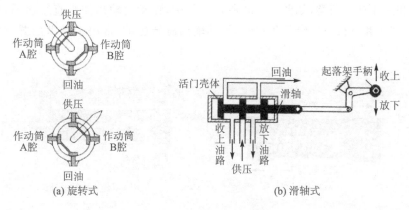

图 5 - 33　选择活门示意图

泵的功率消耗,并保证泵和管路系统的工作安全。一旦由于泄漏或作动部件运动,导致系统压力降低至工作压力范围的下限时,卸荷活门又进入"切入"状态。如此循环,使系统压力始终保持在规定的范围之内。

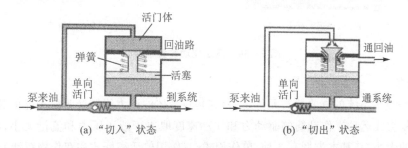

图 5 - 34　卸荷活门工作原理示意图

4. 安全活门

　　安全活门的功用是当系统压力超过规定值时将系统与回油路接通,起到保护系统的作用。它主要作为系统安全备份,只有当主系统中的压力调节活门失效时,安全活门才开始工作。

　　安全活门通常安装在泵下游与回油总管之间,其构造如图 5 - 35 所示。钢珠的上部由弹簧加载,下部感受系统压力。弹簧的弹力可通过调节螺钉增减。当系统压力大于弹簧的弹力时,钢珠被顶起,将系统与回油路接通,此时系统压力保持在安全活门打开时的压力值。

　　如果系统同时设置数个安全活门,则应按顺序调整弹簧力,压力最高的活门首先调节,压力最低的活门最后调节,以使各活门在特定的工作压力下逐次打开。在有些液压系统中,液压油被

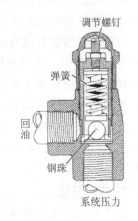

图 5 - 35　安全活门机构

封闭在作动筒与选择活门之间的管路中,可能会因油液受热膨胀而产生压力过高的现象。在这种管路与回油总管之间通常装设热释压活门,以保护管路免受损坏。

5.3.3　液压作动装置

　　作动装置将油液压力转换为力或运动输出,去作动部件运动。飞机上使用的作动装置主

要有作动筒和液压马达两类,如图 5 - 36 所示。其中,作动筒输出往复直线运动,可用于操纵起落架收放、刹车和飞行主操纵面等;液压马达输出旋转运动,常用于操纵襟翼收放或驱动应急液压泵等。

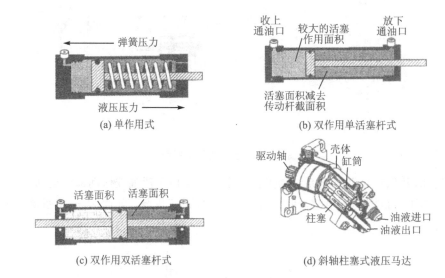

图 5 - 36　液压作动装置种类

1. 作动筒

作动筒是液压系统的重要执行元件之一,它是将液体的压力能转换为机械能的装置,使被作动部件做往复直线运动。作动筒的驱动力和作动速度取决于液压压力和流量大小,以及活塞有效工作面积的大小,其基本类型有 3 种:单作用式、双作用单活塞杆式和双作用双活塞杆式。

单作用式作动筒的活塞由液压驱动向一个方向移动,由弹簧复位。机轮刹车作动筒就是单作用式作动筒的实际应用,如图 5 - 36(a)所示。

双作用单活塞杆式作动筒因为仅一侧有活塞杆,所以活塞两侧有效工作面积不同,如图 5 - 36(b)所示。无活塞杆一侧有效工作面积为活塞端部面积,而有活塞杆一侧有效工作面积为活塞端部面积减去活塞杆截面积。当作动筒两腔分别输入相同压力和流量的油液时,活塞往复运动的速度不同,作动力也不同。这种作动筒常用于操纵飞机起落架的收放等。

双作用双活塞杆式作动筒因为两侧都有截面积相同的活塞杆,所以活塞两侧有效工作面积相同,应用于要求两个方向的作动力和作动速度相等的传动,如自动驾驶仪伺服作动筒,如图 5 - 36(c)所示。

2. 液压马达

液压马达是将油液压力能转换为旋转运动的机械能的一种装置,即输入一定压力和流量的油液,转换成一定扭矩和转速的旋转运动。液压马达的扭矩和转速取决于它的工作容积、输入压力和流量,即工作容积越大,输入压力越高,它的扭矩就越大;工作容积越小,输入流量越多,它的转速就越高。

液压马达的分类和结构与液压泵基本相同。因此,几乎所有的液压泵在理论上都可以作为液压马达使用。但由于液压和机械效率方面的某些原因,并非所有的液压泵都能作为液压马达使用。例如,液压泵通常是单向转动,而液压马达往往需要双向转动,因此在结构上又略有不同。

图 5 - 36(d)所示为一种斜轴柱塞式液压马达。压力油液从进口进入缸筒柱塞孔内,推动

柱塞退出,进而推动底座法兰盘和输出轴转动。退出的柱塞转动到另半圈时进入柱塞孔,将油液从出口排出。

5.3.4　液压系统的密封

密封装置用于防止液压系统内高压油液向系统外部渗漏,同时将系统内漏限制在允许的范围内。密封件通常分为两大类:一类是密封垫片或垫圈,用于静密封,即对两个没有相对运动表面之间的密封;另一类是密封圈或皮碗,用于动密封,即对有相对运动表面之间的密封。密封圈又可分为单向密封圈和双向密封圈两类。

1. 单向密封

V 形密封圈、U 形密封圈和 D 形密封圈分别得名于它们的剖面形状,它们都是单向密封圈,即只能在一个方向上阻断液体流动,如图 5 - 37(a)所示。

如果使用单向密封圈想要达到双向密封的目的,则必须同时安装两套单向密封圈,并且其开口端必须面对油液压力方向。图 5 - 37(b)所示为某作动筒活塞与筒壁之间的双向密封安装方法。密封圈的脊部紧靠在轴端金属支撑环的凹槽内,而具有角形截面形状的撑挡环则压在密封圈的凹槽内。将两套密封件装配在轴上后,用调节螺母将密封圈压紧,并使密封圈紧紧贴靠在作动筒的内壁上。

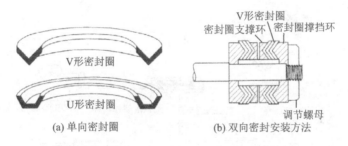

图 5 - 37　单向密封元件及其安装

2. 双向密封

最常用的双向密封元件是 O 形密封圈,它既可作为密封垫圈,也可作为密封圈使用。高压系统密封时,采用密封圈挡圈防止 O 形密封圈被挤坏。将这种密封件装入被密封表面中的一个表面的凹槽内,凹槽的宽度应比密封圈直径大 10%,而从另一配合表面到凹槽底部的深度则应比密封圈直径小大约 10%,如图 5 - 38(a)所示。这样,即使在液压系统无压力时,也能对密封圈产生一定的挤压作用,可保持密封效果。图 5 - 38(b)所示为凹槽尺寸正确时的密封效果。这时由于密封圈被一定程度地挤压,密封效果良好。图 5 - 38(c)所示为凹槽尺寸不正确时的密封效果,密封圈装入后没有被挤压,所以系统存在渗漏现象。

除了密封元件的种类和基本安装方法之外,在安装和更换密封件时还应特别注意所维护的液压系统对密封件材料的特殊要求,使用密封件安装专用工具,并遵循维护手册上规定的工作程序。

应用于飞机的液压系统有不同种类,可划分为单液压源系统和多液压源系统。活塞发动机飞机常采用单液压源系统,即飞机上仅有一个单独的液压系统,主要用于操纵起落架收放(有的还包括襟翼收放等),如图 5 - 39 所示。

单液压源系统作为起落架和襟翼收放的动力源,由一个发动机驱动定流量液压泵供压。图 5 - 39 中的起落架由作动筒驱动(处于放下状态),襟翼由液压马达作动。采用发动机驱动

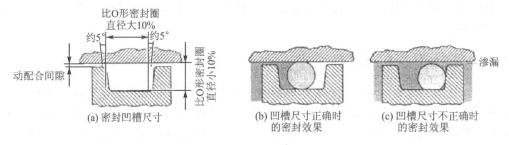

图 5 - 38　双向密封元件的安装

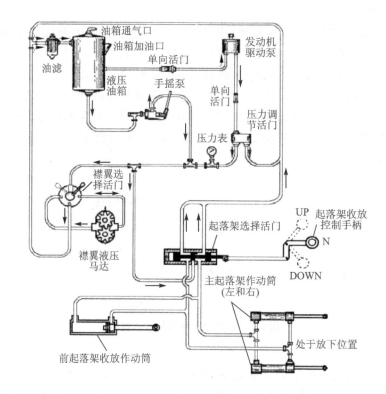

图 5 - 39　单液压源系统简图

定流量液压泵的系统的缺点是,泵既不能关断,也不能调节输出流量。当不需要作动部件时,系统压力将上升到安全活门打开的较高压力值,这样就会过多消耗发动机功率,也不利于保证泵及管路系统的安全。因此,这类系统中通常在泵出口与油箱之间设置压力调节(卸荷)活门。

5.4　起落架系统

　　起落架是大中型无人机起飞着陆时的重要部件,其主要功用包括:停机时和在地面滑行、滑跑过程中支撑飞机;保证飞机在地面运动的灵活性、操纵性与稳定性;减小飞机着陆时的撞击力和颠簸跳动;实现滑跑中刹车减速。对于长航时无人机,为了减小飞行中的气动阻力,起落架必须能够收放。为了满足这些要求,与有人机类似,现代无人机的起落架通常由承力结构、减震装置、收放系统、机轮、前轮转弯控制系统和刹车系统等组成。

　　起落架在飞机运行中受到较大外载荷作用,它的工作性能的好坏和正常与否直接影响飞机起飞、着陆安全。因此,无人机操控人员应当了解起落架及其各子系统的组成和工作原理,以便在操控无人机时能够及时预测突发情况,做出相应处置。

5.4.1　起落架的型式与基本组成

起落架型式的差异决定了起落架使用特点的不同。飞机起落架包括轮式、浮筒式及滑橇式等几种类型。因为绝大多数飞机是在陆地机场着陆的,故这里主要介绍轮式起落架。起落架还可分为固定式和可收放式,其中,固定式起落架不能收上;可收放式起落架则在飞行中可收起,以减小空气阻力,而在着陆前放下,以便安全着陆。

1. 起落架的配置型式

根据起落架在机体上安装位置布局的不同,飞机起落架配置型式主要有后三点式和前三点式两种,如图 5-40 所示。

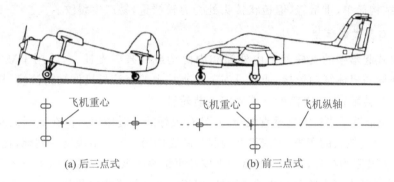

(a) 后三点式　　　　(b) 前三点式

图 5-40　起落架的配置型式

后三点式起落架是指两个主起落架位于两边机翼根部下方飞机重心之前,另一个起落架(尾轮)位于飞机尾部下方的配置型式,如图 5-40(a)所示。这种配置型式为早期低速飞机和某些轻型飞机所采用,其主要目的是为了使安装在飞机头部的发动机螺旋桨位置升高,远离地面。由于采用后三点式起落架的飞机大多属于小型或轻型飞机,所以这种起落架可在强度较低的道面上起落,如经过碾压的草地或土质沙砾跑道。但后三点式起落架的缺点十分明显,主要表现在地面运动时的方向稳定性较差,滑跑中方向不易控制,受干扰后如操纵不当易进入"打地转"状态;地面运动的纵向稳定性较差,着陆时如刹车过早、过猛,可能导致飞机倒立(拿大顶)。随着飞机的大型化和高速化,加之高能量刹车系统的使用,后三点式起落架的缺点日益明显,并对飞行安全带来了潜在危险,所以其逐渐被前三点式起落架所取代。

前三点式起落架是指两个主起落架在两边机翼根部下方飞机重心之后,另一个起落架(前起落架)位于飞机头部下方的配置型式,如图 5-40(b)所示。与后三点式比较,前三点式起落架的地面方向稳定性和纵向稳定性都较好,着陆时前方视线好,着陆滑跑中可较早实施刹车。所以,现代无人机广泛采用前三点式起落架。

2. 起落架的结构型式

按照起落架的结构和工作特点的不同,其结构型式主要分为构架式、支柱套筒式和摇臂式 3 种,如图 5-41 所示。

(1) 构架式起落架

构架式起落架常用于一些航程较短的无人机。其结构特点是起落架固定,不可收放。典型的构架式起落架由斜撑杆和减震支柱构成承力构架。上部分别与机翼或机身结构铰接,下

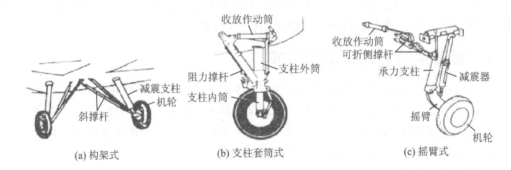

收放作动筒

收放作动筒
可折侧撑杆

阻力撑杆

支柱外筒

支柱内筒

承力支柱

减震器

减震支柱
机轮

斜撑杆

摇臂

机轮

(a) 构架式　　　　　　　　(b) 支柱套筒式　　　　　　　　(c) 摇臂式

图 5 - 41　起落架的结构型式

端与轮轴上的梳状接头铰接。当受到地面反作用力时,起落架各承力构件只承受轴向力,而不受弯矩,故其结构简单,重量轻,但梳状接头处受力较严重,易产生裂纹。

（2）支柱套筒式起落架

支柱套筒式起落架的支柱就是由外筒和内筒构成的减震支柱,它既用于减震,又用于承力。支柱的外筒与机体结构铰接,或通过安装于支柱上的套筒与机体结构铰接,其铰链中心作为起落架的收放转轴;支柱内筒的下端固定安装轮轴。

这种起落架能够承受较大的垂直载荷,并且有很好的减震作用。但在受到纵向或侧向水平载荷时,支柱将承受较大的弯矩,不能很好地起到减震作用。为了解决这一问题,在主起落架上,沿无人机纵向安装阻力撑杆,而在前起落架上安装可折叠的纵向阻力撑杆,用于承受和传递纵向载荷;在主起落架的内侧安装可折叠的侧撑杆,用于承受并传递侧向载荷。另一个问题是垂直方向的地面反作用力通常与减震支柱轴线不重合,这也将使支柱承受较大弯矩,导致支柱内、外筒之间接触而产生摩擦,易造成减震支柱密封装置磨损,减震性能也将受到较大影响。

由于支柱套筒式起落架容易设计成可收放的型式,且能够承受很大的垂直载荷,结构较简单,结构重量较轻,所以在大中型无人机上得到广泛应用。

（3）摇臂式起落架

典型的摇臂式起落架由承力支柱、减震器和摇臂构成。一个起摇臂作用的轮臂或轮叉上部铰接在承力支柱的下端,下部安装机轮。承力支柱与起落架收放转轴固定连接。在摇臂与飞机结构之间铰接安装减震器。这种起落架的最大优点是可以很好地承受垂直和水平两个方向的载荷,并同时具有很好的减震效果。无论机轮受到的是垂直方向的载荷还是水平方向的载荷,都可以转变为摇臂绕其铰接点的转动,并通过摇臂将载荷轴向传递给减震器。

由于摇臂式起落架具备上述优点,所以它在高速飞机上得到较广泛应用。但它的结构较复杂,减震器及其接头受力较大,且结构重量较大。

3. 起落架的基本组成

多数大中型无人机通常采用支柱套筒式起落架,虽然在不同无人机上这种结构型式的起落架有某些差别,但其基本构成相同,因此这里将重点介绍这类起落架的基本组成及主要部件。

（1）主起落架

图 5 - 42 所示为一典型无人机主起落架处于放下位置的情况。主起落架为支柱式、半叉单轮起落架,采用单腔油气式缓冲器,主轮带有液压刹车装置。

主起落架外筒两端为空心轴,外衬钢衬套,通过两个连接法兰盘安装于机身结构上。

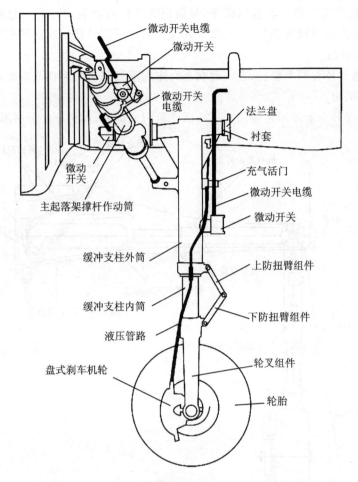

图 5 - 42　典型无人机主起落架处于放下位置的情况

主起落架装置由主起落架撑杆作动筒和主起落架组成。主起落架通过外筒上的销轴与主起落架撑杆作动筒连接。主起落架撑杆作动筒下端的关节轴承,通过螺母、开口销与缓冲支柱外筒的销轴相固定,实现撑杆作动筒与主起落架的连接。主起落架撑杆作动筒的上端万向接头通过螺栓、螺母和开口销固定于机身作动筒连接接头上。

主起落架主要包括主起落架缓冲支柱、上防扭臂组件、下防扭臂组件、轮叉组件、轮胎、盘式刹车机轮和液压管路等。其中,主起落架缓冲支柱由外筒组件、内筒组件、油针组件、操纵杆组件、接触器组件以及微动开关电缆等部分组成。缓冲支柱上设有注油充气阀,并通过上、下防扭臂组件与轮叉组件相连,内筒通过连接螺母和螺栓固定在轮叉上部。缓冲支柱上的操纵杆组件和接触器组件通过微动开关电缆连接到电气系统插座上,将缓冲支柱全伸长的电信号传递给电气和控制系统。

1) 收起落架

收放作动筒由液压驱动,液压油推动作动筒内的活塞使其缩短,从而带动起落架收起,收起至一定位置时,轮胎碰到可折支杆使支杆折弯,带动下部活动舱门关闭。起落架处于收起位置,被收放作动筒内的机械锁锁住,同时微动开关发出收起信号指示起落架确实锁死。

2) 放起落架

收放作动筒由液压驱动,液压油推动作动筒内的活塞使其伸长,从而带动起落架放下,放至一定位置时，轮胎将下部活动舱门碰开，弹簧使支杆伸直将舱门打开。起落架处于放下位置，被收放作动筒内的机械锁锁住，同时微动开关发出放下信号指示起落架确实锁死。

3）主起落架舱门

左、右主起落架各有两个舱门，在收起状态时主起落架完全封闭在起落架舱内。舱门采用碳纤维蜂窝夹层结构。

主起落架舱门分为上部固定舱门和下部活动舱门两部分，如图 5 - 43 所示。

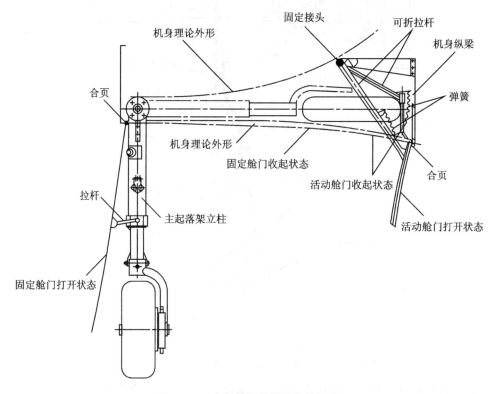

图 5 - 43　主起落架舱门及收放机构

上部固定舱门主要用来遮盖起落架缓冲支柱和上半部轮胎，舱门上部通过合页固定在机身上，舱门中间有一个接头，通过可调节的万向接头和拉杆与起落架缓冲支柱相连。

主起落架下部活动舱门用合页固定在机身纵梁上，舱门可绕纵梁转动。纵梁上部通过两个板弯小梁固定一个接头，该接头与舱门接头之间通过一根可折支杆相连，可折支杆上有拉伸弹簧使杆在自由状态下呈直线形状，也就是舱门打开位置，当起落架收起时，起落架轮胎碰到可折支杆使其折弯，带动舱门关闭。当起落架放下时，首先轮胎将舱门碰开，弹簧使支杆伸直将舱门打开。

（2）前起落架

当无人机滑跑速度在一定范围内时，可采用单侧主轮刹车的方式来转弯。无人机常采用前轮转弯来控制其在跑道上的机动方向。为了便于操纵前轮转弯，设置了前轮转弯传动机构。前轮能够左右偏转带来了方向稳定性、空中前起落架自动定中以及摆振等问题，因此在设计上采用前轮稳定距、前轮定中机构和减摆器等，较好地解决了这些问题。

图 5 - 44 所示为典型的前起落架结构及安装方式。前起落架为支柱式、全叉单轮起落架，缓冲器为单腔油气式缓冲器，工作介质为航空液压油和工业氮气。

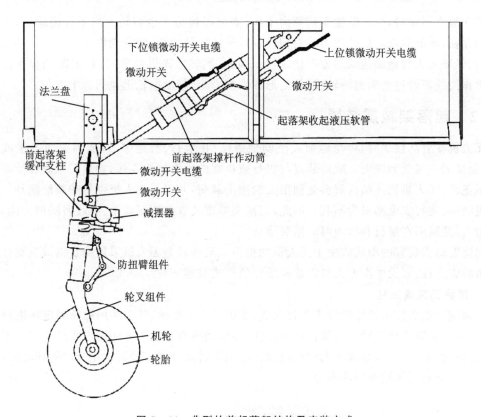

图 5 - 44　典型的前起落架结构及安装方式

　　前起落架装置由前起落架和前起落架撑杆作动筒组成。前起落架通过缓冲器外筒上的销轴与前起落架撑杆作动筒连接。前起落架撑杆作动筒的设计与主起落架撑杆作动筒相同,仅是长短上有差异。

　　前起落架主要包括前起落架缓冲支柱、防扭臂组件、轮叉组件、机轮和轮胎等。前起落架缓冲支柱由外筒组件(含与机体连接轴)、内筒、油针组件(含阻滞活门装置及自动回中装置)、衬筒组件、环体组件、操纵杆组件、接触器组件以及微动开关电缆等部分组成。前起落架缓冲支柱内设有自动回中装置,当前起落架缓冲支柱全伸长时,使内筒自动回到中立位置。内筒通过连接螺母和螺栓固定在轮叉上部。轮叉组件通过上、下防扭臂组件与环体相连,同时环体上还安装有减摆器。前起落架缓冲支柱上的操纵杆组件和接触器组件通过微动开关电缆连接到电气系统插座上,将前起落架缓冲支柱全伸长的电信号传递给电气和控制系统。

　　机轮和低压轮胎通过轮轴安装于轮叉上。轮胎为利于防摆的方形截面轮胎。

　　为便于牵引,在上、下防扭臂之间安装有快卸销。在地面移动和运输无人机时,应将快卸销拔除。

　　为了保证飞机在地面运动时的方向稳定性,需将前轮置于支柱轴线(前轮偏转轴线)之后一定距离,机轮接地点与前轮偏转轴线间的垂直距离就是所谓的"稳定距",如图 5 - 45 所示。

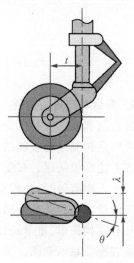

图 5 - 45　前轮稳定距

无人机在地面运动时,如果前轮受到侧向干扰,则可能被迫产生偏转。当干扰消除后,由于稳定距的存在,地面对前轮的摩擦力将对偏转轴线形成恢复力矩,使前轮恢复到飞机运动的方向上,从而保证无人机地面运动的方向稳定性。因此,当转弯操纵结束时,稳定距的存在使地面摩擦力作用线不经过前轮偏转轴线,从而形成恢复力矩,帮助前轮迅速回到中立位。

5.4.2　起落架减震装置

无人机在着陆接地时,将与地面发生剧烈碰撞;在滑行、滑跑中,可能因道面不平或有异物,也会使无人机受到撞击。减震装置与机身或机翼的承力结构连接,如果其减震性能不好或工作不正常,无人机机体结构就会受到很大的撞击载荷,并引起无人机强烈的颠簸跳动。这对无人机结构、飞行安全都极为不利。因此,起落架减震装置的功用就是:吸收着陆撞击能量,减小撞击力,并减弱在滑行和滑跑时的颠簸跳动。

起落架减震装置的型式取决于无人机的重量。某些轻型无人机采用弹簧钢减震支柱或复合材料减震支柱,而大中型无人机则普遍采用油气式减震支柱。

1. 弹簧钢减震支柱

弹簧钢减震支柱由弹性钢管或钢板制成,如图 5 - 46 所示,其上端用螺栓固定在机身加强隔框上,下端固定连接轮轴。弹簧钢具有弹性,在地面垂直和水平方向撞击载荷作用下发生幅度逐渐减小的弹性变形,在弹簧钢材料内摩擦作用下将部分撞击能量转化为内能耗散掉,从而减小了起落架对机体结构的冲击力。

图 5 - 46　弹簧钢减震支柱

2. 复合材料减震支柱

复合材料减震支柱广泛应用于复合材料机体结构的无人机上。减震支柱主体一般采用玻璃纤维增强树脂层合板状结构,有些无人机为了提高支柱的柔韧性,常在支柱弯曲时受拉的一侧增加芳纶纤维铺层。在受压的一侧为了防止出现结构局部失稳,有时也会布置少量碳纤维铺层。无人机着陆时,减震支柱发生幅度逐渐减小的弯曲弹性变形,通过结构材料内摩擦来耗散冲击能量。与传统的金属材料减震支柱相比,复合材料减震支柱具有更优异的抗疲劳性能,并且具有结构简单、重量轻、维护工作量小等特点。图 5 - 47 所示为典型的复合材料减震支柱结构及装配关系示意图。

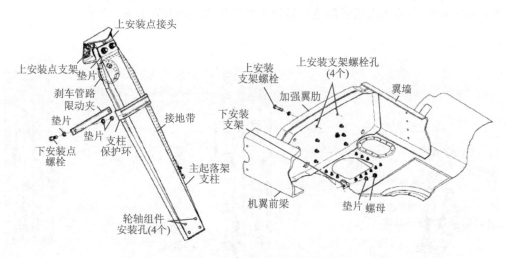

图 5 - 47　复合材料减震支柱结构及装配关系示意图

3. 油气式减震支柱

绝大多数现代无人机的起落架采用油气式减震支柱。不同无人机的油气式减震支柱虽在设计上存在较大差别,但它们的基本构造和工作原理却是相同的。

(1) 构　造

油气式减震支柱主要由外筒和内筒(活塞)构成,如图 5 - 48 所示。外筒与无人机机体结构连接,而与外筒精密配合的内筒安装在外筒内,并可在外筒内上下运动。在外筒和内筒之间安装扭力臂可防止内外筒相对转动,同时限制内筒伸张冲程,防止内筒从外筒中脱出。内筒的下端固定连接轮轴,用于安装机轮。

图 5 - 49 所示为一种典型的油气式减震支柱内部构造。减震器的主要作用是减小着陆撞击时的载荷峰值,并消耗撞击动能。外筒被活塞管分成内、外两个腔室。内筒(活塞)伸入外筒内,并包围住活塞管。活塞管壁上钻有一定数量的小孔,用于油液在活塞管和内筒之间流动。活塞管底部隔板又将内筒分为上、下两个腔,用于油液上下流动。下腔充满油液,上腔的上部充以压缩空气或压缩氮气。隔板上开有节流孔,以形成一个油液通道。内筒下部活塞中心处垂直固定安装有一根穿过节流孔的锥形调节油针。当减震支柱伸缩运动时,该调节油针可在节流孔中上下移动,通过改变节流孔的通油面积来控制油液在上、下腔之间来回流动的速率(流量)。在支柱压缩和伸张过程中,液体上下流动速率不是常数,而是受到穿过节流孔变截面积油针的调节。

在外筒的顶部附近通常安装支柱充气活门,用来给减震支柱灌充油液和气体。在外筒的下端支承座或封严螺母的凹槽内装有双向密封圈,并在最下部装有防止外界污染物进入的防尘密封圈。

(2) 工作原理

当无人机着陆,机轮接地时,无人机重心继续向下运动,支柱压缩冲程开始。这时外筒随飞机向下运动,内筒则相对外筒向上滑动,推动调节油针穿过节流孔向上运动,使节流孔通油面积逐渐减小。在整个压缩过程中,油液从下腔通过节流孔向上流动,并且因为通油面积逐渐减小,所以油液向上流动速率也逐渐减小,流动阻力则逐渐增大。由于产生剧烈的摩擦作用而生热,并通过支柱管壁散失,因而将部分着陆能量转换成热量消耗掉;同时,由于支柱内油面升高,使上部气体压缩,将无人机着陆能量转换为气体压力能而储存起来。

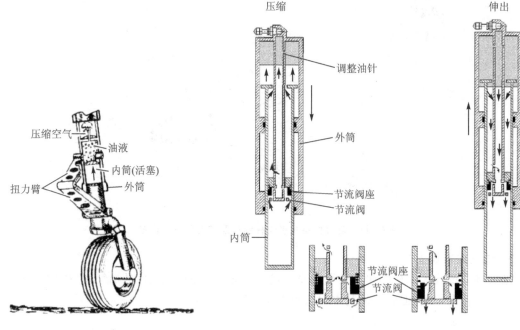

图 5-48　油气式减震支柱　　　　图 5-49　油气式减震支柱内部构造

当压缩冲程结束时,因为气体压力较大,所以支柱又开始了伸张冲程,无人机相对地面和机轮向上运动。在压缩空气的作用下,油液又通过节流孔向下流动,再次摩擦生热,消耗部分能量。在有些减震支柱内设有包含回弹活门的阻尼或缓冲装置,可减小伸张冲程中的反跳,防止支柱伸张太快。经过数次压缩和伸张冲程循环,几乎全部着陆能量都被消耗掉,无人机则平稳地在地面上滑跑。

从以上分析可知,油气式减震支柱的基本工作原理可概括为:利用气体的可压缩性吸收着陆能量,延长无人机速度垂直分量消失时间,从而减小地面撞击力;利用液体反复流过节流小孔,产生摩擦热,耗散着陆能量,从而减弱无人机的颠簸跳动。

为了使减震支柱的减震性能处于最佳状态,必须保证油和气灌充量符合规定。

4. 起落架的扭力臂

扭力臂的功用是将起落架定位在正前方位置,防止减震支柱内筒和外筒之间相对转动,并限制支柱的伸张冲程。扭力臂由上、下两臂组成,如图 5-50 所示。上扭力臂的上端铰接在减震支柱的外筒上,下扭力臂的下端铰接在内筒(通常是轮轴或轮叉)上,两臂之间用螺栓组件铰接。这样的连接方式决定了减震支柱内、外筒可以相互伸缩运动,但不能相对转动。因此,扭力臂是一种定位装置。

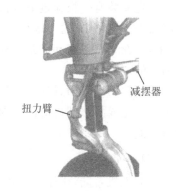

图 5-50　扭力臂

5.4.3　起落架收放系统

无人机飞行速度较大时起落架要收起,这样可以保持良好的气动外形,大大降低迎风阻力,改善气动性能以及飞行性能。收放起落架尽管增加了重量,使结构设计和使用复杂化了,但总的效率提高了。起落架的收放运动方式、起落架本身及其收放机构越简单,机翼、机身和起落架舱的承力型式也越简单,起落架要求的收放空间就越小,收放起落架就越容易实现。

1. 起落架的收放方式

（1）主起落架的收放方式

无人机的主起落架一般沿展向放下、沿展向收起,有以下几种方式,如图 5-51 所示。

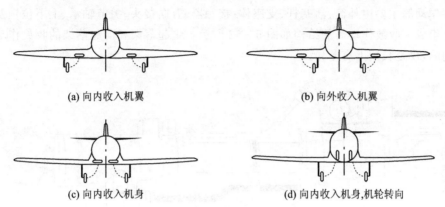

(a) 向内收入机翼　　　　　　　　　　　　(b) 向外收入机翼

(c) 向内收入机身　　　　　　　　　　　　(d) 向内收入机身,机轮转向

图 5-51　主起落架沿展向收放

① 机轮往机身方向运动并将机轮收入机翼（见图 5-51(a)）,这种方式常用在机翼根部结构高度可以容纳机轮的情况。

② 机轮远离机身方向运动并将机轮收入机翼（见图 5-51(b)）,这种方式适用于小机轮起落架。

③ 机轮往机身方向运动并将机轮收入机身中（见图 5-51(c)）,这种方式多用于下单翼飞机。

④ 机轮往机身方向运动,将机轮收入机身中并使机轮转向（见图 5-51(d)）,这种方式用在高速薄机翼飞机上。由于带了机轮转向机构,其结构较为复杂。

主起落架沿翼展方向收放的优点是,当放下起落架时无人机的重心位置变化小。

（2）前起落架的收放方式

前起落架支柱通过机轮的向前或向后运动收入机身中。在选择前起落架支柱收放方向时除了要考虑总体布局外,如任务载荷的安放位置,还必须考虑尽量减小无人机重心位置改变的要求。从这个观点出发,当主起落架向后运动收放时,前起落架应向前运动收放,而主起落架向前运动收放时,前起落架应向后运动收放。前起落架的收放方式要比主起落架的收放方式简单。

2. 起落架收放系统组成和工作原理

起落架收放系统通常采用液压机械系统,有些无人机采用电机驱动的起落架收放机构,甚至有的无人机还利用气压传动来收放起落架。但是,由于液压系统具有其他动力系统所没有的诸多优点,所以绝大多数无人机的起落架收放系统采用液压传动。这里重点介绍液压式起落架收放系统的基本组成和工作原理。

起落架收放系统主要由收放作动筒、收放位置锁、液压收放系统、地面安全装置和应急放下系统等部分组成,以保证起落架能够可靠地收上和放下。

（1）收放作动筒

起落架收起动作是通过活塞杆的收放动作来实现的。起落架在收放位置被机械地锁住，收、放微动开关指示起落架是否被确实锁死。

1）收放作动筒组成

收放作动筒上端的万向接头通过螺栓与结构相连，下端的关节轴承与起落架外筒上的销轴相连。

收放作动筒主要由外筒、活塞杆、支座体、接触器、万向接头、关节轴承、上下位锁及微动开关电缆等组成。收放作动筒的结构如图 5 - 52 所示。主起落架和前起落架的收放作动筒的设计是相同的，仅是长短上有差异。

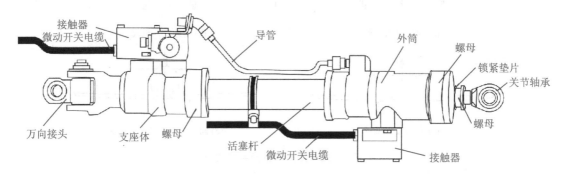

图 5 - 52　收放作动筒结构图

收放作动筒的上、下位锁均采用机械锁，由液压开锁，安全可靠。收放作动筒上的接触器通过微动开关电缆连接到电气系统插座上，将收放作动筒上、下位锁开锁和上锁的电信号传递给电气和控制系统。

2）工作原理

起落架收放作动筒工作原理如图 5 - 53 所示。收放作动筒由液压驱动，当收起起落架时，液压油由 A 口进入外筒，推动活塞杆向右移动，活塞杆右侧的液压油由 B 口流回液压油箱，活塞杆收进外筒，带动起落架收起。当移动到最右端时，活塞杆被机械锁锁住，收放微动开关指示起落架是否确实锁死。当放下起落架时，收放微动开关打开机械锁，液压油从 B 口进入，活塞杆左侧的液压油从 A 口流出，从而推动活塞杆向左移动，使活塞杆伸出外筒，从而使起落架放下。当移动到最左端时，活塞杆被机械锁锁住，收放微动开关指示起落架是否确实锁死。当起落架正常放出现故障时，液压油会从应急放下进油嘴 C 处流入，推动往复活门打开入口，液压油进入活塞杆右侧腔体，使起落架放下。

（2）收放位置锁

为了确保起落架可靠地保持在收上位置和放下位置，每个起落架都分别设有一个收上位置锁和一个放下位置锁。收上位置锁一般为机械锁钩式，某些飞机的收上位置锁为液压锁；放下位置锁则通常为机械撑杆式，少数为机械锁钩式。

1）收上位置锁

起落架收上位置锁用于将起落架锁定在收上位置，保证起落架在飞行中不会由于自身重量的原因而意外落下。收上位置锁主要有机械锁钩式和液压式两类。图 5 - 54 所示是一种机械锁钩式收上位置锁的工作示意图。

锁钩机构的安装座固定在飞机结构上，锁钩与安装座铰接，锁环固定在减震支座上。随着起落架收上，锁环进入锁钩，并使锁钩顺时针旋转，在锁钩定位机构的作用下，将起落架可靠地

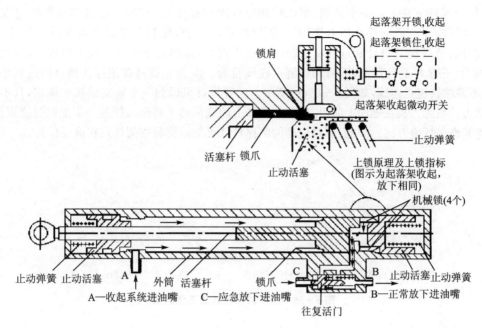

图 5-53 收放作动筒工作原理图

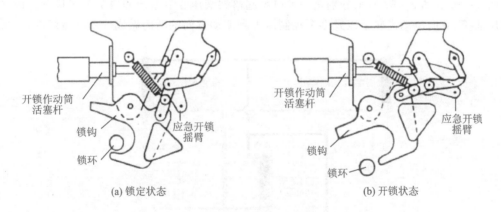

(a) 锁定状态   (b) 开锁状态

图 5-54 机械锁钩式收上位置锁的工作示意图

锁定在收上位置。放下起落架时,液压传动的开锁作动筒活塞杆驱动锁钩逆时针旋转,使锁环脱离锁钩而开锁。

    某些飞机采用液压式收上位置锁。当起落架收上到位后,液压系统的相应装置使收上管路的液压油封闭,形成液锁,将起落架保持在收上位置。

    2) 放下位置锁

    起落架放下位置锁用于将起落架可靠地锁定在放下位置,以便无人机安全着陆,并保证无人机在地面运行期间的安全。放下位置锁通常为机械锁,有锁钩式和撑杆式两类,其中撑杆式放下位置锁在无人机上应用广泛。

    撑杆式放下位置锁通常与主起落架的侧撑杆或前起落架的阻力撑杆做成整体。在许多无人机撑杆式放下位置锁中,常设置一个锁钩机构,当起落架放下到位时,将撑杆锁定。图 5-55(a)所示为典型无人机主起落架撑杆式放下位置锁的结构。当液压作动筒传动起落架放下到位时,侧撑杆伸直。活塞杆继续推动调节螺杆,使铰接于侧撑杆上臂支板上的锁钩逆时针转动,钩住侧撑杆下臂上的一个锁销,所以将侧撑杆固定在伸直位置,从而将起落架锁定在放下位置。为了防止在地面反作用力作用下,侧撑杆自动折叠,使起落架意外离开放下位置,所以将侧撑杆折叠铰链处设计成过挠度(或称为"过中点"),即当起落架处于放下位置时,伸直的侧撑杆的上、下臂并不与其上、下两端铰链点连线重合。其折叠铰链在侧撑杆伸直的过程中转过了上、下两端铰链点连线,如图 5 - 55(b)所示。这种设计可得到一个确定的机械锁定,且不需要其他动力。当无人机在地面上时,作用在侧撑杆上的载荷趋于将侧撑杆进一步推向过挠度位,而不会将其推向折叠方向。因此,有过挠度的侧撑杆就可靠地将起落架锁定在放下位置。

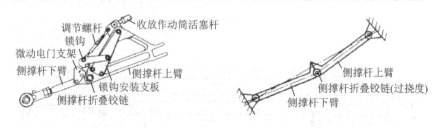

(a) 典型无人机主起落架撑杆式放下位置锁的结构　　　(b) 放下位置锁的过挠度状态

图 5 - 55　起落架撑杆式放下位置锁

(3) 液压收放系统

图 5 - 56 和图 5 - 57 所示分别是一种典型起落架液压收放系统的两个工作状态。该系统将液压油箱、双向电动齿轮泵以及多个控制压力和流动方向的活门做成一个整体组件,安装于

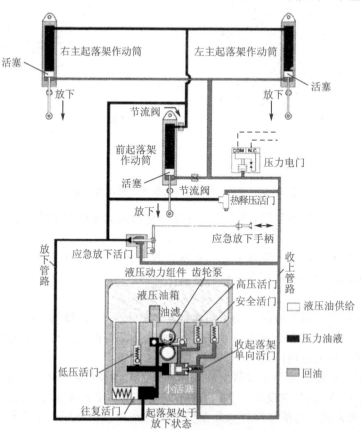

图 5 - 56　典型的单源液压系统(起落架放下状态)

独立的壳体内,称为液压动力组件。

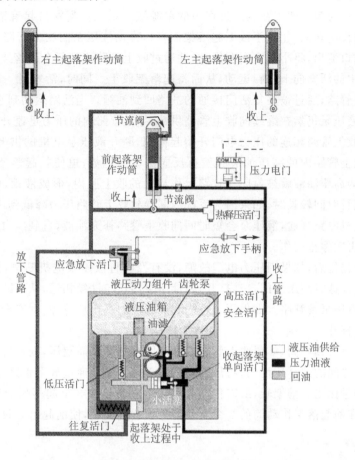

图 5-57 典型的单源液压系统(起落架收上过程中)

1) 起落架放下

图 5-56 所示为起落架放下状态的单源液压系统。当发出起落架"放下"指令时,就接通了齿轮式液压泵驱动电机,驱动液压泵工作,压力油从液压泵左边出口流出,首先进入位于液压泵下方的空腔,推动小活塞向右移动。小活塞右端的针状顶杆将收起落架单向活门顶开,使起落架收上管路通油箱(解除收上液锁)。压力油继续向下流动,将往复活门向左推动,关闭放下管路的回油路,并将压力油接入放下管路。因此,压力油通过左边的放下管路分别进入每个起落架作动筒的上端,推动作动筒中的活塞向下(外)运动,从而传动起落架放下。小活塞另一端的低压油液则沿着右边的收上管路,通过被打开的单向活门从液压泵的抽油口被抽到放下管路。当起落架放下锁好时,起落架放下位置锁处的微动电门触通,通过起落架控制电路中的继电器将液压泵电机断电,液压泵停止供油。放下管路油液失去压力,往复活门在复位弹簧的作用下向右移动,再次将放下管路与油箱接通,从而使放下管路释压,起落架则被机械锁定在放下位置。起落架放下到位后,如果微动电门没能使液压泵电机断电,则液压泵会继续向放下管路供压,导致放下管路压力迅速上升,这可能会使液压泵电机负荷增大而损坏。这时,设置于放下管路中的液压泵出口与油箱之间的低压活门自动打开,将液压泵来油接通到油箱,以防止放下管路压力过高。

2）起落架收起

图 5-57 所示为起落架正在收上过程中的单源液压系统。当发出起落架"收上"指令时，齿轮泵驱动电机反向转动(相对于放下起落架而言)，带动液压泵向收上管路供压。压力油从液压泵的右边出口流出，将小活塞向左推动，并通过收上管路流到每个起落架收放作动筒的下端，推动作动筒中的活塞向上(内)运动，从而将起落架收上。同时，活塞另一端的低压油液则沿着左边的放下管路，通过被往复活门接通的油路回到油箱。当活塞运动到它的上死点时，起落架已收好，但液压泵仍然在继续向收上管路供油，导致管路内的压力迅速升高。当压力上升到一定值时，与收上管路相连的压力电门开始起作用，断开液压泵电机的供电电路，液压泵立即停止供压。收上管路内的高压油液必然有反向流动的趋势，迫使收起落架单向活门关闭。此后，收上管路的高压油液就被封闭在管路及作动筒的收上腔内，形成液锁，将起落架保持在收上位置。当飞行时间较长时，如果因为系统内漏导致收上管路压力降低到一定值，则压力电门又将液压泵电机电路接通，液压泵会短时间向收上管路补充油液，直到压力又上升到压力电门断电，液压泵再次停止工作。

起落架收上到位后，如果因压力电门故障，没有及时将液压泵电机断电，则收上管路内的压力将继续升高。这时高压活门自动打开，将液压泵出口与油箱相通，从而防止因系统压力过高而损坏电机、液压泵及管路。如果压力电门和高压活门都出现故障，则安全活门会在更高的压力水平上自动打开。

在起落架收上液锁期间，如果收上管路内油液因受热膨胀而超压，则通过一个设置在收上管路与放下管路之间的热释压活门，将压力过高的部分液压油通过放下管路释放回油箱。

前起落架重量比主起落架轻，所需传动力也较小。为了使 3 个起落架能够基本上同时收上或放下到位，在前起落架作动筒的 2 个通油口处设置节流阀，使前起落架收放速度与主起落架基本同步。

3）起落架应急放

当正常放下系统故障或动力源失效时，要求该系统能够可靠地将起落架放下锁好，以确保无人机能够安全着陆。

有人机应急放下起落架系统的基本工作原理是：人工打开起落架收上位置锁，起落架靠自身重力放下并锁好。如果收上锁为机械锁，则应急放下操纵器件与起落架收上位置锁机械连接，当扳动或转动应急放下操纵手柄或手轮时，机械地打开收上锁。如果收上锁是液锁，则应急操纵的动作使收、放油路连通，解除液锁。

图 5-58～图 5-60 所示分别为典型无人机采用液压锁的起落架收放系统在正常放、正常收和应急放时的液压通路。当起落架收放系统正常时，通过正常的电动泵，利用收放电磁阀中的电磁铁通、断电及压力的变换来改变液压油的流向，抽取或输送液压油，实现起落架的收放。

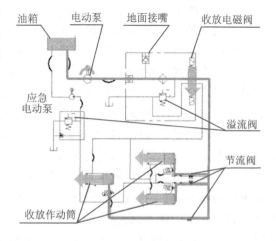

图 5-58　液压收放系统——正常放

当收放系统出现故障时，直接通过应急电动泵向收放作动筒输送液压油，实现起落架的应急放。当液压系统压力超过规定值时,溢流阀开启,将部分液压油放掉,从而保证液压系统压力为规定值。节流阀通过小口节流方式控制液压系统流量。

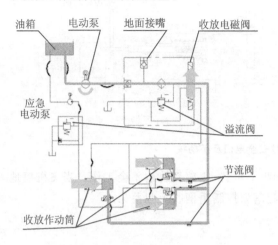

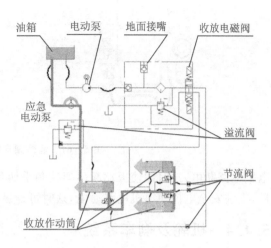

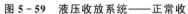

图 5 - 59　液压收放系统——正常收　　　　图 5 - 60　液压收放系统——应急放

　　无人机因起落架重量较轻,靠自震下落的惯性力不足以可靠地放下锁好,所以针对无人机起落架,设计了多种应急放下辅助装置。其中,最简单的是在起落架收放机构中加装拉伸弹簧和具有气动弹簧的补偿作动筒。这两种弹性装置在起落架收上时储存能量,应急放下起落架时,它们释放能量,在起落架靠自重放下过程中,为起落架提供额外的传动力,以便可靠地放下锁好。

　　4)起落架地面防收起

　　采用可收放式起落架的无人机必须具有相应的安全装置,以防止无人机在地面时意外收起起落架,造成起落架及机体结构损坏。防收起装置主要有支柱安全电门和起落架地面锁等。

　　支柱安全电门通常安装在某个主起落架减震支柱上,用来感受无人机的空地状态,所以也称为空地安全传感器,或简称支柱电门。支柱安全电门有多种类型,其安装方式也不尽相同,但基本工作原理都是利用无人机在地面或空中两种状态下,减震支柱处于压缩或伸张两种对应状态,来触动或脱开一个支柱安全电门,发出相应的表示空地状态的电气信号。

　　图 5 - 61(a)所示为一种支柱电门安装方式。支柱安全电门安装在固定于减震支柱外筒上的一个托架上,另有一个安全电门触板固定安装在上扭力臂上。当减震支柱压缩时,上扭力臂绕其上铰链向上转动,安全电门触板与支柱安全电门接触,发出无人机在地面的信号。当起飞离地后,安全电门触板与支柱安全电门脱开,发出无人机在空中的信号。

　　支柱安全电门发出的信号可用于防止无人机在地面时意外收上起落架。对有人机来说,如果起落架控制手柄机械地与起落架选择活门连接,则通常设置电磁式手柄锁,如图 5 - 61(b)所示。当飞机在地面时,起落架控制手柄处于放下位置。由支柱安全电门控制的手柄锁电路开路,电磁线圈不产生磁力。这时手柄锁锁销在弹簧的作用下穿过手柄上的锁孔,并插入起落架选择活门或其他固定结构上的锁孔,将手柄锁定在放下位置,不能扳动,从而使飞机在地面时起落架不会意外收起。当飞机起飞离地时,因支柱安全电门处于空中位置,所以手柄锁电路接通,手柄锁锁销在电磁力作用下退出锁孔,这时手柄可移动到收上起落架的位置。

　　有些飞机的起落架控制手柄控制的是液压泵驱动电机的工作电路。在这种情况下,支柱安全电门的空地信号可以直接用来控制电机电路的通断。当飞机在地面时,支柱安全电门使

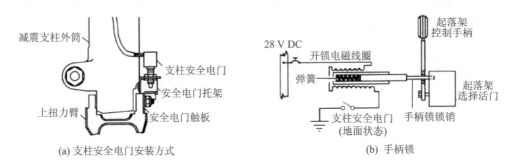

(a) 支柱安全电门安装方式   (b) 手柄锁

图 5 - 61　起落架支柱安全电门及手柄锁

电机电路断电,这时即使扳动起落架控制手柄到收上位置,收放系统也不会工作。当飞机离地后,支柱安全电门使电机电路通电,这时可操纵起落架控制手柄收上起落架。

5.4.4　机轮及刹车系统

机轮用于无人机在地面上的运动。机轮分为带刹车和不带刹车机轮两种。机轮由轮胎、轮毂和刹车装置三部分组成。

1. 机轮的安装方式

按机轮与起落架支柱的固定方式,可分为半轴式、轴式、半轮叉式、轮叉式和小车式,如图 5 - 62 所示。

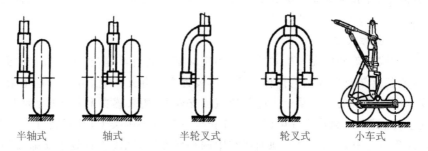

半轴式　　　轴式　　　半轮叉式　　　轮叉式　　　小车式

图 5 - 62　机轮的安装方式

2. 轮　胎

轮胎用于无人机在机场通行并在无人机着陆和运动时吸收一部分撞击能量。轮胎可以是有内胎的,也可以是不带内胎的。有内胎的轮胎里面有内胎和气门嘴。无内胎的轮胎里面是一层辅助的橡胶密封层。轮胎的结构如图 5 - 63 所示,轮胎的核心部分是由高强尼龙线组成的帘布层,它承受轮胎的负荷。为了增加强度,在胎体内穿入了用专门钢丝制作的钢丝圈。帘布层外面是橡胶加强层。沿机轮外廓是用高质量橡胶做的胎面。为了提高与机场表面的附着性,胎面上有槽沟纹(非刹车机轮上可能没有纹线)。

3. 轮　毂

轮毂一般用镁合金、铝合金、钛合金等材料铸造或锻造后再经过机械加工制成。轮缘上安装机轮,为了方便安装,一般其中的一个轮缘是可拆卸的,它借助于固定的半圆环连接在轮盘上,如图 5 - 64 所示。

当机轮尺寸较小时,两半轮缘均做成不可拆卸的。机轮的安装分离面就在机轮对称面上,当把机轮安装在半个轮毂上后,用受拉螺栓将两半连接起来。从两面向轮毂轴套中压入径向

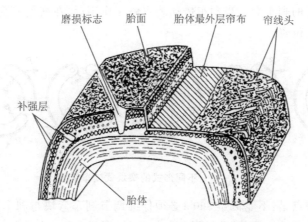

图 5-63　轮胎的结构

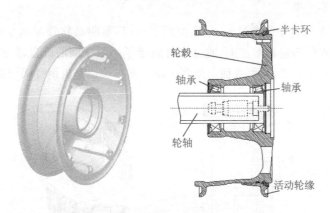

图 5-64　轮毂结构图

止推轴承。在可制动的机轮上,刹车套装在轮盘上。就轮毂而言,所选取的结构和材料要保证在一定的刚度条件下重量最轻。随着安装在轮毂内的刹车机构的能量提高,轮毂内的温度也升高,由于镁合金的熔化温度不是很高,也就不能再在轮毂上使用了。钛合金具有很好的应用前景,它具有较好的热稳定性及相对低的热传导性,这就降低了从刹车装置通过轮毂向轮胎及轮毂内部零件传递的热量。

4. 刹车装置

刹车装置用于缩短无人机着陆距离,改善无人机在机场运动的机动性。当发动机试车时,刹车装置使无人机处于静止状态。无人机着陆后,无人机高速运动的动能通过气动阻力和机轮制动时产生的摩擦力所做的功来消耗,能量消耗得越快,着陆后的滑行距离就越短。当滑跑速度小于一定值时,无人机会利用差动刹车配合方向舵,消除可能的航向和侧向偏差。

无人机机轮的刹车装置有三种:弯块式、软管式和盘式。

(1) 弯块式刹车装置

弯块式刹车装置由壳体、两个或几个刹车弯块、刹车作动筒和恢复弹簧组成,如图 5-65 所示。弯块一般是 T 形或工字型剖面,由轻质合金铸造而成。在刹车弯块的外表面安装着刹车片,刹车片经常采用塑胶以保证当同刹车套接触时产生很大的摩擦因数。弯块的一端固定在与轮轴刚性连接的刹车装置的壳体上,另一端同刹车作动筒相连。开始刹车时,作动筒将弯块压向固接在轮体上的刹车套。当刹车传动装置停止作用后,在恢复弹簧的作用下,刹车弯块离开刹车套回到初始位置。

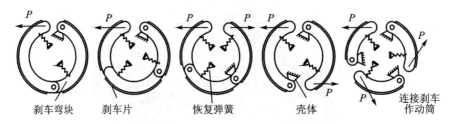

图 5 - 65　不同形式的弯块式刹车装置

弯块式刹车的缺点是:不能覆盖 360°;必须仔细调节刹车弯块与刹车套之间的间隙;弯块的磨损不均匀。但因其结构简单、重量轻,可以用于轻型低速无人机上。

(2) 软管式刹车装置

软管式刹车装置也叫胶囊式刹车,它是由刹车盘、环形制动软管和刹车块组成,如图 5 - 66 所示。在与轮轴相连的铸造刹车盘上,通过螺钉固定了两个压制的圆盘,形成刹车装置的环箍,其上是橡胶的环形刹车软管,软管表面上是刹车块。刹车块也是由钢骨架加强的塑胶制造的。

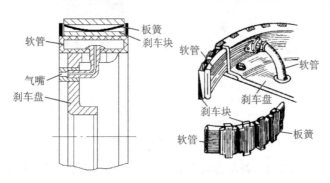

图 5 - 66　软管式刹车装置

当向橡胶软管中加液压油或压缩空气时,软管鼓起,使其上的刹车块压紧刹车套,相互之间发生摩擦,这样就实现了刹车。当压力释放时,在恢复板簧(板簧的两端连在盘的侧边并穿过刹车块上的槽沟)的作用下从刹车套松开,机轮放开。

软管式刹车装置的优点是:结构和制造简单;刹车块与刹车套接触面大(几乎 360°);制动平稳;沿刹车套表面压力均匀,因此刹车块的磨损也均匀;结构重量轻。它的缺点是:软管可能会因为温度过高而损坏,导致刹车失灵。由于刹车块的磨损会增加刹车的时间,所以当刹车块有磨损时软管不能调节刹车块与刹车套之间的间隙,间隙的增加导致需要更大的液压,从而增加了刹车块压向刹车套的时间。

(3) 盘式刹车装置

盘式刹车装置由刹车作动筒、压力盘、动片、静片、支撑盘、扭力管等组成,如图 5 - 67 所示。动片和静片是间隔排列的。静片通过键槽连接于刹车装置的扭力管上,不随机轮转动,但可沿轴向运动。扭力管通过螺栓固定于轮轴上。压力盘与刹车作动筒活塞杆相连,当刹车作动筒活塞杆伸缩运动时,压力盘可沿轴向运动。支撑盘固定于扭力管上。动片可随机轮转动,也可沿轴向运动。

　　当操纵刹车时,刹车压力进入刹车作动筒,使刹车作动筒活塞杆伸出,推动压力盘运动,由于动片和静片都可沿轴向运动,故所有动片和静片压紧到支撑盘上。动片可随机轮转动,而静片不能随机轮转动,当动、静片压紧后会产生巨大的摩擦力,从而达到刹车的目的。

　　松刹车时,刹车作动筒的作动腔通回油,在弹簧力的作用下,使压力盘返回,动、静片分离。

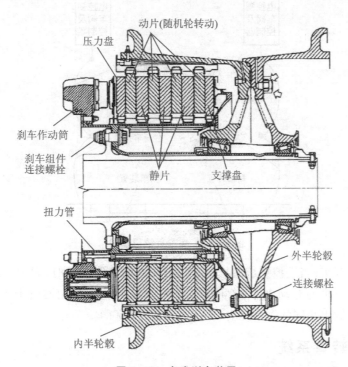

图 5 - 67　盘式刹车装置

　　当通过液压或气压向气缸中输送液体时,传动装置移动,将动片组压向静片组,引起机轮制动。当压力释放后,在恢复弹簧的作用下,动片组回到原来的位置,机轮松开。盘式刹车装置中有自动调节间隙机构,当摩擦板磨损后,它能自动保持动片组与静片组之间的固定间隙,确保固定的活塞工作冲程。

　　同其他刹车型式相比,在同样能量和效率下,盘式刹车装置的外形尺寸最小,因此更容易安装在机轮上。它的优点是工作平稳,由于从刹车盘到轮毂的热传递接触面积较小,所以当刹车产生热量时轮胎破坏的可能性也较小;缺点是重量大,冷却速度慢。

　　图 5 - 68 所示为典型无人机采用的刹车系统原理图。该刹车系统为封闭式自供压系统,为机轮刹车提供液压动力。刹车系统由比例式电控刹车阀及控制器、盘式刹车机轮及刹车软管等组成。刹车系统由两套相同的刹车阀分别向左、右主起落架上的刹车盘提供压力,可实现动刹车、静刹车及差动刹车。

　　当刹车控制器接收飞控系统的控制信号后,控制器通过比较接收的控制信号对应的输出压力值(输入占空比为 0%～100%的控制信号分别对应不同的输出压力)与实际的输出压力值差异,控制电机的正转、反转或停转,使作用在刹车盘上的刹车压力同输入信号占空比线性对应。

　　当控制信号占空比为 0%时,刹车系统两边的控制器不工作,输出压力为零,刹车装置处于松刹车状态;当控制信号占空比从 0%增大到 100%时,控制器输出压力逐渐增大到最大,实现刹车系统对机轮刹车;当控制信号占空比从 100%减小到 0%时,刹车系统刹车压力逐渐减

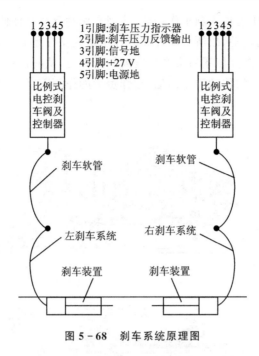

图 5-68 刹车系统原理图

小,实现机轮的松刹车;当飞控系统向控制器输出不同的控制信号时,刹车系统两边输出不同的刹车压力,实现飞机的差动刹车和纠偏;当飞控系统向刹车控制器输出 100% 的控制信号时,刹车系统两边输出相同的刹车压力,实现飞机的停机刹车。

5.4.5 前轮转弯系统

为了方便在地面运动时进行方向控制,起落架为前三点配置的无人机多数都设有前轮转弯系统。为了实现前轮转弯的目的,前起落架在结构上进行了专门设计。在无人机上,通常将整个减震支柱安装在一个 Y 形套筒内,并通过套筒两侧的耳轴与无人机结构铰接。该铰链轴可作为起落架收放转轴。减震支柱可在套筒内转动,带动机轮左右偏转,但不能沿轴向上下移动。如果在支柱上连接传动机构,就可实现对前轮左右偏转的控制,达到控制前轮转弯的目的。有些无人机在前起落架或尾轮结构中设有无操纵转弯机构,在利用主轮单边刹车转弯时,地面摩擦力使前轮或尾轮偏转,辅助无人机地面转弯。

同时,前起落架减震支柱及前轮能够左右偏转也带来了许多问题,如方向稳定性变差、前轮偏置和前轮摆振等。所以,在设计上必须考虑既要实现前轮转弯,又要尽量避免所带来的这些问题。稳定性问题由前轮稳定距解决,前面已有介绍。下面主要讨论无人机广泛采用的前轮定中机构和减摆器类型,以及机械传动式前轮转弯系统和无操纵转弯机构。

1. 前轮定中机构

前轮定中机构的功用是当无人机起飞离地后,自动将前起落架机轮定在中立位,便于收进轮舱。如果没有定中机构,则前轮可能处于偏置状态,这时收上起落架可能使前轮舱及相关机件损坏。另外,无人机着陆前放下起落架时,定中机构使前轮处于中立位,便于无人机正常接地。无人机上采用的前轮定中机构主要有内部定中机构和外部定中机构两种类型。

(1) 内部定中机构

内部定中机构常应用于较大型的无人机上。它利用无人机升空后减震支柱完全伸张状态,由减震支柱内一对凸轮啮合定中,如图 5 - 69 所示。支柱活塞(内筒)的下部和外筒底部端盖的上部分别做成可啮合的上、下凸轮。当活塞向下(支柱伸张)移动时,上、下凸轮在支柱内部空气压力和机轮重力的双重作用下,被迫进入啮合。当两凸轮完全啮合时,正好将前轮定在中立位。

　　(2) 外部定中机构

　　有些无人机的前轮采用外部定中机构。图 5 - 70 所示为一种很典型的滑轮与滑轨组合机构。该定中机构由定中控制杆、定中滑轮、蝶形滑轨和拉伸弹簧组成。定中滑轮安装在控制杆中部的滑轮托架上,拉伸弹簧则连接在控制杆的左端。

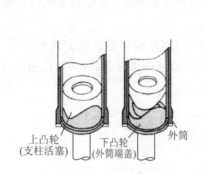

图 5 - 69　内部定中机构

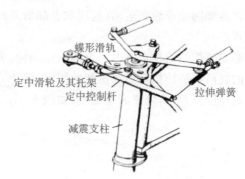

图 5 - 70　外部定中机构

　　无人机起飞离地后,因前轮失去地面摩擦力的制约,故减震支柱可自由偏转。这时,拉伸弹簧拉动定中控制杆绕其右端铰链向后转动。定中控制杆向后压滑轮,迫使它沿着蝶形滑轨滑动。当滑轮滑到滑轨凹入部分的最底部时,滑轮不再滑动,并由拉伸弹簧通过控制杆保持在这个位置,而这个位置正好将前轮定中。在这个定中机构中,拉伸弹簧的弹力仅限于在空中将前轮自动定中,而当无人机在地面需要操纵前轮转弯时,操控系统的力足以克服弹簧的定中力,从而实现转弯控制。

　　2. 减摆器

　　(1) 前轮摆振机理

　　当前起落架没有采取合适的减摆措施时,前轮可能会出现摆振,即无人机在地面滑跑到一定速度时,能自由偏转的前轮可能会出现一种剧烈的偏摆振动。此时,机轮和支柱的弹性振动和轮面的转动交互在一起,使前轮运动呈连续的 S 形,同时机头猛烈摇晃,振动会越来越厉害,直至前机轮损坏。这种振动现象称为前轮摆振,如图 5 - 71 所示。

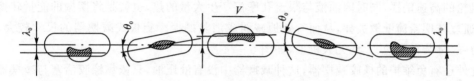

图 5 - 71　机轮变形与摆振运动情况

　　产生前轮摆振的原因在于,机轮(带支柱)是一个弹性体,在偶然受到外力干扰下(如地面不平、侧风、操纵不当等)使机轮偏离前进轴线一个距离 λ,这时轮面倾斜,前轮接地部分的形状变为非对称的弯腰形,同时受到了弹性恢复力的作用。当无人机继续前进时,机轮将一边偏转(增大 θ)一边向前进轴线靠近(减小 λ)。当滚过前进轴线时($\lambda=0,\theta=\theta_0$),由于惯性继续往前滚。这时,又出现了 λ,并不断增大,但同时又出现了弹性恢复力,轮胎接地部分又变成弯腰形,这样就使得 λ 反向增大到 $-\lambda$ 后又开始减小。同时,θ 从 θ_0 减小到 0 后又开始反向偏转。以后如此反复进行,就形成了周期性的摆振。当然,在一般情况下(速度较小时),激振的能量小于阻尼能量(阻止起落架支柱、机轮等产生位移、变形的力所产生的能量),摆振将不会发生。但当滑跑速度超过某一值(称为摆振临界速度 V_{cr})时,激振的能量大于阻尼能量,就会发生摆振,并自发激振,越振越烈,λ_{max} 和 θ_{max} 越来越大,直到破坏。

(2)减摆器工作原理

减摆器能防止前轮在运动(起飞和着陆滑跑)时可能产生的摆振,常见的减摆器有活塞式和旋板式。

活塞式减摆器的构造类似一个液压作动筒,所不同的是,在减摆器活塞上钻有若干小孔,减摆器的缸筒一般铰接在前起落架的固定(静止)结构上,如减震支柱套筒;活塞杆则与可左右偏转的支柱铰接;缸筒内充满了油液,如图 5-72 所示。

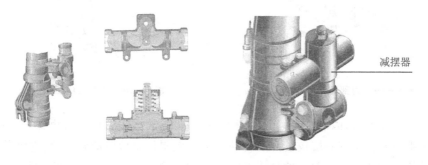

图 5-72　减摆器及其安装位置

活塞式减摆器由壳体、带活塞杆的活塞构成,活塞将壳体分成两个工作油室,腔内充满工质液体,如图 5-73 所示。工作油室由穿透的限流孔连通。带有活塞杆的活塞在壳体内运动,将工作油室内的液体通过限流孔从一个腔压入另一个腔,在这个过程中需要克服很大的液体阻力。当前轮左右偏转时,减震支柱外筒通过一个连杆迫使减摆器活塞杆左右移动,亦即减摆器的活塞要在缸筒内左右移动。因为活塞上开有限流孔,所以活塞左右移动必然迫使油液来回流过限流孔,产生液压阻尼。当操纵前轮转弯时,因为前轮偏转速度较慢,活塞移动速度也较慢,油液流过限流孔时产生的阻尼很小,所以不妨碍前轮转弯操纵。当发生摆振时,因为前轮左右高频率振荡,活塞左右移动的速度很快,所以油液流过限流孔时产生很大的摩擦阻尼,阻止机轮的高速偏摆,同时因油液与限流孔摩擦产生大量的热,也就是将摆振的能量转换为热量,并通过减摆器筒壁散失掉,从而有效地减弱或消除摆振。旋板式减摆器的尺寸较大,但减摆能力强,常装在高速、大型无人机上,如图 5-74 所示。

此外还有免维护的橡胶减摆器,这种减摆器中没有液压油,只依靠橡胶活塞与减摆器缸筒的摩擦来耗散摆振能量,损坏后可直接更换。

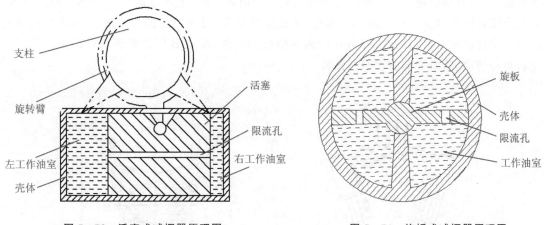

图 5 - 73　活塞式减摆器原理图　　　　　　　　图 5 - 74　旋板式减摆器原理图

3. 前轮转弯作动机构

大型无人机前轮转弯是由液压作动筒驱动的。图 5 - 75 所示为典型前轮转弯作动机构，在上下安装板之间有一个转弯环（或转弯衬套），转弯环可相对于起落架支柱外筒转动，安装板固定于缓冲支柱的外筒上。上防扭臂的上端铰接到转弯环上，而下防扭臂的下端铰接到支柱内筒（轮轴）上，同时上防扭臂又与下防扭臂铰接。在上下安装板内侧安装有前轮转弯作动筒，作动筒的外筒铰接到安装板结构上，活塞杆铰接到转弯环上。

当转弯作动筒的活塞杆推动转弯环转动时，转弯环通过上下防扭臂带动缓冲支柱内筒转动，从而带动前轮转动。

前轮转弯动力的传递路径是：缓冲支柱外筒→转弯动作筒活塞杆→转弯环→上防扭臂→下防扭臂→缓冲支柱内筒→前轮。

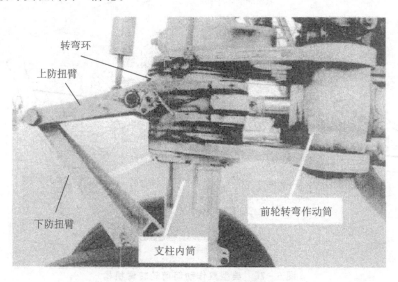

图 5 - 75　前轮转弯作动机构

有些大型无人机采用两个前轮转弯作动筒，在小角度的范围内采用推拉的作动方式，即在作动前轮转弯时，一个作动筒推，而另一个作动筒拉动转弯环转动，从而带动前轮转弯。图 5 - 76 所示为典型双作动筒前轮转弯机构。在小角度范围内，A 作动筒推，B 作动筒拉，带动转弯环转动,从而驱动前轮转弯。当转弯角度达到一定值时,"拉"的作动筒 B 已经到达死点位置,此时由旋转阀控制将 B 作动筒两腔沟通,从而使其脱开,仅由"推"的作动筒 A 继续推动前轮转弯。当通过死点后,旋转阀将 B 作动筒油路反向沟通,A 和 B 作动筒活塞杆都伸出共同推动转弯环转动,从而带动前轮回右偏转。

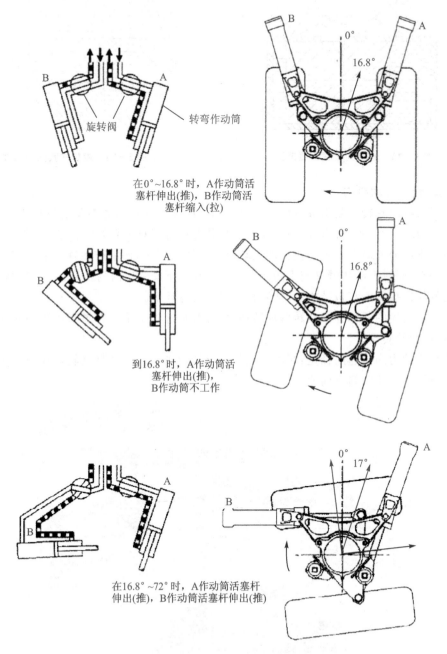

在0°~16.8°时,A作动筒活塞杆伸出(推),B作动筒活塞杆缩入(拉)

到16.8°时,A作动筒活塞杆伸出(推),B作动筒不工作

在16.8°~72°时,A作动筒活塞杆伸出(推),B作动筒活塞杆伸出(推)

图 5－76　典型双作动筒前轮转弯机构

4. 无操纵转弯机构

一些无人机的前起落架没有转弯操纵机构,它们在地面运动时,只能依靠主轮单边刹车来实现转弯。为了减小转弯半径,实现灵活转弯,同时消除因前轮或尾轮的地面摩擦力而产生的

方向不稳定力矩,在这类无人机的前起落架上设置了无操纵转弯机构。

图 5 - 77 所示为两种典型的无操纵转弯机构。在支柱套筒式前起落架支柱外筒的下端装设有一个旋转套筒,扭力臂的上、下臂分别与旋转套筒和轮叉铰接。当操纵主轮单边刹车转弯时,地面对前轮的摩擦力侧向分量对支柱轴线形成偏转力矩,迫使前轮偏转,即支柱相对外筒转动,并通过轮叉、扭力臂带动旋转套筒转动。前轮偏转的角度由固定在支柱外筒和旋转套筒上的限动块限定。

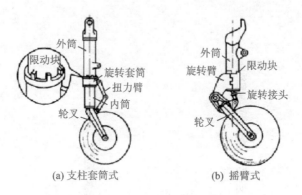

(a) 支柱套筒式　　　　　　　　　(b) 摇臂式

图 5 - 77　无操纵转弯机构

前起落架如果是摇臂式结构,则在支柱外筒下端部装设旋转臂。轮叉(摇臂)上部与旋转臂铰接,并通过旋转接头与支柱连接。当操纵主轮单边刹车转弯时,由于前轮具有稳定距,所以地面摩擦力会对支柱轴线形成偏转力矩,迫使前轮偏转,并通过轮叉带动旋转臂转动。前轮偏转的角度同样由限动块限定。

本章小结

本章首先介绍了无人机所用的各类起飞、回收方式;重点介绍了大、中型无人机常用的起落架系统的结构组成及工作原理,同时介绍了起落架常采用的液压系统部件和工作原理。本章重点是能够归纳无人机起飞回收方式与无人机种类的关系,分析起落架的结构组成及对起落架收放的影响。图 5 - 78 所示为本章思维导图。

思考题

1. 分析总结无人机各类起飞回收系统的优缺点和适用场合。
2. 对比总结各类液压泵的工作原理。
3. 简述起落架的组成及功用。
4. 前轮摆振的产生机理是什么?如何消除?
5. 分析采用起落架的无人机有哪些刹车方式?
6. 试分析在无人机降落过程中起落架无法放下的可能的原因。这种情况应如何处置?

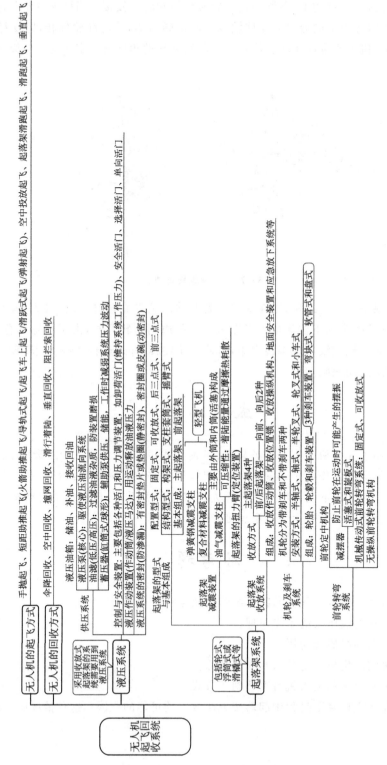

图5-78　本章思维导图

无人机起飞回收系统
├─ 无人机的起飞方式
│　　手抛起飞、短距助推起飞(火箭助推起飞)/导轨式起飞/起飞车上起飞/滑跃式起飞/弹射起飞)、空中投放起飞、起落架滑跑起飞、滑跑起飞、垂直起飞
├─ 无人机的回收方式
│　　伞降回收、空中回收、撞网回收、滑行着陆、垂直着陆、阻拦索回收
├─ 采用收放式起落架的系统需要用到液压系统
├─ 液压系统
│　├─ 供压系统
│　│　　液压油箱：储油、补油、接收回油
│　│　　液压泵(核心)：驱使液压油流向系统
│　│　　油滤(低压/高压)：过滤油液杂质、防装置磨损
│　│　　蓄压器(低压式/球形)：辅助泵供压、储能、工作时减弱系统压力波动
│　├─ 控制与安全装置：主要包括各种活门和压力调节装置，如卸荷活门(维持系统工作压力)、安全活门、选择活门、单向活门
│　└─ 液压系统的密封(防渗漏)：有密封垫片或垫圈(静密封)、密封圈或皮碗(动密封)
├─ 起落架系统(包括轮式、浮筒式或滑橇式等)
│　├─ 起落架的型式与基本组成
│　│　　配置型式：可收放式、后三点式、前三点式
│　│　　结构型式：构架式、支柱套筒式、摇臂式
│　│　　基本组成：主起落架、前起落架
│　├─ 起落架减震装置
│　│　　弹簧钢减震支柱
│　│　　复合材料减震支柱
│　│　　油气减震支柱────{轻型飞机}
│　│　　　主要由外筒和内筒(活塞)构成
│　│　　　可压缩性：着陆能量通过摩擦热耗散
│　│　　起落架的扭力臂(定位器)
│　├─ 起落架收放系统
│　│　　收放方式：主起落架4种──向后、向前、向侧2种
│　│　　组成：收放作动筒、收放位置锁、收放操纵机构、地面安全装置和应急放下系统等
│　├─ 机轮及刹车系统
│　│　　机轮分为带刹车和不带刹车两种
│　│　　安装方式：半轴式、轴式、半轮叉式、轮叉式和小车式
│　│　　组成：轮胎、轮毂和刹车装置──3种刹车型式──弯块式、软管式和盘式
│　└─ 前轮转弯系统
│　　　　减摆器：防止前轮在运动时可能产生的摆振
│　　　　机械传动式前轮转弯系统：固定式、可收放式
│　　　　无操纵式前轮转弯机构

第6章 飞行操纵系统

无人机飞行操纵系统是无人机上用来传递操控人员或飞行控制系统的操纵指令,驱动舵面按要求运动的所有部件和装置的总和,其作用是控制飞行姿态、飞行轨迹、气动外形和飞行品质。飞行操纵系统是无人机的重要组成部分,其工作是否正常可靠,直接关系到无人机的飞行安全,并影响无人机性能的发挥。因此,飞行操纵系统除了应满足强度、刚度足够和重量轻等一般要求外,还要求其工作安全可靠,操纵轻便、灵敏、准确。

6.1 固定翼无人机飞行操纵系统

固定翼无人机飞行操纵系统由操纵机构、传动机构和操纵面组成,通常分为主操纵系统和辅助操纵系统两大部分,前者供飞行控制系统操纵无人机的各主操纵面,使无人机绕自身三轴旋转,改变或保持无人机的飞行姿态;后者主要是操控人员或飞行控制系统通过对增升装置、扰流板、调整片等辅助操纵面的控制,改善无人机的飞行性能,减小操纵负荷。典型无人机飞行操纵面的位置如图6-1所示。

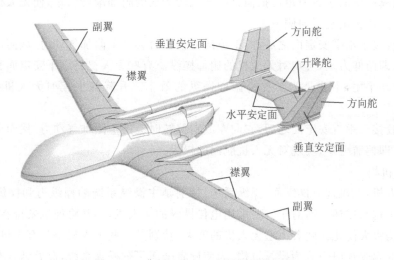

图6-1 典型无人机飞行操纵面的位置

6.1.1 主操纵系统

1. 主操纵系统的功用

飞机飞行主操纵面包括副翼、升降舵(或全动平尾)和方向舵,飞控计算机根据已装订好的自动飞行控制程序或遥控信号,对各个飞行操纵舵机发出操作指令,各舵机的动作通过操纵拉杆带动升降舵、方向舵和副翼偏转,分别控制飞机绕纵轴、横轴和立轴转动,使飞机完成俯仰、偏航和横滚等机动,如图6-2所示。

飞行主操纵面安装于机翼和尾翼的后缘。它们偏转后改变了机翼、尾翼的气动特性,从而达到操纵飞机的目的。

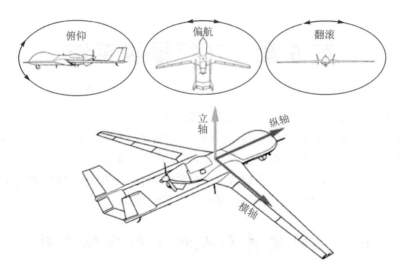

图 6-2　无人机的三个旋转轴

　　副翼铰接于两边机翼外侧的后缘。两边副翼相对反向偏转时产生对无人机纵轴的力矩,即横滚力矩,实现对无人机的横滚操纵,并与方向舵配合使无人机协调转弯。副翼上偏一侧机翼的升力减小,副翼下偏一侧机翼的升力增大,因此无人机会向副翼上偏一侧进行滚转。无人机转弯时,副翼产生的滚转力矩可抵消方向舵偏转造成的附加滚转力矩,使无人机向方向舵偏转的方向转弯,防止出现反向侧滑。

　　升降舵铰接于水平安定面之后,向上或向下偏转时会产生附加气动力,从而形成对无人机横轴的力矩,即俯仰力矩,实现对无人机的俯仰操纵。有些无人机将水平安定面和升降舵做成整体,称为全动平尾,主要是为了提高俯仰操纵的效率。升降舵上偏时无人机抬头,反之则低头。

　　方向舵铰接于垂直安定面之后,它向左或右偏转时会产生附加气动力,从而形成对无人机立轴的力矩,即偏航力矩,实现对无人机航向的操纵。

2. 传动机构

　　有些无人机,舵机远离操纵面,操纵系统,特别是主操纵系统的操纵力和操纵位移信号需要采用传动机构来传递。而对于一些采用电传操纵的无人机,经常将舵机安排在操纵面附近,使得传动机构大大简化。随着大型无人机的发展,特别是一些无人机是从有人机改装而成的,只是将机上的驾驶盘(杆)改为操纵机构,为使读者全面了解操纵系统,此处结合有人机介绍常用的传动机构。

　　传动机构是否正常工作,直接关系到飞行安全。根据操纵系统的组成和工作特点,将传动机构分为硬式传动、软式传动及这二者的组合,即混合式传动。

　　(1) 硬式传动机构

　　图 6-3 所示为某飞机副翼操纵系统。该系统采用硬式传动,主要由传动杆、扭力管和摇臂等组成传动机构。当作动操作机构或发出操纵指令时,操纵信号通过扭力管、摇臂、中央传动机构和传动杆等传递,最终由输入杆作动副翼偏转。

　　硬式传动机构由刚性件组成,主要构件包括传动杆、摇臂和导向滑轮等,其特点是单条传动路线可实现推、拉两个方向的传动。硬式传动具有刚度大、操纵灵敏性好等优点,但其重量

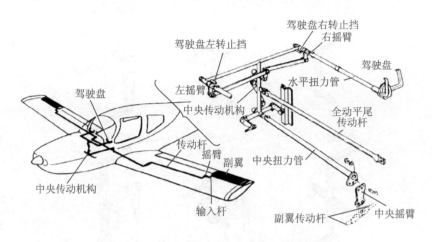

图 6-3 某飞机副翼操纵系统（硬式传动）

相对较大、所需空间大、不易绕过障碍。

1）传动杆

传动杆（见图 6-4）一般用铝合金管或钢管制成，其长度一般不超过 2 m，以防止其失稳或与机体产生共振。如果必须使用长杆，则应在长杆中间加导向滑轮。传动杆两端装有接头，其中一端的接头通常是可调的。在调整拉杆的长度时，为了防止接头的螺杆调出过多，而使螺纹结合圈数过少，在管件端部设有检查小孔。调长传动杆时，接头螺杆的末端不应越过小孔。传动杆的支撑件主要是摇臂，它与传动杆之间的连接均采用铰接方式。在传动过程中，传动杆不仅要做往复直线运动，而且还要相对于摇臂转动，所以其接头内通常都安装有滚珠轴承。此外，有的传动杆的端部采用旋转接头，以便能绕自身轴线转动；有的采用带有球形轴承的接头，以便能够向两侧摆动。

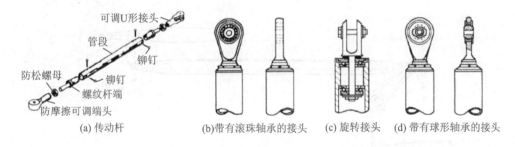

图 6-4 传动杆的结构

2）摇 臂

摇臂通常用铝合金制成，按其功能分为单摇臂、双摇臂、复摇臂等几种，如图 6-5 所示。单摇臂有的仅起到支撑传动杆的作用（见图 6-5（a）），有的还可以改变力的大小（见图 6-5（b））；一端固定在舵面转轴上的单摇臂（见图 6-5（c））用来传动舵面偏转，习惯上将其称为操纵摇臂；双摇臂两臂之间的夹角有的是 180°（见图 6-5（d）），有的小于 180°（图 6-5（e）），它们除了用来支撑传动杆外，还可以改变传动杆的运动方向和力的大小；复摇臂（图 6-5（f））除了具有与双摇臂相同的作用外，还可以用来同时传动几根传动杆运动。在上述各种摇臂中，仅起支撑作用的单摇臂在传动时不受弯矩，其他摇臂都要承受弯矩。因此，为了使摇臂在传动时不致产生显著的弹性变形，承受弯矩的摇臂刚度都较大。

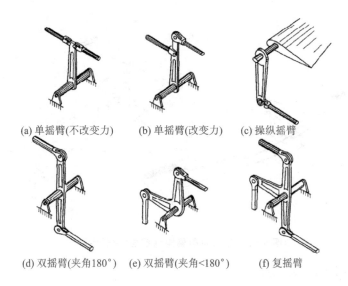

(a) 单摇臂(不改变力)　　(b) 单摇臂(改变力)　　(c) 操纵摇臂

(d) 双摇臂(夹角180°)　　(e) 双摇臂(夹角<180°)　　(f) 复摇臂

图 6-5　摇臂的种类

飞控系统中可使用差动摇臂来防止副翼偏转时出现反向偏航。所谓差动摇臂,实际上是经过专门设计的一种双摇臂,如图 6-6 所示。当舵机在中立位置时,双摇臂的两个臂中至少有一个与传动杆不垂直。在此前提下,由几何分析可知,当输入杆 AC 左右移动同样距离 ($a_0=b_0$,相当于舵机向左或向右转动同样角度)时,OA 臂左右转角是相等的($\alpha_1=\alpha_2$),因而 OB 臂左右转角也相等。但这时传动杆 BD 向右移动的距离却大于向左移动的距离($b>a$),所以舵面向上的偏角就大于向下的偏角($\delta_1>\delta_2$)。如果将这种摇臂应用于副翼操纵系统中,则可实现副翼的差动,即副翼上偏角度大于下偏角度,实现机翼两边的阻力平衡。

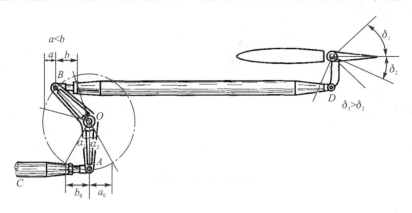

图 6-6　差动摇臂原理

(2) 软式传动机构

许多飞机的主操纵系统或者部分采用软式传动。图 6-7 所示为某飞机副翼操纵系统采用软式传动的副翼操纵机构。转动驾驶盘,通过水平扭力管和万向接头,驱动链轮转动,带动链条运动。链的两个端头与操纵副翼的钢索连接。因此,驾驶盘的转动转换成两条副翼传动钢索的反向运动,最终使两边副翼相对反向偏转,实现对飞机横滚的操纵。

软式传动机构由钢索、滑轮、扇形轮(摇臂)、导向装置、松紧螺套或张力调节装置等组成。因为钢索只承受拉力,所以必须构成钢索回路,以实现对操纵面的双向传动。软式传动具有重量相对较轻、容易布局和安装、便于绕过障碍等优点。

1）操纵钢索

飞行操纵系统使用的钢索由碳素钢或不锈钢制成。不锈钢价格较高，强度稍低于碳素钢，但其使用寿命较长，如海军飞机或水上飞机这些在腐蚀条件下运行的飞机，常采用不锈钢钢索。飞行操纵系统使用的钢索通常以 1 根或 1 束钢丝按螺旋形扭织成股，然后以 1 股为中心，其余数股汇合，扭编成钢索，如图 6-8 所示。

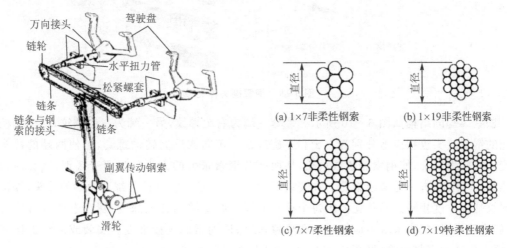

图 6-7　副翼操纵机构（软式传动）　　　　图 6-8　钢索的构成

钢索的结构类型有 3 种，即非柔性、柔性和特柔性。非柔性钢索有 1×7 和 1×19 两种规格，如图 6-8(a) 和图 6-8(b) 所示，其中，1×7 表示钢索由 7 股组成，每股仅 1 根钢丝；1×19 表示钢索由 19 股组成，每股 1 根钢丝。非柔性钢索仅用于直线传动，并且不能绕过滑轮。柔性钢索通常由 7 股组成，每股有 7 根钢丝，如图 6-8(c) 所示。柔性钢索用于直线传动，且滑轮尺寸较大。特柔性钢索由 7 股组成，每股 19 根钢丝，如图 6-8(d) 所示。特柔性钢索用于需要改变传动力方向，且必须通过小尺寸滑轮的系统中。应用于飞行操纵系统的钢索都经过预成形处理，即在钢索绕制前对钢丝进行了螺旋成形，保证钢索被切断时没有钢丝冒头。

2）钢索接头

安装在飞行操纵系统中的钢索需要与扇形轮、摇臂、松紧螺套等机构连接，并且钢索之间也需要连接，所以钢索连接接头是钢索正常工作的重要环节。钢索接头的类型有编结接头、铜镍套环压合接头和模压接头 3 种（见图 6-9）。编结接头用于早期飞机，其连接强度仅为钢索本身强度的 75%；铜镍套环压合接头理想连接强度达到 100%；模压接头在飞行操纵系统中应用最广，且形式多样（见图 6-9 中的右侧一列）。钢索插入接头中，经过模锻挤压，达到 100% 的连接强度。

3）松紧螺套

钢索传动的主要缺点是钢索弹性变形会降低操纵的灵敏性，特别是在环境温度变化较大的条件下更是如此。因为机体材料与钢索的热膨胀系数不同，温度变化使机体和钢索之间的热胀冷缩量不一致，导致钢索过松或过紧，出现所谓的"弹性间隙"问题。因此，在飞机的钢索系统中设置松紧螺套，根据环境温度的变化对钢索长度进行调节，从而调节钢索的张力。通常情况下，小型飞机是在季节变换时调整钢索张力，每年 2 次。

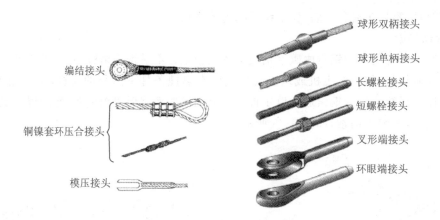

图 6-9 钢索接头种类

松紧螺套的结构如图 6-10 所示。螺套一端为右旋螺纹,另一端为左旋螺纹,与螺套两端装配的钢索接头也相应地分别为右旋和左旋螺纹。正向或反向转动螺套,可使两端的接头同时旋入或旋出螺套,使钢索绷紧或放松,从而调节钢索张力的大小。为便于区别,螺套内为左旋螺纹的一端刻有一道槽或滚花。在安装松紧螺套时,必须同时拧紧螺套两端的接头,保证两端螺纹啮合长度相同。另外还要求每个接头的螺纹有足够的旋入深度,螺套上通常有检查小孔,旋出接头时,接头末端不应超过小孔位置,以保证钢索的连接强度。安装或调整工作完成后,要对松紧螺套打保险(见图 6-11),以防止接头意外松脱。

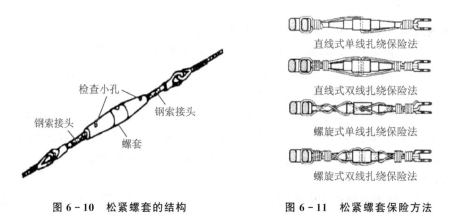

图 6-10 松紧螺套的结构　　　图 6-11 松紧螺套保险方法

4) 钢索的安装

在铺设钢索时尽可能使其成直线,需要改变方向时使用滑轮。在钢索通过的路线上如果存在与结构接触的地方,则需要使用钢索导向装置。钢索导向装置通常由软质的非金属材料或金属材料制成,图 6-12 所示为导索环的安装。导索环能够隔离钢索与结构,防止钢索磨损和损伤结构。

滑轮与钢索必须方向一致,以保证钢索正好处于滑轮槽内,且在钢索全冲程中能够自由转动。所有滑轮必须有钢索护挡(见图 6-13),保证钢索松弛时不会从滑轮槽中跳出,导致钢索卡阻。在对钢索系统进行检查时,最好在钢索正常冲程范围内,不要让滑轮转过一整圈,以使钢索能与滑轮的不同部位接触,从而防止钢索磨损。

由于钢索是飞行操纵系统中至关重要的传动元件,所以必须按照要求认真对其进行检查。

钢索容易出现的问题包括磨损、断丝、腐蚀和接头连接强度降低等。

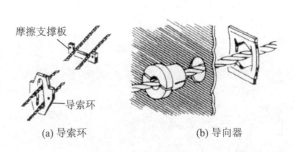

图 6-12　钢索导向装置　　　　　图 6-13　钢索护挡的安装

　　钢索最容易发生磨损、断丝的部位是通过滑轮或导向器的地方,应重点检查。检查钢索断丝时,可手持抹布沿钢索双向擦拭,断丝处会出现阻碍抹布运动的现象。如果存在腐蚀情况,则应拆下钢索,将腐蚀部位弯曲成环状,断丝将突出钢索。注意,不要让有机溶剂或其他腐蚀性液体洒落到钢索上,以免破坏钢索的保护层,造成钢索腐蚀。一旦检查出操纵钢索有磨损、断丝、锈蚀或其他损伤,就应更换。

　　5）滑轮与扇形轮

　　滑轮(见图 6-14(a))用来支持钢索和改变钢索的运动方向,通常由铝合金制成。为了减小摩擦,在其支点处装有滚珠轴承。扇形轮也称扇形摇臂(见图 6-14(b)和(c)),它除了具有滑轮的功用外,还可以改变传动力的大小。扇形轮也由铝合金制成,其支点处同样装有滚珠轴承。在钢索传动过程中,扇形轮在起支撑作用而转动的同时,不改变钢索的总长度,因而不会使钢索受到额外张力。

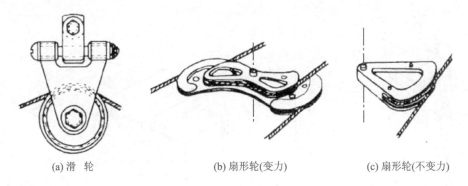

(a) 滑　轮　　　　　(b) 扇形轮(变力)　　　　　(c) 扇形轮(不变力)

图 6-14　滑轮和扇形轮

3. 典型无人机的操纵机构

（1）副翼操纵系统

　　副翼操纵系统包括左右两套对称的舵机和操纵拉杆,它们分别安装在机翼后梁的后面。如图 6-15 所示,副翼舵机的输出摇臂向前转动,通过拉杆带动副翼舵面向上偏转;副翼舵机的输出摇臂向后转动,通过拉杆带动副翼舵面向下偏转。由于副翼上下偏转同样角度所产生的附加阻力不同,会引起飞机做偏航运动,因此通常副翼上偏的最大角度要大于下偏的最大角度。

（2）方向舵操纵系统

　　方向舵操纵系统包括左右两套舵机和操纵拉杆,它们分别安装在垂直安定面后梁的前面。

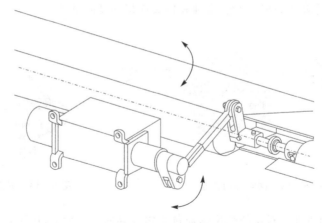

图 6-15　副翼操纵系统

如图 6-16 所示,方向舵舵机的输出摇臂向前转动,通过拉杆带动方向舵舵面向右偏转;方向舵舵机的输出摇臂向后转动,通过拉杆带动方向舵舵面向左偏转。

（3）升降舵操纵系统

升降舵操纵系统包括左右对称的两套舵机和操纵拉杆,它们分别安装在水平安定面后梁的前面并靠近尾撑管的位置。如图 6-17 所示,升降舵舵机的输出摇臂向前转动,通过拉杆带动升降舵舵面向上偏转;升降舵舵机的输出摇臂向后转动,通过拉杆带动升降舵舵面向下偏转。由于升降舵上偏,引起飞机抬头,升降舵的有效迎角减小,下偏时有效迎角增加,因此为了保证俯仰控制的有效性,升降舵上偏的最大角度要大于下偏的最大角度。

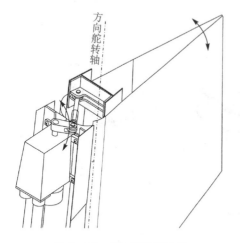

图 6-16　方向舵操纵系统

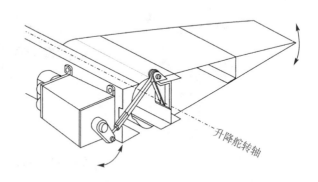

图 6-17　升降舵操纵系统

4. 舵面气动补偿装置

作用在舵面上的空气动力对舵面转轴(也称枢轴)的力矩称为铰链力矩。偏转舵面时,必须通过传动杆力对转轴形成的力矩来克服铰链力矩。克服铰链力矩使舵面偏转的力矩称为操纵力矩。随着飞行速度的提高和舵面尺寸的增大,舵面的铰链力矩和操纵力矩亦相应增大。为了减小操纵力矩,通常采用舵面补偿装置进行空气动力补偿。气动补偿的目的就是减小舵面铰链力矩,从而减小操纵力矩。

（1）轴式补偿

轴式补偿是将舵面的枢轴后移,如图 6-18 所示。这时,作用于枢轴前、后的空气动力,对枢轴形成方向相反的力矩,使得舵面铰链力矩减小,从而使操纵力矩减小。枢轴前的面积称为补偿面积。补偿面积越大,铰链力矩越小。但是,若补偿面积过大,就可能使操纵力与正常情况相反,这种现象叫作过补偿。过补偿对于操纵系统来说是不允许的。

（2）角式补偿

角式补偿的原理和轴式补偿一样,只是它将补偿面积集中到舵面翼尖部分,如图 6-19 所示,舵面的一部分向前伸出,延伸到舵面转轴之前,形成一个凸角。当舵面偏转时,凸角部分上的空气动力对转轴的力矩与舵面上气动力对转轴的力矩方向相反,从而减小了铰链力矩,实现气动补偿。

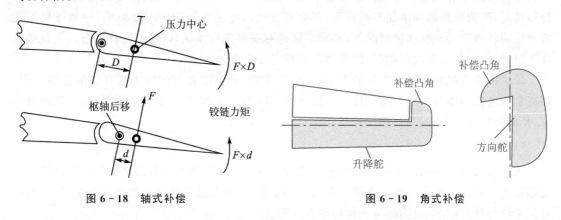

图 6-18　轴式补偿　　　　　　　　　图 6-19　角式补偿

角式补偿构造简单,但舵面偏转时,气流容易在凸角部位发生分离,高速飞行时还容易引起舵面抖振,因此常用于低速飞机。

6.1.2　辅助操纵系统

飞机的辅助操纵系统一般包括襟翼操纵系统和配平操纵系统两部分,前者用于改善飞机的低速性能,使其安全起飞和着陆;后者用于减小操纵系统的操纵负荷,调整飞机姿态平衡等,但一些中小型无人机没有配平操纵系统。

1. 襟翼

襟翼是连接在机翼后缘的一种操纵面。操控人员在飞机起飞降落时发送指令,通过襟翼操纵机构对襟翼实施操纵。放下襟翼可增加机翼的弯度甚至面积,一方面,可增大升力系数,使飞机临界迎角增大,降低失速速度;另一方面,放下襟翼的同时也增大了阻力系数。这就允许在进近着陆时获得较大的下滑角。襟翼收回后,与机翼形成平滑的气动表面。襟翼在飞机起飞和着陆阶段使用,起飞时一般放小角度襟翼,以免阻力增加过多;着陆时放大角度襟翼,最大限度地增大升力,也尽可能增大阻力帮助减速。

图 6-20 所示为某典型无人机的襟副翼操纵系统。襟副翼舵机的输出摇臂向前转动,通过拉杆带动襟副翼舵面向上偏转,通过两侧襟副翼差动实现副翼功能。襟副翼舵机的输出摇臂向后转动,通过拉杆带动襟副翼向下偏转,通过两侧襟副翼同向下偏,起到襟翼的作用。

2. 调整片

飞机本身具有的稳定性能够在一定程度上使其保持相对稳定的飞行轨迹,并能够从各种

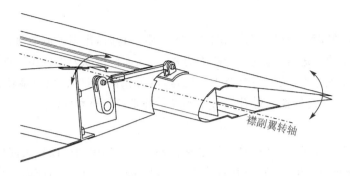

图 6 - 20　襟副翼操纵系统

干扰中恢复到原有状态。但飞行条件是千变万化的,如气象条件和飞行速度的变化,装载及其分布情况,两边机翼燃油消耗不对称等,都会对飞机的稳定飞行产生明显影响,导致飞机不能按预定的轨迹飞行。在这种情况下,必须不断地对飞机进行操纵,以修正飞机姿态。飞机爬升或下滑时,也必须对其进行操纵,以保持其在所需姿态上。

为了抵消飞机在飞行中产生的不平衡力,在副翼、升降舵和方向舵上装有辅助操纵装置,即通常所说的调整片。它们是铰接于主操纵面后缘的小翼面,其种类有配平调整片、随动补偿片、弹簧补偿片、伺服调整片和反补偿片等。

(1) 配平调整片

飞机在飞行中利用配平调整片对姿态进行配平。配平意指对飞机的某些不需要的姿态变化趋势进行修正。配平调整片能够控制飞机的平衡,在不对操纵系统施加操纵的情况下,通过对配平调整片的操纵,也能保持飞机的原有姿态。

通过配平操纵器件机械或电动地操纵配平调整片,使其后缘向上或向下偏转(副翼、升降舵配平调整片),或向左或向右偏转(方向舵配平调整片)。调整片偏转后,所产生的附加空气动力可带动相应主操纵面相对反向偏转,从而对飞机姿态进行修正,如图 6 - 21 所示。

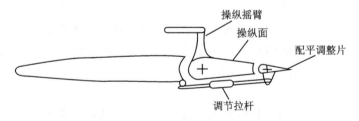

图 6 - 21　配平调整片

当飞行主操纵系统发生故障时,配平调整片还具备一定的应急操纵飞机的能力。例如,当飞机主操纵系统的传动机构(如钢索或传动杆系统)松脱或断裂时,可单独操纵配平调整片对飞机姿态进行控制,此时需要配平操纵动作的方向与正常配平操纵方向一致。再如,当飞机主操纵系统传动机构卡阻时,单独操纵配平调整片可对飞机姿态进行一定程度的控制,但此时对配平调整片操纵动作的方向与正常配平操纵时相反。

(2) 随动补偿片

随动补偿片在外形上和作用上与配平调整片非常相似,但随动补偿片不需要单独操纵,而是随着主操纵面的偏转自动相对反向偏转,如图 6 - 22 所示。

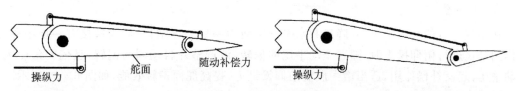

图 6 - 22　随动补偿片

随动补偿片安装在舵面的后缘,通过摇臂和连杆与主舵面相连,实际上形成了四连杆机构。当舵面偏转时,补偿片在操纵连杆作用下朝反方向偏转,它产生的空气动力对枢轴形成的力矩是帮助舵面偏转的。虽然补偿片的面积小,空气动力也小,但由于距离舵面枢轴远,故其补偿作用较好。补偿片和平衡板一起使用,一个在舵面前缘,一个在舵面后缘,补偿效果更好。补偿片在工作过程中会产生一定的阻力,会略微减小相应舵面的效能。

(3) 弹簧补偿片

弹簧补偿片的操纵摇臂是铰接在舵面上的,如图 6 - 23 所示。摇臂通过弹簧连接到舵面上,并通过一个传动杆连接到弹簧补偿片上。操纵舵面时,操纵力经摇臂传给弹簧,再由弹簧传给舵面。低速飞行时,舵面空气动力载荷较小,传给弹簧的力小于弹簧的初始张力,弹簧就不会伸张或压缩,补偿片也就不会相对于舵面偏转。高速飞行时,舵面空气动力载荷增大,操纵力增大到足以克服弹簧的初始张力时,弹簧就会伸张或压缩,操纵摇臂相对舵面转动,通过传动杆作动补偿片相对于舵面反方向偏转,产生补偿力矩。

(4) 伺服调整片

伺服调整片(操纵片)是装在舵面后缘的辅助舵面,它直接和操纵系统的操纵摇臂连接,操纵机构直接操纵的不是舵面,而是伺服调整片(操纵片),如图 6 - 24 所示。操纵片被操纵偏转后,产生的空气动力对舵面枢轴形成操纵力矩,带动舵面反方向偏转。当舵面空气动力对枢轴形成的力矩和操纵片空气动力对枢轴形成的力矩相等时,就取得平衡,舵面稳定在一定的偏转角,而此时的铰链力矩为零。在操纵过程中,操纵机构只需克服操纵片本身的铰链力矩。

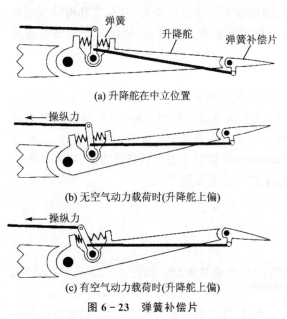

图 6 - 23　弹簧补偿片

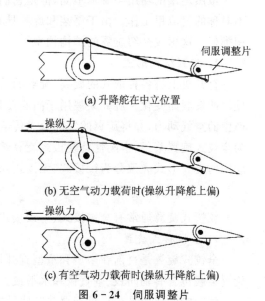

图 6 - 24　伺服调整片

（5）反补偿片

在某些飞机的全动平尾（升降舵和水平安定面为一块整体结构）后缘铰接有一块小翼面，其作用是在进行俯仰操纵时，随着全动平尾的偏转，该调整片自动同向偏转，且偏转角度大于全动平尾，起反补偿作用，适当增大所需俯仰操纵力，提高舵面偏转效能，如图 6 - 25 所示。

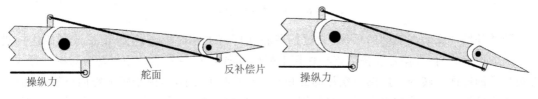

操纵力　　　　　舵面　　反补偿片　　　操纵力

图 6 - 25　反补偿片

6.2　无人直升机操纵系统

旋翼是直升机的象征，也是直升机的关键部件，它不仅为直升机提供升力和前进力，而且提供直升机的纵向和横向操纵力矩，并与尾桨共同作用实现直升机航向操纵。旋翼的空气动力特性决定着直升机的性能、飞行品质和可靠性，也是直升机振动和噪声的主要根源。尾桨是单旋翼直升机的一个重要组成部分，它安装在直升机的尾部，用以平衡旋翼的反扭矩，实现直升机的航向操纵，改善直升机的方向稳定性。发动机产生的功率（扭矩）通过传动装置，按需要转速带动尾桨转动。

旋翼的基本结构形式是若干片桨叶与一个桨毂相连。桨毂装于旋翼轴上，由发动机带动旋翼运转。旋翼轴通过主减速器将旋翼与机身连成一个整体。任何一种旋翼都有两片以上的桨叶。桨叶都是细长型的，刚度较低，一般是变剖面的，且沿展向有相对预扭转。

6.2.1　旋　翼

虽然尾桨的功用与旋翼不同，但是它们都是因旋转而产生空气动力，并在直升机前飞时在不对称的气流里工作。由于尾桨和旋翼具有这个相同的基本工作特点，使得它们的结构设计相类似。这里仅介绍旋翼的结构构型。

1. 旋翼结构形式

直升机上有各种形式的旋翼，旋翼的结构形式由桨毂形式决定，它随着材料、工艺和旋翼理论的发展而变化。旋翼桨毂用于向旋翼桨叶传递主减速器的旋转力矩，同时承受旋翼桨叶产生的空气动力，并将旋翼的气动合力传给机身。最早的旋翼桨毂根据它的结构设计，主要分为全铰式旋翼桨毂、半刚性跷跷板式旋翼桨毂和刚性旋翼桨毂 3 类。到目前为止，已在实践中应用的旋翼形式大致分为铰接式、无铰式和无轴承式等旋翼结构形式。

（1）铰接式旋翼

铰接式旋翼通常有全铰接式、半铰接式和柔性铰等形式。

1）全铰接式旋翼

全铰式旋翼是目前在中型和重型直升机上应用最普遍的类型。如图 6 - 26 所示，全铰式旋翼桨毂包含有轴向铰、垂直铰和水平铰。

轴向铰的作用是当操纵旋翼桨叶绕轴向铰转动时，旋翼的桨距发生变化，从而改变旋翼的拉力,因此轴向铰又称变距铰。垂直铰的功用是消除桨叶在旋转面内的摆动(摆振)引起的旋翼桨叶根部弯曲,垂直铰又称摆振铰。为了防止旋翼桨叶摆振,一般在垂直铰处设置减摆器来起阻尼作用,因此垂直铰又称阻尼铰。设置垂直铰的另外一个作用就是减小旋翼结构尺寸。水平铰的作用是让旋翼桨叶上下挥舞,消除或减小飞行中在旋翼上出现的左右倾覆力矩,因此水平铰又称挥舞铰。

全铰式旋翼的特点是:挥舞铰的使用可以使旋翼倾斜而不需要使旋翼主轴倾斜;挥舞铰可以减小因阵风引起的反应,通过单独的桨叶挥舞,而不会将影响传递到机身上;挥舞铰和摆振铰可以释放旋翼安装处的弯曲应力和载荷,尤其在中速到高速前飞过程中,挥舞铰和摆振铰提高了直升机的稳定性。单独的桨叶挥舞会产生科里奥利斯效应,故需要安装摆振铰。

目前,世界上绝大多数直升机通过安装如图 6 - 27 所示的自动倾斜器来实现间接控制的操纵方式。自动倾斜器的发明突破了当时认为直升机必须利用辅助升力面进行操纵的思想束缚,是一种大胆而巧妙的创新。自动倾斜器的关键组件为一对不旋转环和旋转环。不旋转环与操纵机构相连,旋转环和桨叶同步旋转;旋转环上的每根拉杆分别与各片桨叶的变距摇臂相连接。桨叶根部有轴向铰(变距铰),桨叶可以绕轴向铰转动以改变桨距。当操纵自动倾斜器偏转时,不旋转环向某一方向倾斜时,旋转环也向同一方向倾斜,拉杆带动桨叶变距,旋翼旋转时拉杆周期性地上下运动,因此各片桨叶的桨距也周期性地变化。

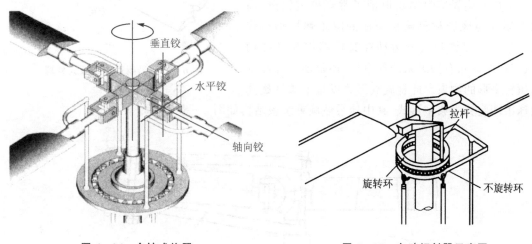

图 6 - 26　全铰式旋翼　　　　　　　　图 6 - 27　自动倾斜器示意图

2) 半铰接式旋翼

万向接头式旋翼和半刚性跷跷板式旋翼都属于半铰接式旋翼。

图 6 - 28(a)所示为万向接头式旋翼桨毂的构造,图 6 - 28(b)所示为其原理图。两片桨叶通过各自的轴向铰和桨毂壳体相连接,而桨毂壳体又通过万向接头与旋翼轴相连。挥舞运动通过万向接头 β—β 铰实现。改变总距是通过轴向铰来实现的,而周期变距是通过万向接头绕 α—α 铰的转动来实现的。

半刚性跷跷板式是由万向接头式发展而来的,其特点是没有摆振铰。与全铰式旋翼相比,其优点是桨毂结构简单,去掉了垂直铰和减摆器,两片桨叶相连共用一个挥舞铰,此挥舞铰不承受离心力而只传递拉力及旋翼力矩,轴承负荷比较小。与万向接头式旋翼相比,其桨毂壳体只通过一个挥舞铰与旋翼轴相连,这种桨毂构造比万向接头式简单一些,如图 6 - 29 所示。半刚性跷跷板式旋翼由于缺少挥舞铰和摆振铰,会在旋翼根部产生更大的弯曲应力,桨叶必须有

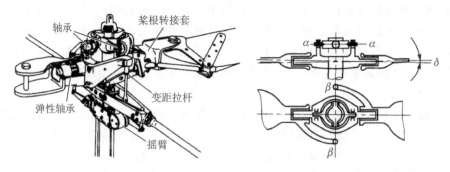

(a) 万向接头式旋翼桨毂的构造　　　　(b) 万向接头式旋翼桨毂的原理图

图 6 - 28　万向接头式旋翼桨毂

足够的强度以承受这种应力,因此重量增加。由于
单独桨叶挥舞的限制,所以阵风引起不稳定性。
半刚性跷跷板式桨毂需要悬挂式设计以减少科里奥
利斯效应的影响。

3) 柔性铰旋翼

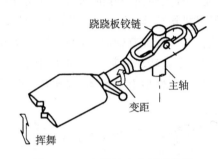

柔性铰旋翼桨毂结构取消了常规机械铰链,而
以金属片与橡胶材料硫化而成的层压弹性轴承代
替。桨叶的挥舞和摆振运动在其根部均为弹性约
束;变距运动除有操纵系统约束外,还附加了弹性轴
承扭转变形的约束。此种旋翼形式以星形柔性旋翼

图 6 - 29　半刚性跷跷板式旋翼

及球柔性旋翼为典型形式,其中球柔性旋翼桨毂结构如图 6 - 30 所示。

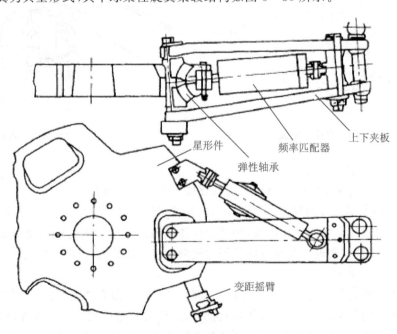

图 6 - 30　球柔性旋翼桨毂结构

（2）无铰式旋翼

无铰式旋翼只有变距铰，没有挥舞铰和摆振铰，其挥舞和摆振方向都是固支的，桨叶刚性连接到桨毂上，挥舞和摆振运动依靠桨根的弹性变形来实现，其结构示意图如图 6-31 所示。图 6-32 所示为"山猫"直升机所采用的无铰式旋翼桨毂。

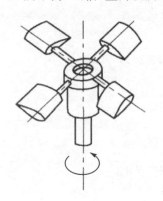

图 6-31　无铰式旋翼结构

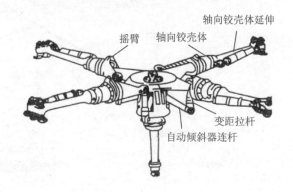

图 6-32　"山猫"直升机所采用的无铰式旋翼桨毂

（3）无轴承式旋翼

无轴承式旋翼又称为刚性旋翼，取消了轴向铰、水平铰和垂直铰，除了周期变距，这种桨毂不提供旋翼任何的活动。桨叶的挥舞、摆振和变距运动，完全依赖于桨毂支臂及桨叶根部柔性元件的弹性弯曲和扭转变形来实现，其原理如图 6-33 所示。

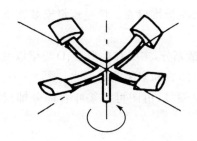
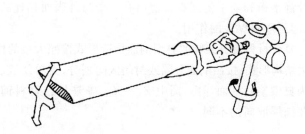

图 6-33　无轴承旋翼的构造原理图

与一般无铰式旋翼相比，重量可减轻 50%。这种设计使操纵反应非常快速且准确，通常只应用在小型直升机上。刚性旋翼常容易受阵风或侧风的影响，需要更复杂的操纵系统来保证直升机的稳定性，尤其在前飞时，由于旋翼不能通过挥舞产生平衡的拉力，而只能通过使桨叶扭转来实现，所以其桨叶的设计必须有足够的强度来承受各种状态下所产生的载荷。

2. 旋翼桨叶

通常，旋翼桨叶构型可分为桨根接头及桨根过渡段构型、叶身段构型、桨尖段构型 3 部分。桨叶的主要结构有大梁、蒙皮、后段件和接头，此外还有桨尖罩、调整片、前缘包片、配重等。桨叶的构型主要根据桨叶材料与大梁的形状以及接头形式来区分。

（1）桨叶结构

1）典型复合材料桨叶结构

图 6-34 所示是 EC120 直升机复合材料桨叶结构，桨叶内部结构包括在前缘贯穿整个桨

叶的大梁,在主截面的泡沫填块和碳纤维肋,在后缘的无纬带层。每片复合材料桨叶桨尖都为抛物线型,提高了气动特性。

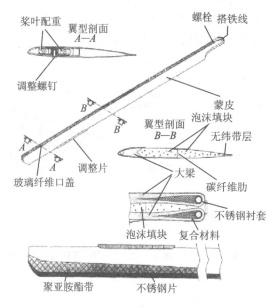

图 6-34　EC120 直升机复合材料桨叶结构

桨叶连接接头为两个由无纬带大梁环绕的不锈钢衬套。该衬套有一个由复合材料和硬质泡沫制造的楔形条。后缘安装 7 片用于桨叶调整的调整片。桨尖处有一个不锈钢槽,内部有桨叶静平衡和动平衡配重。槽口有一个与外表面相连的玻璃纤维口盖。调整螺钉安装在下表面,起到双重保险的作用。

复合材料旋翼桨叶的典型剖面构造形式按照大梁的构造划分,主要有 C 形梁、D 形梁以及多管梁结构形式;按照剖面分隔或封闭区间划分,有单闭腔、双闭腔和多闭腔等形式。图 6-35 所示为典型桨叶剖面详图,图中 $Z_1 \sim Z_{16}$ 等是复合材料铺层编号,由图可见桨叶各部分铺层层数及铺层取向的不同。

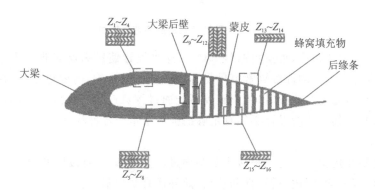

图 6-35　典型桨叶剖面详图

2) 典型金属桨叶结构

金属桨叶通常由大梁、接头、后段件及桨尖罩、后缘调整片、前缘包片、平衡配重等零部件组成。根据大梁的形状和成型工艺的不同,可分为空心挤压梁桨叶、C 形挤压梁桨叶、管梁桨叶和多闭腔组合梁桨叶。

图 6-36 所示为某型直升机桨叶所用的典型的空心挤压大梁桨叶。空心挤压大梁可根据桨叶设计要求,将大梁挤压成 D 形梁,也可挤压成梯形梁。这种构型的桨叶抗扭刚度好,大梁可以独立承受桨叶的复杂载荷。空心梁通常由铝合金挤压成形,构成桨叶翼型的前部。大梁内表面几何形状与表面质量由挤压工艺保证,通常大梁内表面又作为外表面的加工基准,因此,挤压梁内腔尺寸和表面质量要求较高,工艺制造难度较大。

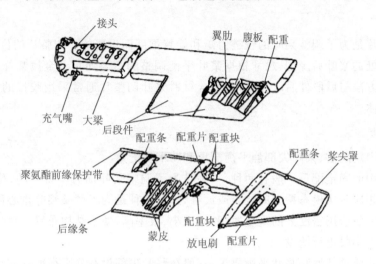

图 6-36 某型直升机采用的空心挤压大梁桨叶结构

（2）桨尖结构

旋翼桨叶转到 90°方位角时,桨尖处线速度最大,通常桨尖要后掠或斜削,以延缓激波出现,图 6-37 所示为矩形桨叶和几种抛物线型桨尖形状桨叶平面图。旋翼旋转过程中,桨尖部分处在最大离心力场区域,在该部位加装配重进行配平,能以最小的重量代价满足配平要求。

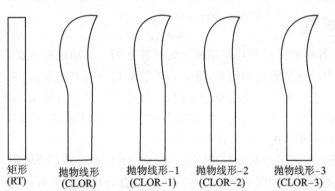

矩形
(RT)　　抛物线形
(CLOR)　　抛物线形-1
(CLOR-1)　　抛物线形-2
(CLOR-2)　　抛物线形-3
(CLOR-3)

图 6-37 矩形桨叶和几种抛物线型桨尖形状桨叶平面图

由于要安装配重和桨尖灯,所以桨尖处设置桨尖罩。桨尖罩一般由金属板冲压成型或胶接和铆接成型。桨尖罩处于桨叶的高动压区,相对气流速度大,桨尖罩的结构设计除了有桨叶气动布局要求之外,还应使外形光滑流畅,外端应设有排水孔,以防止桨尖罩内积水。

（3）前缘包片

前缘包片主要是防止桨叶前缘被沙石撞伤和磨损,通常由不锈钢、钛合金及镍合金薄板（厚度 0.2～0.6 mm)冲压成型,其中镍合金前缘包片主要用于形状复杂、受侵蚀严重的桨尖部位。其铺设位置一般为桨叶弦长的 15%～20%，下表面有时最大可达到 22% 以上。前缘包片粘贴于桨叶前缘，也可用耐磨的聚氨酯胶带粘贴于桨叶前缘。

金属前缘的保护设计还有两个十分重要的作用：一是形成整个桨叶沿展向的静电释放通路；二是实现防雷击设计。复合材料桨叶多为不良导体，因此，前缘包片又成为桨叶静电防护和抗雷击的可靠保证。

（4）调整片

桨叶调整片是为了调整桨叶的铰链力矩和旋翼锥度而设置的。调整片的位置通常布置在 $(0.7～0.8)R$ 处的桨叶后缘，其尺寸根据桨叶平衡调整的需要而定。金属桨叶的后缘调整片一般采用铆接方法与后段件后缘连接，而复合材料桨叶调整片通常采用胶接的方法与后段件后缘结合为一体。

（5）配　重

配重分为固定配重、桨叶尖部静平衡配重和动平衡配重。

桨叶中所用的固定配重一般有两种：一种是为了调整桨叶动力学特性的，称调频配重，其一般加在桨叶相应阶次模态振型的波峰或波谷处；另一种是为了调整桨叶重心而施加的配重。

固定配重一般选用密度大的重金属，其体积小、效率高，便于结构布置。对过长的配重，可以将其分成若干小段进行铺设。

为满足桨叶质量特性和桨叶平衡要求，一般在桨叶尖部设有静平衡配重和动平衡配重，用来消除或减少因制造误差引起的各片桨叶间的不平衡现象。

静平衡配重调整桨叶展向质量静矩，使各片桨叶质量静矩达到一致。通过桨尖动平衡配重弦向位置的改变调整桨叶动平衡。虽然桨尖配重弦向位置变化范围较小，对桨叶弦向重心影响不大，但在旋翼运转状态下（尤其是大迎角运转状态），桨尖配重弦向位置的变化对动平衡调整作用是显著的。

6.2.2　传动装置

旋翼和尾桨工作时所需要的功率是由发动机提供的。发动机向旋翼、尾桨传递功率时存在两个矛盾：一是发动机的转轴和旋翼、尾桨的转轴不在一条直线上；二是发动机的转速和旋翼、尾桨的转速不一致。为了解决这两个矛盾，在直升机上设置有传动装置，用于汇总发动机输出轴的功率（扭转力矩），并将其按一定的比例和方向传给旋翼、尾桨和安装在主减速器上的有关附件，使它们获得相应的工作转速和功率。

直升机传动装置主要组成部分有减速器（主、中、尾）、离合器、传动轴（包括主传动轴和尾传动轴）以及旋翼刹车装置。图 6-38 所示为单旋翼直升机传动装置（带中减速器）的布置情况。图 6-39 所示为单旋翼直升机传动装置（不带中减速器）的布置情况。

1. 主减速器

主减速器利用齿轮传动来降低输入轴转速，增大输出轴的扭矩，并改变传动方向。其输入轴（主动轴）与发动机的输出轴（从动轴）相连，其输出轴也就是旋翼轴。直升机通过主减速器把发动机的高转速降低为旋翼的低转速。主减速器的特点是传递的功率大和减速比大。在主减速器的输入轴处一般带有自由冲程离合器（单向离合器），此外在主减速器上还带动尾传动轴的输出轴。

主减速器的输入轴一般是水平或倾斜向上的，而输出轴（旋翼轴）则垂直向上。带涡轮发

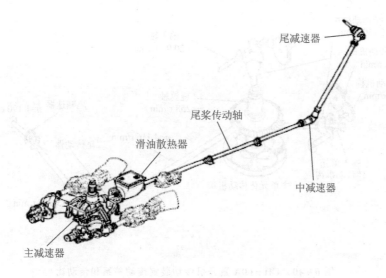

图 6 - 38　单旋翼直升机传动装置(带中减速器)

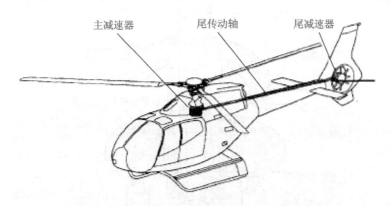

图 6 - 39　单旋翼直升机传动装置(不带中减速器)

动机的重型直升机主减速器的减速比可达 70 以上,带活塞发动机的轻型直升机也在 6～7 以上。传动方向的改变一般是借助于螺旋锥齿轮,而减速则大多采用重量较轻、尺寸较紧凑的游星齿轮系。为了减轻重量,齿轮一般是由优质合金钢制成的,而减速器机匣则由铝合金或镁合金铸造而成。为了保证齿轮与轴承的润滑及散热,主减速器都带有强迫润滑系统。图 6 - 40 所示为 UH - 60A 直升机传动装置传动关系和传动比,其主减速器由输入单元体传动机构和主单元体传动机构两部分组成,左、右输入单元装有附件驱动传动件,分别驱动发电机和液压泵。

图 6 - 41 所示为 UH - 60A 直升机主减速器主单元体传动关系示意图。主单元体用于汇总、传递和分配两台发动机输入的功率,它主要由机匣和齿轮传动机构组成。

齿轮传动机构主要由两级减速齿轮以及旋翼轴和尾轴传动机构等组成,所有的传动齿轮轴都由轴承支撑。

减速齿轮系的第一级为一对定轴轮系减速传动机构,它由两个输入主动螺旋锥齿轮和一个双面螺旋锥齿轮组成。主动螺旋锥齿轮分别由输入单元体的自由轴带动旋转,它与双面螺

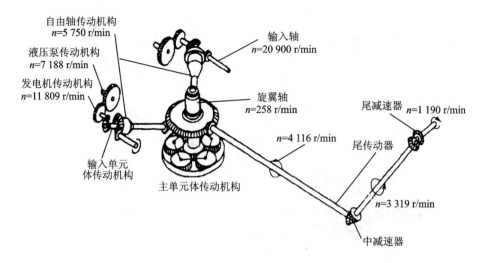

图 6 - 40　UH - 60A 直升机传动装置传动关系和传动比

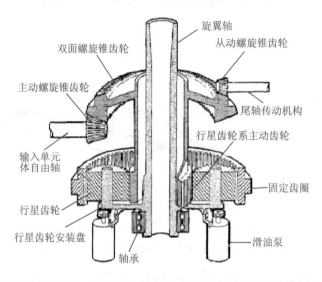

图 6 - 41　UH - 60A 直升机主减速器主单元体传动关系示意图

旋锥齿轮下面的齿相啮合。双面螺旋锥齿轮的上面有一个与之相啮合的尾轴传动机构的从动螺旋锥齿轮,从动螺旋锥齿轮轴向后伸出到主机匣的外部,并借助于轴后端的外花键套齿和螺帽固定有连接尾轴的结合盘。

　　减速齿轮系的第二级为行星轮系减速传动机构,它由行星轮系的主动齿轮、行星齿轮、固定齿圈和行星齿轮安装盘组成。行星轮系的主动齿轮由双面螺旋锥齿轮带动同步旋转,它的外齿与行星齿轮相啮合。固定齿圈与主机匣固定成一体,是行星轮系中的不运动构件,其内齿与行星齿轮相啮合。它既限制行星齿轮的运动,又将旋翼的反作用力矩通过主单元体机匣传给机身。行星齿轮安装盘的上部安装有 5 个行星齿轮,下部安装有传动主减速器滑油系统两个滑油泵的传动齿轮。

　　旋翼轴与行星齿轮安装盘固定成一体,并由行星齿轮安装盘带动同步旋转。旋翼轴由行星主动齿轮和双面螺旋锥齿轮的空心轴向上穿出,并由轴承支撑在主机匣内。

2. 离合器

目前直升机传动装置常用的离合器指的就是自由冲程离合器,其实际上是一个单向离合器。通过自由冲程离合器,发动机可以带动旋翼和尾桨转动,而旋翼不能反过来带动发动机转动。这样,当发动机停车或直升机处于自转飞行状态时,自由冲程离合器可以保证使旋翼与发动机脱开,旋翼可以自由地进行自转。为此,在主减速器的功率输入轴处,都装有一套功率单向传动机构。自由冲程离合器应用较普遍的有滚柱式和撑块式两种类型。

图 6 - 42 所示为滚柱式自由冲程离合器的原理图。滚柱式自由冲程离合器主要由发动机输入齿轮(主动轴)、传动凸轮(从动轴)、滚柱及其保持架等组成。外圈发动机输入齿轮是主动部分,与发动机相连;内圈传动凸轮是从动部分,与旋翼相连;内圈与外圈之间装有滚柱。发动机工作时带动输入齿轮逆时针方向旋转,滚柱在其与外圈之间的摩擦力作用下相对于内圈逆时针方向运动,在外圈与内圈之间的楔形间隙内越挤越紧,这样就带动了传动凸轮,从而带动旋翼和尾桨。在发动机停车时内圈成为主动部分,外圈则成为从动部分,这时内圈带动滚柱逆时针方向运动,进入传动凸轮上的凹槽内,使外圈与内圈之间断开联系,这样,旋翼也就不会带动发动机了。

图 6 - 43 所示为撑块式自由冲程离合器,其外圈及内圈均为圆柱形表面,之间是带有曲线形表面的撑块,一般外圈为主动部分,内圈为从动部分。当外圈逆时针方向旋转时,带动撑块由图 6 - 43 所示位置向左倾斜,由于尺寸 a 大于尺寸 b,也大于内外围之间的间隙,撑块就在内外圈之间挤紧了,从而带动了内圈。当然,在旋翼自转时内圈成为主动部分,内圈逆时针旋转,带动撑块向右倾斜,内外圈脱离关系。

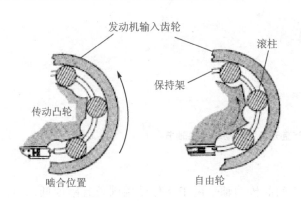

图 6 - 42　滚柱式自由冲程离合器的原理图

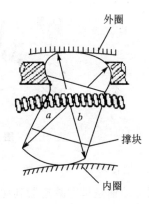

图 6 - 43　撑块式自由冲程离合器

为了改善轻型直升机的起动性能,有些直升机还在发动机的功率输出轴与主减速器的功率输入轴之间,装有另一种结构类型的功率单向传动机构,即心式摩擦离合器。

在自转时尾桨靠旋翼来带动,必须保持二者的机械联系,因此自由冲程离合器一般布置在主减速器的输入轴处。在这个部位转速较高,所承受的扭矩也就较小,从重量上来说也是有利的。

3. 尾减速器

尾减速器的功用是改变转速和方向,以传动尾桨。尾减速器的输入轴与尾传动轴相连,输出轴是尾桨轴,输入轴与输出轴夹角一般为 90°。由于尾桨转速较高,所以尾减速器的减速比不大。在采用单万向接头换向时,尾传动轴的扭转刚度必须很低。

尾减速器一般是由一对螺旋锥齿轮构成的,如图 6 - 44 所示。

4. 传动轴及联轴节

传动轴用于将发动机输出的功率传给旋翼和尾桨,它包括发动机与主减速器之间的主传动轴及由主减速器向尾桨传递功率的尾传动轴。发动机直接与主减速器连接时没有单独的主传动轴。为了补偿制造及安装误差、机体变形及环境影响,传动轴往往还带有各种联轴节。

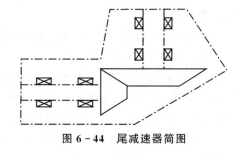

图 6-44　尾减速器简图

（1）主传动轴

主传动轴是指发动机功率输出轴至主减速器输入轴之间的传动轴。由于传递功率的距离较短,只需一根主传动轴。有的直升机发动机的功率输出轴直接与主减速器的功率输入轴相连接,这时就不设置主传动轴。主传动轴需要带角度和长度补偿的联轴节。图 6-45 所示为某直升机主传动轴及联轴节。

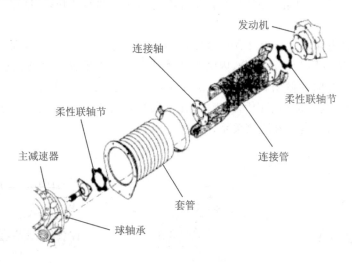

图 6-45　某直升机主传动轴及联轴节

（2）尾传动轴

尾传动轴是指主减速器到尾减速器之间的传动轴。由于尾传动轴细长且刚度低,并且固定在刚度较小的尾梁及尾斜梁上,所以,当尾梁在载荷的作用下产生弯曲变形时,就要强迫支撑在其上的尾传动轴一起弯曲。又由于尾传动轴一般不在尾梁的中性层上,尾梁的弯曲变形还会引起尾传动轴拉长或缩短。也就是说,当尾梁弯曲变形时,会使尾传动轴受到附加的弯矩和轴向力。为了消除尾轴上受到的这些附加载荷,尾传动轴必须带有能实现角度补偿与长度补偿的联轴节。此外,考虑到主减速器、中减速器、尾减速器和各轴承座之间的不同心度以及尾梁与尾传动轴制造时的长度误差,这些补偿也是必要的。在尾传动轴与尾梁的结构材料不同时,大气温度的变化也会在尾传动轴中产生附加的轴向力,这也必须由长度补偿来消除。

图 6-46 所示为某直升机的尾传动轴,它由 3 根轴(前轴、中轴、后轴)组成,由 5 个轴承支持。轴与轴之间通过弹性叠片联轴节连接,以实现角度补偿。轴与轴之间有花键接头,以实现长度补偿。3 根轴全部采用轻合金薄壁管。

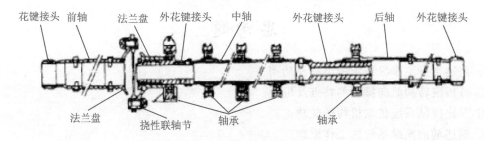

图 6-46 某直升机的尾传动轴

本章小结

本章首先介绍了固定翼无人机操纵系统的组成和功用,现代无人机操纵系统基本都属于电传操纵系统,即由飞控系统计算控制指令,控制舵机通过传动机构带动操纵面偏转,从而控制无人机飞行;之后介绍了无人直升机的操纵系统,主要是旋翼和传动装置,直升机的尾桨结构及操纵方式与旋翼类似,没有作为重点介绍。本章内容与有人机类似,但无人机属于无人驾驶,缺少了驾驶杆、脚蹬等,控制指令由机上飞控计算机给出,或由地面站发出控制指令,由飞控计算机计算控制量,进而控制机上操纵系统。本章重点是要明了操纵机构的种类和作用,能够分析在不同控制要求下应如何操纵操纵机构。图 6-47 所示为本章思维导图。

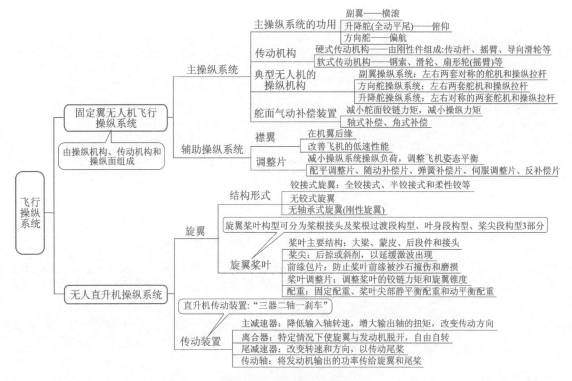

图 6-47 本章思维导图

思考题

1. 简述飞行主操纵系统的组成及功用。
2. 分析滚转和航向操纵的特点及机理。
3. 对比操纵系统传动机构的优缺点。
4. 阐述辅助操纵系统的工作原理。
5. 对比旋翼桨毂结构的异同和优缺点。
6. 阐述直升机操纵系统的组成及功用。

第7章 气动布局与部位权衡

大部分无人机的气动布局设计和部位安排都可以借鉴有人机的设计理念和设计经验,但无人机本身又具有一些独有特点。无人机无需考虑机组人员的重量、舒适感、占用空间及其辅助设备,能够携带占飞机总重更大比例的燃油;不用携带机组人员、保障设备和对外观测辅助设备,机身可设计成具有更小阻力的外形。两者结合可使无人机气动布局的设计自由度更大,续航时间可以比对应的有人机长。根据任务使命的不同,对无人机的气动性能要求各异,高空长航时无人机为保证较长的续航时间,强调高升阻比;作战无人机要求良好的隐身性能和机动性;微型无人机要求低雷诺数飞行性能和隐身性能;战术无人机要求良好的低空低速性能,如图 7-1 所示。

图 7-1 同一比例下不同气动布局无人机的对比

7.1　气动布局

无人机气动布局主要是指无人机的外部形状,包括各部件的形状及相互搭配关系,通常指机翼(旋翼)、机身、安定面和操纵面等的形状与布置,是无人机最显著的外部特征。从外形角度来说,无人机气动布局还包括螺旋桨、发动机进气道、起落装置、任务载荷、外挂物等影响气动外形的部件的布置。

气动布局与无人机的用途有着直接的关系,不同的气动布局适合于不同的用途。无人机设计首先要在气动性能上满足设计要求,全机的气动性能取决于各承力面的形状、尺寸和它们之间的相互位置。由于无人机的起飞、着陆和巡航飞行方式对无人机气动布局起着决定性的影响,因此可以按水平起降、垂直起降、混合式三类分析无人机气动布局。

如果有长跑道可供轮式起降无人机使用,则固定翼无人机布局在所有无人机中提供的飞行速度最快,飞行高度最高,续航时间最长。这种布局最适合中远程长航时无人机。如果没有跑道可供使用,则短程、战场机动无人机系统采用垂直起降更有利。

为了获得垂直起降能力,在垂直起降无人机上增加的设备,其复杂性要比固定翼无人机大。对于固定翼无人机,通过降低机翼载荷可以便于放飞,采用降落伞和冲击吸收气囊回收,就可以获得垂直回收能力。作为一个系统,固定翼无人机需要放飞装置、运输车辆、辅助设备等,这会给作战使用带来额外负担,从而又映衬了垂直起降无人机的优点。

适合战场使用的无人机一般要在低空执行任务,在这个高度上气流干扰普遍存在。旋翼无人机对阵风响应的低敏感性及其灵活的悬停飞行方式,使其作战运用灵活优势更加明显。

在两种极端应用之间是中程、中等区域的运用,固定翼无人机适合有短程简易跑道的情况,但是无人机放飞需要有火箭助推或其他辅助设备,着陆需要有结实的起落架和刹车系统。

对于中程以上的无人机,旋翼无人机由于速度低、航程短,存在先天不足,因此存在一些限制因素,用于决定是用固定翼、旋翼还是混合式布局无人机更适合执行赋予它的任务。

7.1.1　水平起降无人机气动布局

机翼是无人机主要的承力面,它是产生升力的主要部件,而鸭翼、平尾、立尾等是辅助承力面,主要用于保证无人机的稳定性与操纵性。现代无人机的气动布局种类众多,经过多年的发展,水平起降飞机结构布局可归纳为三种基本类型,即"后置水平安定面"、"前置水平安定面"和"无水平安定面",这主要取决于无人机的升力/重力平衡以及稳定与控制方法。常用的布局有常规布局、鸭式布局、无尾布局和三翼面布局,这些布局都有各自的特点和优缺点。

1. 常规布局

这是一种传统的布局,目前在无人机中应用十分普遍。无人机的重心在机翼升力中心前面,由水平安定面上的向下载荷平衡,保证了水平方向上空气动力学速度和姿态的稳定。垂直尾翼保证航向方向的稳定,机翼上反角保证横滚方向的稳定。这种成熟的布局是其他布局的对照标准。这类无人机之间的区别主要在于尾翼的安装,即安装在机身上还是安装在尾撑上,以及垂尾和平尾的组合形式,如水平-垂直组合、V形、Y形等。发动机的种类和安装位置也会影响此类布局。

(1)典型常规布局无人机

当前的高空长航时和中空长航时无人机,即远程无人机,多数都在机身后部安装了尾翼。这是因为要携带大量任务载荷和燃油完成所赋予的任务,需要较长机身提供这样的空间,图 7 - 2 所示为采用典型常规布局的无人机。

图 7 - 2　采用典型常规布局的无人机

双尾撑布局在中程和近程无人机中常见。这样,发动机作为推进系统安装在机翼后面,方便任务载荷在机身前部的安装,对发动机和螺旋桨起到了一定的保护作用。发动机和螺旋桨在无人机重心之后并接近重心,减小了无人机在俯仰和偏航方向上的惯性。螺旋桨接近尾翼,螺旋桨滑流提高了气流流过升降舵和方向舵时的操控效能,并且由于惯性小,无人机对俯仰和偏航控制响应敏捷。这些优点使这种布局比较流行。图 7 - 3 所示为采用双尾撑的无人机。

图 7 - 3　采用双尾撑的无人机

（2）边条翼

对于中等后掠角和展弦比的机翼,气流是附着在机翼表面上的,到后部才分离,这种流型叫作附着流型。这种机翼在小迎角下升阻特性好,但大迎角下气流易分离。而大后掠角小展弦比机翼上的气流是脱体涡流型,气流从前缘处分离,卷成一个脱体涡。脱体涡能产生较大的涡升力,提高大迎角下的升力系数曲线斜率,但在小迎角下,由于前缘气流分离,失去了前缘吸力,因而压差阻力大。既然附着流型和脱体涡流型在小迎角飞行中的优缺点正好相反,那么,就可以综合附着流型和脱体涡流型的优点,避免它们的缺点,这就是混合流型的概念。所谓混合流型,就是在一个翼面上同时存在着附着流型和脱体涡流型。

如果在机翼前沿根部靠近机身两侧处增加一片大后掠角的机翼面积,就可以大为改善无人机大迎角状态的升力特性,增加的这部分翼面称为"边条"。边条翼是一种组合机翼,它是由基本翼和位于翼根前部的大后掠角、小展弦比、尖前缘的边条组成,如图 7-4 所示。

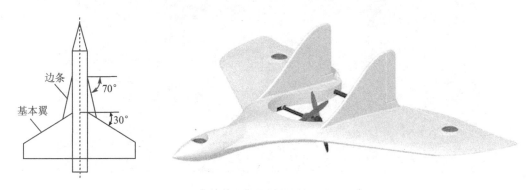

图 7-4　采用边条翼的无人机

边条翼就是按混合流型概念设计的,在亚声速范围内,在不太大的迎角下,气流从边条前缘分离,产生强烈的脱体涡,而机翼外侧部分保持附着流型,这样,内翼是脱体涡流型,外翼是附着流型,故边条翼也称为"混合流型"机翼。边条翼的升力系数要明显高于无边条机翼,如图 7-5 所示。

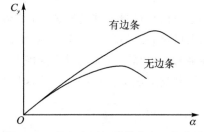

图 7-5　混合流型机翼的升力系数曲线

在中等以上迎角飞行中,由于边条尖前缘产生随迎角增加而增强的脱体涡,会在边条内翼处上表面形成强烈的低压区,所以增加了涡升力;同时,一方面因内翼压力小,抑制了外翼附面层的展向流动,另一方面脱体涡的诱导作用增加了外翼附面层气流的动能,抑制了外翼的气流分离。所以,边条翼在中等以上迎角飞行时,可用升力大,如图 7-6 所示。

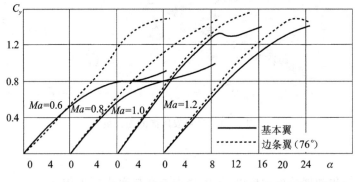

图 7-6　边条翼和基本翼的亚跨声速升力系数曲线

在较大迎角条件下,由于基本翼的后掠角较小,依然保持着附着流型,所以压差阻力较小,加上脱体涡形成的涡升力,因此无人机的升阻比较大,如图 7-7 所示。采用边条后,其最大升力系数和最大抖动升力系数可比没有采用边条时的基本翼提高 50% 以上,如图 7-8 所示。

在大迎角下为了保证基本翼上依然是附着流型,外翼部分常要设计为可变弯度机翼。通常用前后缘机动襟翼,能随迎角和飞行马赫数变化自动调节前后缘偏度,保证气流不发生分离现象。

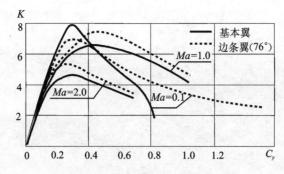

图 7 - 7 边条翼和基本机翼的升阻比

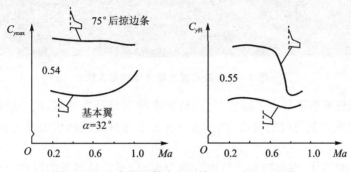

图 7 - 8 边条翼和基本机翼的 $C_{y\max}$ 与 $C_{y抖}$ 比较

在小迎角时,上述优点不能实现。因为小迎角脱体涡的增升作用很小,而边条的后掠角十分大,产生升力效果低;加上前缘尖锐,失去了附着流型的前缘吸力,因而边条翼在小迎角下的升阻特性不如面积相同的无边条机翼好。

(3) 翼身融合体

在常规布局无人机设计中,典型的旋成体机身接上薄板状机翼,两者间有明显界限,而翼身融合体,就是不论是从横截面还是从平面来看,很难分清机身与机翼的交接线,两者之间有圆滑的过渡,已融成一体,如图 7 - 9 所示。图 7 - 10 所示为采用翼身融合体的无人机。

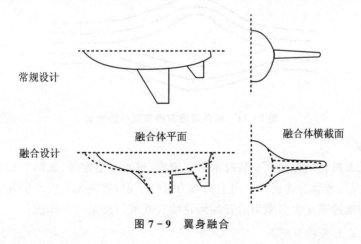

图 7 - 9 翼身融合

翼身融合体的主要优点有:

① 增大了升力面积,减小了诱导阻力和干扰阻力,显著改善了升阻特性。

图 7 - 10　采用翼身融合体的无人机

　　② 机身两侧整流罩部分产生附加升力,机翼中间部分升力增加,使半边机翼的压力中心内移,减小了机翼在大载荷时的弯曲力矩,从而改善了翼身连接结构的受力情况,降低了结构重量。

　　③ 对于扁宽的前体,在大迎角飞行中有横向流时,不致像细长的圆柱形机身那样出现气流分离现象,如图 7 - 11 所示。

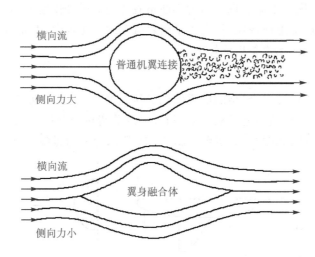

图 7 - 11　机身前段在横向流中的流谱

2. 鸭式布局

　　鸭式布局无人机在机翼前面安装有水平安定翼,或水平稳定器,如图 7 - 12 所示。飞机的重心位于机翼之前,依靠前舵面产生向上的升力保持平衡,实现无人机水平方向气动稳定。鸭式布局无人机的推进系统大多采用后置的涡轮喷气式或螺旋桨式发动机。

　　(1)鸭式布局无人机的优点

　　鸭式布局无人机在气动方面具有如下优点:

图 7 - 12　采用鸭式布局的无人机

1) 可得到正的配平升力

常规布局无人机为了俯仰平衡,水平尾翼需要产生负升力(称为挑式无人机,即机翼升力不仅要平衡无人机重量,还要克服平尾的负升力),从而削弱了无人机总升力。鸭式布局无人机正好相反,前翼提供正的配平升力(称为抬式无人机,即前翼与主翼共同平衡无人机重量),增大了无人机总升力,如图 7 - 13 所示。另外,由于前翼承受了一部分载荷,减小了机翼承受的载荷,因而机翼面积可减小,结构重量可减轻。

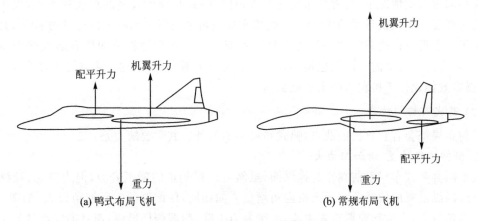

图 7 - 13　鸭翼产生正配平升力

2) 延缓气流分离,提高中、大迎角升力

在中、大迎角时,鸭翼和机翼前缘同时产生脱体涡,两者相互干扰,使涡系更稳定而产生很高的涡升力。它与边条翼的不同之处在于:其主翼(基本翼后掠角也大)也产生脱体涡,两个脱体涡产生强有力干扰,属于脱体涡流型;而边条翼仅边条产生脱体涡,基本翼仍是分离流,属于混合流型。而近距鸭式布局则进一步利用鸭翼和机翼前缘分离漩涡的有利相互干扰作用,使漩涡系更加稳定,推迟漩涡的分裂,这样就提高了大迎角时的升力,如图 7 - 14 所示。为了充分利用漩涡的作用,近距鸭式布局一般采用大后掠角小展弦比的鸭翼和机翼,因为这种升力面的特点是在较小的迎角时就产

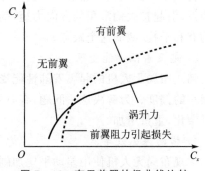

图 7 - 14　有无前翼的极曲线比较

生前缘涡系(脱体涡流型),而且它的漩涡强度大,比较稳定;而中等或小后掠角、中等展弦比机翼在迎角增大时气流分离并不形成漩涡,或者产生弱的或不稳定的漩涡。

近距鸭式布局在气动上的最大特点就是它能与机翼产生有利干扰,推迟机翼的气流分离,大幅度提高无人机大迎角的升力并减小阻力,这对提高无人机的机动性有很大好处。

3) 配平阻力较小

鸭式布局在减小阻力上的好处来自两方面:一方面是由于增加了涡升力,在机翼上产生相同升力的条件下,诱导阻力随之减小;另一方面是由于平衡时前翼提供正升力,增加了总升力,无人机为达到平衡时阻力随之减小。当然,与无尾无人机相比,前翼会增加零升阻力。

4) 抗螺旋能力强

由于前翼处于机翼的上洗流流场中,大迎角飞行时前翼迎角较大,如果前翼作为操纵面,偏转后提供配平升力,则前翼的迎角比机翼的迎角大得更多。因此,鸭式布局无人机总是前翼比机翼先发生气流分离,前翼升力减小,要机头"下俯",这就减小了机翼迎角,防止无人机失速,降低了无人机进入螺旋的危险。

5) 利于提高无人机的机动性

鸭式布局无人机的俯仰操纵除了依靠鸭翼外,还可用后缘襟翼做辅助操纵,因此鸭翼的面积可以较小,再加上鸭式布局无人机一般采用大后掠角小展弦比机翼,这些对减轻重量都有好处。在相同重量的情况下,与常规布局无人机相比,鸭式布局无人机的翼载较小(常规布局无人机的机翼要承担全机重量的102%,而鸭式布局飞机的机翼只承担飞机重量的80%,其余由鸭翼承担),不但可以改善鸭式布局无人机因不能充分使用后缘襟翼而使着陆性能变差的缺点,而且对提高无人机的机动性也很有好处。前翼由于不受机翼干扰,从空气动力学的角度来说,其操纵效能比位于机翼后的水平尾翼高。

(2) 鸭式布局的缺点

任何布局都会有它自己的缺点,鸭式布局也不例外。其主要缺点是:

1) 俯仰操纵性差,附加阻力大

近距耦合鸭式布局以前翼作为操纵面,虽然可以得到正的配平升力,但力臂短,操纵力矩小;另外,操纵前翼的偏转角和无人机迎角增量方向相同,使前翼的实际迎角较大,如图 7-15 所示。迎角过大,会引起前翼首先失速,配平升力下降,削弱俯仰操纵;而且前翼经常处于大迎角状态,其对应的配平阻力也较大。此外,由于无人机的重心越靠后,机翼的杠杆作用就越不明显,为了延长机翼力臂,多数鸭式布局无人机都采用后掠式机翼,翼尖安装有垂翼。

2) 大迎角削弱方向稳定性

鸭式布局无人机在侧滑中,前翼的尾涡有可能打在垂直尾翼上,使垂直尾翼侧滑的一面压力降低,引起扩大侧滑角的方向力矩,削弱方向稳定性,如图 7-16 所示,但也有可能利用前缘涡的有利干扰,减弱这个缺点。

3) 起飞着陆性能受限

鸭式布局无人机的起飞着陆性能受鸭翼配平能力的限制,不能使用后缘襟翼,或者只能使用很小的偏度。为解决这一问题,有时要在鸭翼上采用前、后缘襟翼,甚至采用吹气襟翼,使结构复杂化,重量增加。

4) 横向操纵效率低

常规布局无人机使用差动平尾加副翼操纵可以得到很高的操纵效率,而鸭式布局无人机一般采用大后掠角小展弦比的鸭翼,差动时的横向操纵效率不高,而且机翼后缘的后缘襟副翼

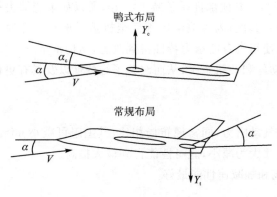

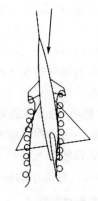

图 7 - 15　前翼的实际迎角大　　　　图 7 - 16　前翼涡流对垂尾的影响

往往还要当作俯仰操纵面使用,着陆时还可能要做增升襟翼。这些都限制了后缘襟副翼的横向操纵能力,因此鸭式布局无人机的横向操纵能力比常规布局无人机的要差。

3. 无尾布局

无尾翼和飞翼布局可以统称为无尾布局,如图 7 - 17 所示。无尾布局包括三角翼无人机,与上面布局的无人机一样,都有一个有效的机翼。机翼为后掠式的,翼尖的迎角比内侧翼面的迎角要小得多,这可以确保当机头抬升时,机翼压力中心向后移,使无人机返回原飞行姿态。这些无人机与鸭式布局无人机类似,后掠式机翼增加了方向稳定性,但机翼在俯仰轴和偏航轴上的效率降低。

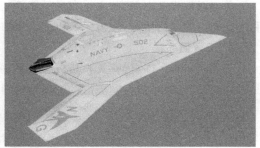

图 7 - 17　无尾布局无人机

在有垂尾的常规无人机上,垂尾的作用是提供偏航/滚转稳定性,尤其是偏航稳定性,此外,垂尾的方向舵还参与无人机的偏航控制。取消垂尾之后,无人机将变为航向静不稳定,同时丧失偏航控制能力。采用放宽静稳定性技术之后,无垂尾无人机可以是航向静不稳定的,但不能是不可控的。针对这一问题的解决方法有:一是在无人机上设计新的操纵面,如机翼后缘操纵面、机翼上部扰流板等;二是通过机载计算机和电(光)传操纵系统对所有操纵面进行瞬态联动来模拟平尾和垂尾的作用;三是利用发动机可转动喷口的转向推力对无人机进行推力矢量控制。

(1) 无尾布局的优点

① 无人机重量显著减少。

常规布局的无人机都有水平尾翼和垂直尾翼,它们是保证无人机稳定飞行和方向操纵的部件,但也是无人机沉重的累赘。首先,由于尾段离无人机重心远,因此它们对全机结构重量的影响举足轻重,尾部质量减小 1 kg,相当于其他部件质量减小 2 kg,所以如果能够去掉平尾和垂尾,那么无人机的重量可以减小很多;其次,因为取消尾部使全机重量更趋合理地沿机翼翼展分布,从而可以减小机翼弯曲载荷,使得机身的承力特性得到改善,结构重量进一步减轻;最后尾翼的取消同时减少了操纵面、作动器和液压系统,从而改善了维修性以及具有更低的全寿命周期成本。

② 阻力减小,隐身性能好。

尾翼的取消可以明显减小无人机的气动阻力,同常规布局相比,其型阻可减小 60% 以上;取消尾翼之后将使无人机的目标特征尺寸大为减小,隐身性能得到极大提高。

③ 机动飞行性能中的稳态盘旋性能和加减速性能最好。

（2）无尾布局的缺点

1）操纵效率不高

由于无尾布局无人机没有鸭翼和尾翼,所以如果无人机的纵向操纵和配平仅靠机翼后缘的升降舵来实现,则由于力臂较短,操纵效率不高。

2）升力分布不理想

飞翼布局类型的无人机会在翼尖段产生负升力,升力分布不理想。较大的翼展载荷会使诱导阻力增大。

3）起落性能不佳

无尾布局无人机在起降时不能利用襟翼增升,且为配平,升降舵向上偏转,降低起飞着陆时的机翼升力。如果采用扰流板,则可以在一定程度上改善降落性能。

总之以常规观点而言,无尾布局不能算是一种理想的选择,但随着现代无人机对隐身性能和巡航能力要求的增加,使得无人机的无尾布局形式受到更多的重视。

4. 三翼面布局

三翼面布局由前翼（鸭翼）、机翼和水平尾翼构成,可以综合常规布局和鸭式布局的优点,经过仔细设计,有可能得到更好的气动特性,特别是操纵和配平特性,如图 7-18 所示。

图 7-18　三翼面布局无人机

（1）三翼面布局的优点

1）易实现直接力控制

三翼面布局除了保持鸭式布局利用漩涡空气动力带来的优点外,还有一个重要的潜在优势,那就是它比较容易实现主动控制技术中的直接力控制,从而达到对无人机飞行轨迹的精确控制。例如,当鸭翼、机翼后缘和平尾同时进行操纵时,就能实现纵向直接力控制,进行纵向直接升力、俯仰指向和垂直平移控制,极大地提高了无人机的机动能力。

2）气动载荷分配合理

三翼面布局无人机在气动载荷分配上也更加合理,如图 7 - 19 所示。当法向过载为 n_y 时,从三翼面和二翼面（常规和鸭式）布局无人机升力载荷分配的比较可以看出,在进行同样过载的机动时,三翼面布局无人机的机翼载荷较小,全机载荷分配更为均匀合理,因而可以降低无人机对结构强度的要求,减小无人机结构重量,提高无人机的飞行性能。

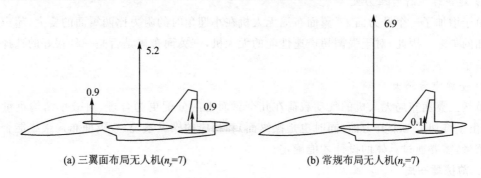

(a) 三翼面布局无人机(n_y=7)　　　　　　　　　　(b) 常规布局无人机(n_y=7)

图 7 - 19　三翼面和二翼面布局无人机载荷分配的比较

3）升力特性好

如图 7 - 20 所示,三翼面与二翼面布局相比,不但升力系数曲线斜率增大,失速迎角增大,更主要的是大迎角时的升力有明显地增大,这表明鸭翼控制机翼气流分离的作用在三翼面布局上依然存在。

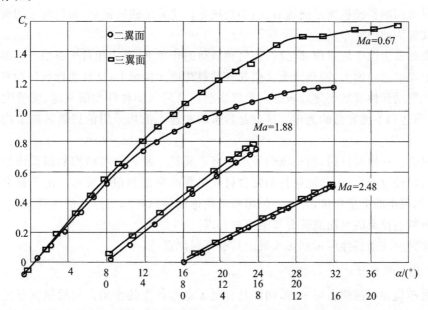

图 7 - 20　三翼面布局与二翼面布局的升力比较

4）提高大迎角时的机动性和操纵性

三翼面布局无人机由于增加了一个前翼操纵自由度,它与机翼的前、后缘襟翼以及水平尾翼结合在一起进行直接控制,可以减小配平阻力,还可以提高大迎角时操纵面的操纵效率,保证无人机大迎角时有足够的下俯恢复力矩,改善无人机大迎角气动特性,提高最大升力,提高大迎角时的机动性和操纵性。

（2）三翼面布局的缺点

1）大迎角气动力的非线性

三翼面布局的优点主要来自于漩涡的有利干扰，但在迎角增大到一定程度时，漩涡就会发生破裂，导致无人机稳定性和操纵性的突然变化，以及气动力非线性的产生。

2）超声速飞行时阻力大

由于增加了一个升力面，三翼面布局无人机在小迎角时的阻力比两翼面的要大，超声速状态增加的更多。因此，对于强调超声速性能的无人机，三翼面布局是否是一种很好的选择需要综合衡量。

3）全机重量增大

虽然三翼面布局无人机的气动载荷在几个翼面上的分配更为合理，对减小结构重量有好处，但由于增加了一个升力面（同时也是操纵面）和相应的操纵系统，三翼面布局最终能否减小全机重量，需要通过具体的设计才能确定。

5. 前掠翼布局

当无人机的飞行速度达到高亚声速时，出现压缩性影响，气流经过机翼上表面加速，局部达到超声速，产生激波和激波诱导的附面层分离，导致阻力急剧增长，这就是所谓的阻力发散现象，它阻碍无人机速度的进一步增大。解决这个问题的办法就是采用斜掠机翼，推迟激波的发生。因为这时的有效马赫数，即垂直于机翼前缘的马赫数减小。前缘和后缘均向前伸展的机翼称为前掠翼。无论是前掠翼还是后掠翼同样都能起到提高临界马赫数、降低波阻的作用。世界上最早采用的斜掠机翼是前掠翼，而不是现在广泛采用的后掠翼，而机翼采用前掠翼的气动布局形式称为前掠翼布局。

前掠翼的翼尖位于机翼根部之前，在气动载荷的作用下，翼尖相对于翼根产生的扭转变形使得翼尖的局部迎角增大，迎角增大又引起气动载荷进一步增大，这种恶性循环的发展将使机翼结构发生气动弹性发散而导致破坏。为解决前掠翼的气动弹性发散问题，需要大大增加结构重量，从而达到不能容忍的地步。这就是后来的高速飞机从采用前掠翼转向采用后掠翼的原因。

自从复合材料出现以后，前掠翼的发展才有了转机。复合材料结构的面板铺层厚度和纤维的方向可以任意变化，因此能够控制复合材料机翼的刚度和扭转变形。由于复合材料密度小，只要付出很小的重量代价，甚至不付出重量代价就可以解决前掠翼的气动弹性发散问题；而且复合材料前掠翼的展向载荷分布也更加合理。

将前掠翼的气动特性应用到无人机上具有下列优点：

（1）失速从翼根开始

前掠翼布局和后掠翼布局一样，同样具有延缓激波产生的作用。但后掠翼布局由于展向分速是从翼根流向翼尖，所以其附面层分离首先出现在翼尖。虽然采用在机翼表面安装翼刀、翼尖采用气动及几何扭转，或采用复杂的附面层分离控制技术，可以延缓附面层分离，但在较大的迎角下，其附面层分离仍然是首先在翼尖发生。一旦附面层分离，必然导致翼尖操纵面失效。因此，后掠翼布局的失速迎角小，机动性差。而前掠翼布局由于机翼前掠，气流有一个平行于前缘、指向翼根的分量，因此使流经前掠翼的气流向机翼内侧偏转，附面层向翼根方向增厚，使气流首先在翼根发生分离。这点和后掠翼完全相反，后掠翼的分离首先是从翼尖开始的。前掠翼的气流分离从翼根开始的特点,可以使副翼的效率保持到更大的迎角,不存在后掠翼普遍存在的大迎角操纵副翼效率不足和无人机上仰问题。前掠翼的中、外翼展向流动具有较好的分离特性,机翼失速迎角增大,可用升力高,外翼段的舵面操纵效率高,大迎角机动能力良好。

（2）有利于 Φ 形布局

现代无人机的推重比大,发动机重量大,因此无人机的重心比较靠后,而前掠翼的几何特点是机翼根部靠后。由于这两个因素,前掠翼布局无人机的机翼根部很靠近机身的后部,使得平尾很难布置。将后掠翼和前掠翼结合在一起,形成 Φ 形布局（宝石布局）,即前后联翼式,就是一个非常合理的解决方案,如图 7－21 所示。前掠翼翼根后置,结构布置更具灵活性,易于合理分配机翼和前起落架的受力,增大了机体容积,为设置任务载荷创造了条件,有利于发挥后掠翼和前掠翼的各自优点,弥补各自不足。后掠翼所产生的涡系对前掠翼涡系产生有利干扰,对翼根附面层分离进行控制,使前掠翼布局失速缓慢的特点得到加强,提高了前掠翼气动效率,具有改善失速特性的作用。

图 7－21　前后联翼式布局

（3）起飞着陆性能好

与相同机翼面积的后掠翼无人机相比,前掠翼无人机的升力更大,载重量增加 30%,因而可缩小无人机机翼,降低无人机的迎面阻力和结构重量;减少无人机配平阻力,加大无人机的亚声速航程;改善无人机低速操纵性能,缩短起飞着陆滑跑距离。

此外,由于前掠翼的失速特性较好,因而具有良好的抗尾旋性能。从无人机的总体布置来看,由于前掠翼翼根靠后,无人机的主要受力结构后移,这将增大机身内可利用的容积,使得内部布置具有更大的灵活性。

但是,前掠翼存在气动弹性发散问题。对于后掠翼,当机翼迎角增大而使升力增加时,机翼产生的扭转变形使机翼后缘提高,前缘降低,机翼相对于来流的迎角减小,从而减小升力,亦即机翼的结构是稳定的。而前掠翼则相反,当迎角增大,升力增加时,机翼产生的扭转变形使得前缘提高,后缘降低,机翼相对于来流的迎角增大,从而使机翼升力和扭转变形继续增大,这种不稳定性称为气动弹性发散现象。前掠角越大,气动弹性发散现象越严重。为消除气动弹性发散,必须增加机翼结构刚度,使无人机重量增加,从而抵消了前掠翼的优越性。这就是前掠翼技术多年没有得到发展的主要原因。

　　较后掠翼,前掠翼存在的最大不足是气动效率较低,主要原因在于根部气流分离,机翼根部占机翼面积的比例最大,对升力的贡献也最大,根部气流分离早,分离区发展快,使前掠翼大迎角时的升力损失较大,同时也带来焦点前移。因此,控制根部气流分离是前掠翼布局设计的关键。控制翼根分离的方法有多种,比如机翼根部活动边条、固定边条、边条襟翼和连接边条的修形。另外,还可以利用鸭翼脱体涡的干扰改善前掠翼根部的流态,从而改善前掠翼根部过早分离的缺陷。

7.1.2　垂直起降无人机气动布局

　　垂直起降无人机主要采用旋翼产生的拉力进行起降,主要包括传统的直升机形式和多旋翼无人机。根据旋翼转矩平衡手段的不同,垂直起降无人机气动布局有很多不同的类型,如图 7-22 所示。

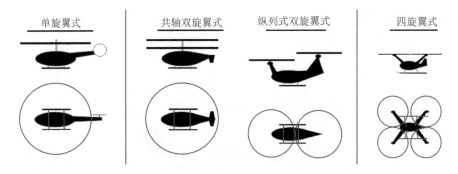

图 7-22　垂直起降无人机气动布局

1. 单旋翼带尾桨式

　　单旋翼带尾桨式无人直升机的旋翼系统为一副旋翼和一副尾桨。旋翼提供垂直飞行、前飞、后飞、侧飞等各个方向的力,尾桨则平衡反扭矩,并提供航向机动所需要的力。有些此种布局的无人直升机还装有尾翼,以改善无人机的操纵稳定性能,如图 7-23 所示。

图 7-23　单旋翼式无人直升机

　　该布局是无人直升机最常见的布局,其优点是结构简单,主要包括旋翼、尾桨、发动机、减速器、传动装置、自动倾斜器等。与其他形式的直升机相比,其气动、平衡、操纵稳定性、振动等问题较易解决,设计、制造和试验较易实现,性能和成本均可接受,是目前发展最完善的形式。

现今世界上生产的直升机 90% 以上均为这种形式,多数垂直起降无人机采用这种布局。

　　单旋翼带尾桨式无人直升机的不足之处是:需要一副尾桨来平衡旋翼的反扭矩,增加了全机的功率消耗和重量,一般尾桨在起飞、悬停状态下的功耗占总功耗的 7%～12%;尾桨高速旋转并处于旋翼的下洗流干扰之下,受载复杂,造成噪声和结构件的疲劳;无人直升机在所有面上都是极不对称的,增加了控制的耦合性和飞行控制系统算法的复杂性;当无人直升机在地面工作或飞行中遇到障碍以及尾桨失效时,还会导致人员和无人直升机本身的安全问题。为了解决这些问题,采用了涵道尾桨,增加垂直尾翼及采用无尾桨式单旋翼机等许多工程措施。

　　2. 共轴双旋翼式

　　共轴双旋翼式无人直升机旋翼上下共轴、反向旋转,不需要尾桨便可平衡反扭矩,并通过旋翼的倾斜和转速的调整,来实现保持或改变无人直升机飞行状态,如图 7-24 所示。

图 7-24　共轴双旋翼式无人直升机

　　与单旋翼带尾桨式无人直升机相比,共轴双旋翼式无人直升机具有下列特点:

　　① 由于取消了尾桨及其传动装置,在相同总重下,旋翼直径只有单旋翼机的 70%～80%。主要机身部件紧凑地安排在全机重心附近,减少了机身尺寸,降低了纵向和横向惯性矩。

　　② 悬停效率高,与单旋翼式无人直升机相比,要高出 17%～30%。这是因为在悬停时,旋翼间的相互干扰产生了有利影响。具体来说,悬停时,上旋翼尾迹的收缩使得下旋翼的引流得以扩张,从而增强了尾流的有效区,并可同时消除尾流的涡流损失。

　　③ 共轴双旋翼式无人直升机具有近乎完美的空气动力对称性,具有较高的操纵效率。每个旋翼都使用相同的动力单元、传动装置和控制子系统,飞行控制律并不比典型垂直起降无人机的复杂。

　　④ 在所有类型的无人直升机中,此种布局的无人机由于其对称性,气流干扰的影响最小,在多数飞行模式下,几乎不受气流干扰的影响。但在具体设计中,如"小精灵"无人机,为了隐身的需要,需要减小旋翼产生的噪声,选择的旋翼翼尖速度会比正常值要小,桨盘载荷减小至 180 kg/m^2,从而造成垂直阵风影响略为增加。

　　ML 航空公司对共轴双旋翼式无人直升机的盘旋性能进行了细致的台架实验,并与相当的单旋翼式无人直升机进行了比较。二者有相同的总旋桨数目(4 个)、相同的桨盘载荷和桨尖速度。在桨盘载荷正常范围内对旋翼进行测试,测试时共轴旋翼间距在一定范围内不断调整。测试结果表明,与之前的普遍认识相反,盘旋飞行时,共轴双旋翼式布局所需功率比单旋翼布局要小,一方面是因为共轴双旋翼布局不需要将部分功率用于转矩控制的尾梁上,另一方面是由于旋翼所产生的下降气流因涡旋带来的能量损失也较小。

图 7-25 所示为在发动机功率相同的情况下,反向旋转的共轴双旋翼系统相对于单旋翼系统的盘旋效率提升的百分比。

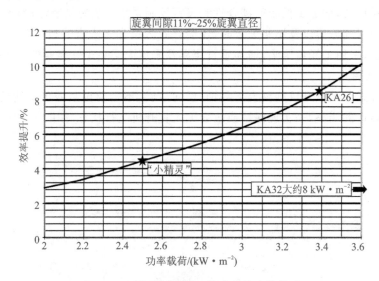

图 7-25   共轴双旋翼系统盘旋效率的提升

该曲线表示的是一种典型的共轴双旋翼式布局,内旋翼间距为旋翼直径的 11.25%。在桨盘载荷较大条件下,对于较重(较高的功率负荷)的无人机,其对比结果差别很明显,主要原因是诱导涡旋比较大。对于无人直升机功率的改善,提高 3%~6% 是比较可喜的。

共轴双旋翼式无人直升机的主要不足有:前飞时产生诱导损失,此损失的大小与两旋翼的距离有关,距离越大,诱导损失越小。为了减小诱导损失和两旋翼之间的碰撞,两旋翼距离一般较大,对铰接式而言,目前一般为 $H/R=0.2$(H 为距离,R 为旋翼半径);无铰式旋翼的这个距离可能小些,但加大两旋翼间的距离会增加无人直升机的高度和重量。

3. 纵列双旋翼式

无人直升机旋翼有一个很强的比例效应,无人机要求越重,旋翼尺寸越大,旋翼质量升力比将迅速增加。对于起飞总质量大于一定量的无人机,安装两个小的旋翼比安装一个大的旋翼效率要高。

纵列双旋翼式无人直升机的旋翼系统为两副前后纵列布置、转向相反的旋翼,反扭矩互相平衡,也是通过旋翼的倾斜、转速的调整来产生各个运动方向的力,实现无人机直升机的各种飞行运动,如图 7-26 所示。

与单旋翼布局无人机相比,纵列双旋翼式无人直升机的特点如下:

① 重量方面。在总重相同时,纵列双旋翼式无人直升机两个主减速器重量之和小于单旋翼式无人直升机一个主减速器的重量两副旋翼的重量小于单旋翼式、双旋翼式无人直升机一副旋翼的重量。纵列双旋翼式无人直升机为了支持后旋翼要附加后旋翼柱,要有协调轴及中间减速器。另外,纵列双旋翼式无人直升机的操纵系统比单旋翼式复杂很多,因此,这一部分的重量也要大些。综合上述因素,在重量方面,对于重型无人直升机,主减速器及旋翼所占比例较大,采用纵列式可减小这些部件的重量,从而降低全机重量;对于轻型无人直升机,旋翼及

图 7 - 26　纵列双旋翼式无人直升机

主减速器的相对重量并不大,采用纵列式虽然可使这些部件的重量有所降低,但操纵系统重量的增加会起一些抵消作用,因而效果并不显著。

② 功率消耗方面。悬停时纵列式比单旋翼式略低一些。在以经济速度向前飞行时,纵列双旋翼式无人直升机后旋翼受前旋翼干扰最大,附加诱导功率损失最大,而单旋翼式的尾桨功率损失却最小,因而纵列式的需用功率明显地比单旋翼式的大。随着飞行速度进一步增大,两者的差别逐渐缩小。在大速度飞行时,纵列双旋翼式无人直升机的附加诱导功率损失较小,而单旋翼式的尾桨损失却有所增大,两种形式的无人直升机需用功率趋于一致。

因此,纵列双旋翼式无人直升机最经济状态的飞行性能明显不如单旋翼式,为保证一定的使用升限,纵列双旋翼式无人直升机必须安装功率更大的发动机;为保证一定的续航时间,纵列双旋翼式无人直升机需装载更多的燃油;纵列双旋翼式无人直升机的航程也要比单旋翼式的小些。

③ 容许重心变化范围方面。纵列双旋翼式无人直升机容许重心变化范围大。双旋翼前后纵列布置,构成了类似"双支点承力梁"形式,大大拓展了重心变化范围。这个优点对重型无人直升机意义重大。

即使此种布局相对单旋翼式对称性好,在控制方面更有利,但并不适用于动力利用率要求更高的情形。纵列双旋翼式无人直升机的操纵性、稳定性及振动问题要比单旋翼式复杂。轻型无人直升机采用纵列式可能得不偿失,因而这种布局一般只在设计吨位较大的无人直升机时采用。同时,起飞总质量小的无人机装载的任务载荷体积小,不需要长的机体,这样旋翼就需要安装在伸出的支架上,结构效率低。因此,这种布局并不太适用于无人机,目前基本没有纵列双旋翼式布局的无人机。

4. 横列双旋翼式

横列双旋翼式的旋翼系统为两副横向并排布置、反向旋转的旋翼,反扭矩互相平衡,通过倾转旋翼,调节旋翼转速,来实现无人直升机各个方向的运动,如图 7 - 27 所示。

从飞行性能方面来看,纵列式和横列式没有本质区别,在悬停状态,横列式机身和机翼的阻力损失可能较纵列式大些,垂直飞行性能差些。在前飞状态,横列式双旋翼的相互诱导影响对旋翼前行桨叶通过旋翼之间方位时,诱导阻力最小。因而,横列双旋翼式无人直升机爬升率比单旋翼式无人直升机爬升率要大。

图 7 - 27　横列双旋翼式无人机

　　而从重量角度分析,由于横列双旋翼式无人直升机支撑左右两副旋翼的机翼或构架的刚度和重量将随旋翼离机身的外伸距离而迅速增大,因此,横列式双旋翼无人直升机的重量效率不如单旋翼式的高。因此,无人机很少采用这种布局。但随着倾转旋翼机的发展,横列双旋翼这种形式又引起了人们的关注和重视。

5. 多旋翼式

　　多旋翼式无人机通常指四旋翼及多于四旋翼的无人机。前面所讨论的所有类型布局都是利用旋翼方向控制系统,周期性或协同性地改变旋翼桨叶的倾斜来控制无人机。设计多旋翼无人机的目的在于简化这种复杂性,去掉机械传动系统。具体思想是将所有旋桨的倾斜角固定,通过改变每个旋翼的旋转速度来改变推力大小,如图 7 - 28 所示。每个旋翼都由安装在其上的电动机单独驱动。例如无人机前移,后两个旋翼的转速增加,使无人机低头,推力矢量指向前方,与此同时总的推力必须增加,以防掉高。一旦进入前向飞行,旋翼转速必须再次进行协同。

图 7 - 28　四旋翼式无人机

　　考虑旋翼间的空气动力之间的干扰模式变化,要获得这样的控制效果,其控制律是非常复杂的。每个旋翼的速度变化都会有时间延迟,这对于小型无人机来说,由于其惯性小,问题不是很严重。

　　这种布局与其他布局相比,对阵风的干扰敏感,其控制响应比较迟缓,即使在实验室静风条件下,控制也是比较困难的,更不用说在城市上空扰流复杂情况下的飞行控制了。

任何一个单独的旋翼动力系统出现故障,后果都会很严重,一旦出现,就会导致无人机立即失控坠地。

7.1.3　混合式无人机气动布局

对于旋停飞行,无人直升机是重于空气飞行器中效率最高的。由于后倾桨叶的失速问题,限制了其巡航速度在 200 kn(370 km/h)以下。为了完成远程任务,无人机必须以较快的巡航速度飞行,以获得满意的对目标或者指定区域监视的反应时间。

无人机垂直起飞和降落是一大优点,因此希望能够综合垂直起降和水平起降无人机两者的优点。在无人机上采用的混合式气动布局形式很多,如图 7 - 29 所示。

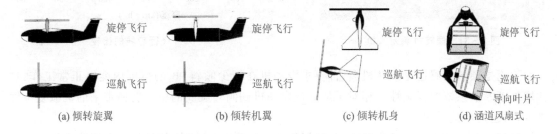

图 7 - 29　混合式无人机气动布局形式

1. 倾转旋翼和倾转机翼无人机

倾转旋翼无人机的两副旋翼系统横向并列布置在机翼上,两副旋翼反向旋转,反扭矩互相平衡。在垂直飞行时旋翼是水平的,但在巡航飞行时,向前倾斜 90°,作为推进器使用,如图 7 - 30 所示。严格来讲,倾转旋翼无人机是介于无人直升机与固定翼无人机之间的航空飞行器。在垂直起飞和垂直着陆阶段,采用无人直升机模式,即两副旋翼轴朝上,依靠旋翼提供升力,进行垂直起飞或垂直着陆。前飞时,采用固定翼无人机模式,即两副旋翼轴逐渐向前倾转,直至旋翼轴呈水平状态,旋翼产生水平拉力,而由机翼提供克服无人机重力的垂直方向的力,变无人直升机为固定翼螺旋桨式无人机飞行。

图 7 - 30　倾转旋翼无人机

此外,还可以将机翼、发动机和旋翼组装为一体,安装在机身上部,称为倾转机翼无人机,如图 7 - 31 所示。

很显然,这两类构型综合了无人直升机与固定翼无人机各自的优点,可大大提高前飞速度。因为这不仅解决了失速和阻力发散问题,而且在前飞状态时,与无人直升机模式相比,功率消耗大幅度降低,同时需用起降场地小,具有独特的优势。与同等级无人直升机和涡轮螺旋桨固定翼飞机相比,倾转旋翼飞机飞行包线的飞行速度范围得到拓展,如图 7 - 32 所示。

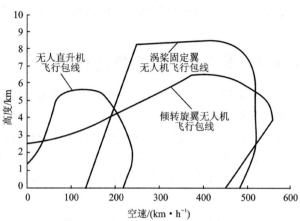

图 7 - 31　倾转机翼无人机　　　　　　　图 7 - 32　飞行包线的比较

　　无论是倾转旋翼还是倾转机翼,都要求发动机在至少倾斜 90°的范围内能够正常工作,这就增加了燃油系统的复杂性。相对于从固定发动机到倾转旋翼的驱动转换带来的机械复杂性来说,这还是可接受的。

　　这两种布局的无人机已成功实现,倾转旋翼在旋停时更有效,倾转机翼在巡航飞行时更有效。但是,由于其具有两种无人机的优点,与直升机相比其任务载荷减小了,但巡航速度提高了。

2. 倾转机身无人机

　　对于有人机,为了机务人员和乘客,应保持机身的水平,但无人机没有这样的要求,因此理论上可以倾转整个机身,如图 7 - 33 所示。这类无人机不存在死重,垂直起降和水平高速飞行都采用同一套动力装置,既能垂直起降,又能像固定翼无人机一样高效平飞,使其具有较好的综合性能。

图 7 - 33　倾转机身无人机

　　所有可转换式旋翼无人机中,关键部分是全旋停飞行状态与全巡航飞行状态之间的转换,它决定了无人机的气动设计;主要问题在于如何保持机翼的附着气流,以便能够对无人机的姿态进行有效控制,尤其是对俯仰角控制。

保持气流附着是比较困难的问题,尤其从巡航飞行转换到旋停(向下转换)和着陆。在"向上转换"时,在旋翼推动下向上爬升,无人机加速。在这种条件下,滑流中的高速气流将会减少,同时机翼的大迎角也减小,这就减少了机翼失速的可能性。即使是这样,为了避免失速,一定要附加增升装置,如在机翼上采用克鲁格前缘襟翼和(或)后缘襟翼。

"向下转换"中,速度的减小将会使机翼迎角增加,在这个飞行过程中,由于旋翼推力减小,无人机速度降低,高速滑流不能抑制机翼迎角的增加,使情况变得更恶劣。这样就需要旋翼具有更大的桨盘载荷以提高滑流速度,增大机翼以减小机翼载荷和机翼的气动迎角。旋翼桨盘载荷与机翼载荷之比称为"升力载荷比",为了飞行转换安全,要求该值较大。但是,随之要求发动机功率和机翼更大,这将增加无人机的重量和成本,降低巡航和旋停两种飞行模式的效率。合理设计机翼,使其具有合适的翼型剖面、小展弦比、合适的气流附属装置等是一种有效的解决方案。

3. 涵道风扇式无人机

由无人机的名字可知,其推进器包围在涵道内。推进器称之为"风扇",是指它有半径约束,具有高"充实度",即桨叶面积与桨盘面积之比。该风扇多是由两个逆向旋转单元构成,以实现机体在不期望转矩作用下转动最小。它不能对桨叶总倾斜或周期性倾斜进行控制,可通过风扇转速的变化改变推力,通过滑流中可倾斜的舵面进行机体姿态角的控制。涵道风扇式发动机如图 7-34 所示。

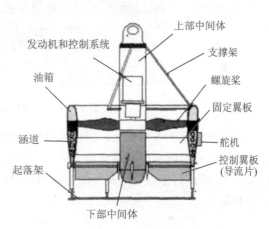

图 7-34 涵道风扇式发动机

这种布局的无人机具有垂直起飞和着陆能力,同时能够像固定翼无人机一样水平和俯仰飞行,如图 7-35 所示。

图 7-35 涵道风扇式无人机

这种布局的主要问题在于机体的姿态控制,对于控制系统而言,需要解决两个坐标系切换带来的欧拉角奇异的问题,这一点比四旋翼和混合四旋翼固定翼无人机复杂;而且这种方案的垂直降落模式也存在难点,比如在降落时,由于舵面效率几乎为零或者出现反效,而且还有涡流环等不确定干扰,其控制非常困难,容易坠毁。

这种无人机通常采用推力矢量与舵面综合控制方式,提高安全余度,即使在舵面效率为零时,无人机也不会失控,能保证无人机的良好操控能力。矢量控制系统结构和总体进行了综合设计,使得运动机构的重量较小,保证高的任务载荷比重。推力矢量控制可以让无人机更从容地面对突风,可以实现快速原地转向、快速倾转、筋斗等机动动作。

4. 旋翼和螺旋桨组合式

为了简化设计,便于控制,目前出现了很多利用旋翼垂直起降、利用螺旋桨巡航飞行的组合,如图 7 - 36 所示。

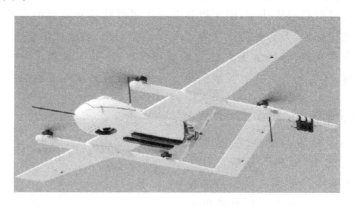

图 7 - 36　旋翼与螺旋桨组合式无人机

与多旋翼式无人机相比,飞机在巡航飞行时,升力由机翼提供,而非全部都由旋翼提供,这就解决了垂直起降和航程载荷能力问题。但这类飞机存在的主要问题是:飞机完成垂直起飞转成水平飞行后,垂直起飞所用的旋翼和发动机就变成死重丢不掉,并且还带来了更大的迎风面积和阻力。

7.2　部位权衡

无人机系统设计,尤其是空中部分与有人机有相似的目标,即达到所要求的性能,并具有完整性和可靠性,使全寿命费用最低。因此,设计研制的程序步骤基本相似,总体上使用类似的技术。但是,两者之间也存在差异,主要体现在以下几方面:

① 飞行控制系统更轻,需要的空间更小。无人机的飞行控制系统能够接收遥控指令,按照预先规划的飞行剖面或自主地进行飞行控制。

② 无人机主要携带侦察任务载荷,而不是较重的武器、乘客或货物等载荷,即使配备了武器系统,也仍是一些较轻型的武器。

③ 小的结构和机械装置具有明显的尺度效应优势,如果将该特点应用于无人机设计中,可以设计出更轻的无人机。

7.2.1　结构与材料权衡

1. 尺度效应

无人机相对有人机来说重量更轻一些,如图 7 - 37 所示。根据起飞总质量,有人机有从最小的 340 kg 的 Titan Tornado 单座飞机,到 590 000 kg 的空客 A380 和 640 000 kg 的安 225。无人机系统中的飞机具有较小的质量,从 6 kg 的 Raphael Skylight 无人机到 12 000 kg 的"全球鹰"无人机。根据重量,最小的固定翼无人机比相应的最小的有人机要轻两个数量级。

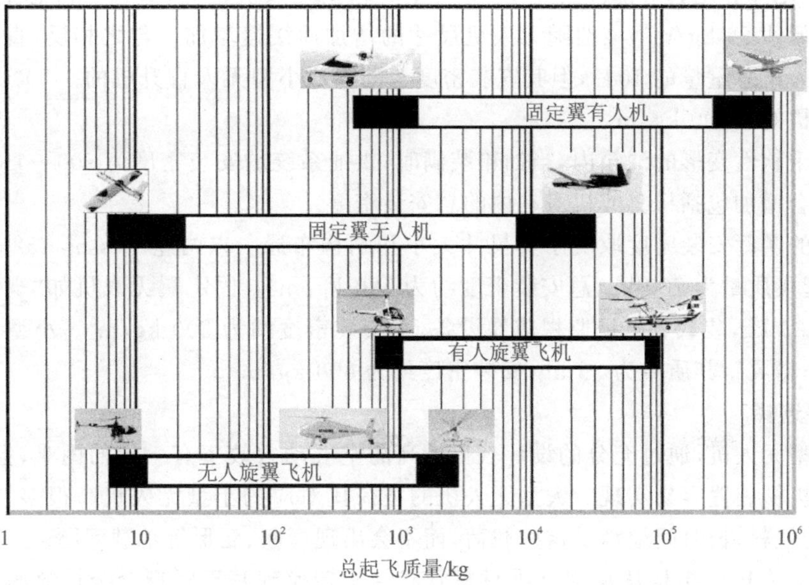

图 7 - 37 有人机与无人机质量对比

旋翼飞机也有类似的情况,有人旋翼飞机的质量变化从 623 kg 的 Robinson R22 到 97 000 kg 的米 12 直升机;对应的无人旋翼飞机,其质量变化从 20 kg 的 FADS Scorio 到 200 kg 的 Schiebel Camcopter。

图 7 - 37 也给出了较重的无人直升机,"火力侦察兵"无人直升机重达 1 430 kg。但是,这种无人直升机最初的设计是为了搭载乘客,后来改造成无人机,用于携带轻型武器。

由上述分析可以看出,与固定翼无人机一样,最轻的无人直升机相对于有人直升机而言,也轻两个数量级。但是,与固定翼无人机不同,最重的无人直升机也无法与有人直升机的重量相比。

当然,还有更轻的固定翼和旋翼无人机,质量只有 0.5 kg 甚至更轻。由于尺度效应,这些轻型无人机采用了与主流无人机不一样的技术和结构布局。例如,一些微型无人机使用柔韧的薄膜机翼。

2. 安装密度

相对于具有同样用途的有人机,无人机通过高安装密度(飞机重量/体积),利用结构和空气动力学的优势,使其尺寸和重量明显减小。

人的密度比飞机系统要小,但为人员提供活动和工作的空间却较大,这就降低了大多数轻型有人机的有效密度,使全系统总密度为 0.1(约为 100 kg/m³)或更小。相比而言,无人机的电子和光学设备比整机系统的密度高,并能紧密安装,仅需一些冷却空间。电视成像系统或其他光电设备(类似眼睛)、飞行控制系统(类似大脑)、测控链路设备(通信等)以及无人机的辅助设备等,它们的安装密度约为 0.7(700 kg/m³)。

发动机、传动、舵机、发电机等设备,虽然尺寸大小不一,但对有人机和无人机而言是相同的,安装密度为 5～6(5 000～6 000 kg/m³),当然还需一些空间用于冷却和操作等。着陆装置随无人机类型的不同而不同,有固定的或可收回的、轮式的或滑撬式的。垂直起降无人机的着陆装置要轻于水平起降无人机。因此,对于着陆装置没有统一的结论。

像机翼、尾撑和尾翼等部件密度小,如典型的轻型无人机机翼,重量只占总重量的10%,其安装密度低达25 kg/m³,该值随无人机尺寸的增加而缓慢增加。与之相反,直升机旋翼系统也只占无人机总重量的10%,但其安装密度范围为从小型无人直升机的1 200 kg/m³到大型有人直升机的4 000 kg/m³。

燃油装于软性变形的油箱内,当油箱装满时,供油系统的安装密度为900~1 000 kg/m³。它的加装将会增加包括机翼或机身在内的总安装密度。

无人机的实际安装密度取决于其尺寸大小和结构布局。以两座Cessna 152轻型有人飞机为例,总起飞质量为700 kg,总安装密度约为120 kg/m³。固定翼无人机如"观察者",总起飞质量只有36 kg,装载有电视监视成像设备,其安装密度约为200 kg/m³。小型共轴旋翼式无人机如"小精灵",其质量为36 kg,安装密度约为600 kg/m³。

3. 材料选择

对于小型无人机,通过充分的设计获得较高的空气动力效率有一定的困难,但低密度、小尺寸结构和机械装置容易实现。大型无人机的载荷比对应的小型无人机高很多,要求采用强度、刚度大的材料,长时间地承受这些载荷,而不会出现弯曲、变形等承载问题。

当轻型无人机的结构从覆盖纤维材料管状结构转换到基于轻型合金材料的硬壳式结构时,承受作用在表层的直接载荷只要求使用非常薄的材料。为了阻止框架间表面的局部变形,增加了横梁。为了抑制弯曲变形,有时需要采用较厚的表层结构材料,但这将导致无人机重量的增加。

低密度复合材料的出现缓和了该问题,这种材料可以制作得较厚,但又不会增加无人机的重量。虽然最初的材料(如玻璃纤维环氧树脂蜂窝结构)的硬度较小,但横截面的附加厚度足以弥补该缺陷,从而解决了表面变形问题。

除了要承受较大载荷的部件外,复合材料已经在无人机构造中成为主流。上述部件,如起落架,通常有必要采用轻型合金或钢材料。随着材料的发展,例如碳纤维预浸料高温热压成型材料、塑料和铝合金的合成材料等的出现,上述部件采用的材料也会改变。

在最大起飞重量一定的条件下,无人机部件重量的减少意味着可以携带更多的任务载荷或燃油,也就是说,相关任务可以由轻型、小型无人机完成。

图7-38给出了小型和中型无人机机身常用的模块化构建方法。玻璃纤维和适量的树脂作为主材料,加强的部分采用硬塑料泡沫填充,并用碳纤维条包裹。

用碳制作蒙皮较贵,并且碳的固有阻尼小,受突然撞击容易破碎。与玻璃按一定比例混合,将会使其具有一定的阻尼,是一种实用可行的解决方法。尽管碳织物昂贵,但碳纤维条相对便宜,利用该方法制作的轻质、高刚度、耐用、便宜的结构模块适合规模生产。

由玻璃纤维或碳纤维加强的聚碳酸酯,密度为碳/玻璃混合物的1/2,但刚度基本类似,它可以热塑成型,制作结构件的劳动强度低于利用成型材料的劳动强度。该方法可用于升力面的制作。

内部结构连接件要求能够将载荷分散到承力垫片或插口上,这些部件一般用轻质合金,甚至钢材料制成,具体材料根据连接处的受力情况确定。

某些部件完全弃用金属材料可能还不成熟,这些部件包括:发动机、旋翼桨毂和传动系统等。因为这些部件除了载荷密度高外,还有高温和高磨损等因素。

以上大多数方法可用于大型的中、远程长航时无人机的制造,但是,由于结构面积大、载荷

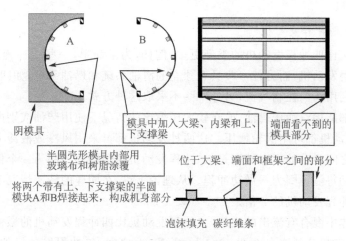

图 7-38　小型和中型无人机机身常用的模块化构建方法

密度大,机翼和机身的蒙皮多采用较硬的碳化合物材料。为了获得更大的刚度和柔韧度,可采用分层构造方法,即在两层碳纤维或碳纤维和玻璃纤维混合物之间夹一层蜂窝状尼龙。

新材料的不断发展,给无人机的设计和制造带来了好处。对于新型无人机设计,合适的材料选择是一个首先要面对的问题。

7.2.2　发动机权衡

如同其他飞机,无人机的动力系统包括能量源,将能量转换为机械能、再转换为升力或推力的装置等,如图 7-39 所示。

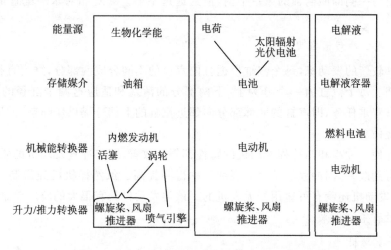

图 7-39　动力系统

动力装置包括发动机速度控制和(或)功率输出控制、发动机温度控制等装置。对于固定翼无人机,通常还包括发电机。旋翼无人机的发电机由旋翼系统驱动,这样可以确保即使在发动机出现故障时,仍有电能可用。现在绝大多数无人机均由内燃发动机驱动。

1. 活塞发动机

（1）二冲程和四冲程发动机

二冲程发动机比四冲程发动机的类型更多，例如，为了简单，一些二冲程发动机通过润滑油与燃油混合润滑发动机，而另外一些具有独立的滑油系统和燃油系统，如四冲程发动机。一些二冲程发动机利用阀门控制气流，另外一些不采取这种方式。

两类发动机都能用汽油作燃油，或在较大压缩比的情况下使用柴油或别的"重油"作燃油。若有必要，两类发动机都可用涡轮增压。这两种发动机都可采用风冷或液冷方式。

两类发动机之间唯一的根本区别是：二冲程发动机曲轴转动一圈为一个做功冲程，而四冲程发动机曲轴转动每隔一圈为一做功冲程。从理论上讲，在同样的转速情况下，二冲程发动机的输出功率为四冲程发动机的 2 倍。

由于吸入气体中混合有流出的废气，二冲程发动机比四冲程发动机的燃油消耗更大，典型数据是：四冲程发动机耗油率在 $0.3\sim0.4$ kg/kW・h 之间，二冲程发动机的耗油率为 $0.4\sim0.6$ kg/kW・h。

二冲程发动机的运行温度高于四冲程发动机，要求配置更多的冷却装置。四冲程发动机一般重于二冲程发动机。二冲程发动机适用于小型、短程的无人机，而四冲程发动机适用于较大型、远程无人机。

这两类发动机输出功率时，转矩并不平稳（不像涡轮发动机），它们的转矩在活塞运动周期内是变化的。使用四冲程发动机可以获得更稳定的驱动性能，从而将发动机对螺旋桨或旋翼的影响程度降到最低。

此外，还需要考虑线性振动问题，它是发动机缸数的函数。虽然一个汽缸的质量摆动在某种程度上可由另一侧的曲柄轴的重量平衡，但这远远不够。一对相对水平配置的汽缸可以实现完全平衡。

（2）分段式二冲程活塞发动机

这是一种较新的发动机，每个汽缸根据缸内直径的不同分成两部分，缸内直径较大的部分位于汽缸底部。每个汽缸由一个分为上、下两部分的活塞和适应这两个缸径的活塞环组成。每个汽缸都有双重任务，即汽缸的底部部分向邻近汽缸的上部分提供压缩空气，压缩空气经进一步压缩燃烧做功。

这种设计使二冲程和四冲程发动机的特性都得到改善，即二冲程发动机的质量/功率比和扭矩平稳度得到改善，四冲程发动机的燃油效率得到提高。虽然样机已经研制成功并经过测试，但这样的发动机还没有可适用于无人机的。该类发动机具有很大的应用前景，但适合无人机使用的还没有生产出来。

（3）转子发动机

转子发动机经历了盛衰交替的发展历程，但现在该型发动机已经很可靠了，已被人们所接受。最初很长一段时期，转子和发动机机体之间的密封存在问题。转子突出部咔嗒作响，导致其磨损较快，缩短了发动机寿命。虽然发动机的侧向振动较小，但扭转振动较大。这些问题现在都已经解决了。

20 世纪 80 年代，Canadair 公司的一种无人机使用了转子发动机，但不久就被涡轴发动机取代了。现在以色列的 Hermes 180 和 Hermes 450 无人机使用转子发动机，功率分别为 28 kW 和 38 kW。这些发动机的寿命较长，耗油率较低（0.35 kg/kW・h）。

　　虽然基本发动机的质量/功率比较小,但因为其旋转速度高,通常需要减速箱以及复杂的冷却设备,所以重量会增加,达到常规四冲程发动机水平。

　　另外,还有燃油、噪声和成本较高的其他类型转子发动机。因此,当设计人员考虑使用该型发动机时,应意识到其可能的优点以及不足,并考虑使用的实际情况。当前,该型发动机似乎只能局限在一个有限的功率范围内,功率低于 28 kW 或高于 60 kW 的发动机还没有适合无人机实际使用的。

2. 燃气涡轮发动机

　　燃气涡轮发动机比活塞发动机的噪声要小得多,在低质量/功率比的情况下,输出功率平稳。这类发动机最简单的形式是在单个输出轴上有一套压气机组和涡轮机组。它们的缺点是输出负载的增加将会降低涡轮和压气机转速,从而降低可用功率,导致驱动无人机加速的可用功率减小,为保持工作速度,就需要增加燃油量。但是,功率提升响应是有延迟的,这对螺旋桨无人机是不利的,对无人直升机带来的不利影响更是灾难性的。

　　当前,涡轴发动机大多采用多级涡轮结构,输出轴是第二级、独立轴,与产生输出功率的压气机/涡轮分离。这样,当输出功率要求增加时,压气机不会减速,通过增加燃油快速增加压气机轴的转速,对功率增加要求做出迅速响应。

　　涡轮喷气发动机最适合高速无人机;涡扇发动机适合中速无人机;涡桨发动机以更低的气流速度驱动推进器,适合低速无人机;涡轴发动机适合无人直升机。因此,"全球鹰"等高空长航时无人机使用涡扇发动机,而"捕食者"B 等中空长航时无人机利用涡桨发动机驱动。

　　中高空长航时无人机分别选择涡扇发动机和涡桨发动机,因为这两种无人机属于大型无人机,比小型无人机、中程无人机需要更大功率的发动机。燃气涡轮发动机具有较大的功率范围,但对于低功率要求,其尺寸效应是不经济的。

　　小型无人机、中程或近程无人机一般都采用活塞发动机,但是,也可从涡轮发动机的低质量/功率比获得收益。"捕食者"和"火力侦察兵"无人机的发动机功率接近 500 kW,但没有低于此值的小型涡桨发动机可供选用。当前在中程和近程无人机中,一些无人机发动机功率约为 120 kW,某些功率在 30~40 kW,有的低至 5~10 kW。在涡轮发动机接近最大功率使用时,燃油效率最高;小功率工作时,其燃油效率急剧减小。因此,小型无人机使用这种发动机不但会引起重量、体积的增加,而且燃油消耗也是不可接受的。

　　由于对现代新材料、燃油监测、制造技术以及无人机系统的迫切需求,使得针对无人机研制小型涡轮发动机是必要、可行的。如美国的"小型无人机发动机"项目(SUAVE),其目的在于开发燃气涡轮发动机,采用陶瓷材料,功率低至 8 kW。

3. 电动发动机

　　电动机将电能转换为机械能,驱动螺旋桨或旋翼。电能可由蓄电池、太阳能光伏电池或燃料电池等提供。它们的突出优点是:噪声是发动机中最低的,热特征也是最小的。

　　当前,只有微型和小型无人机由电池和电动机提供动力,典型的例子有"沙漠鹰"无人机和"空中闪电"无人机。

　　虽然电池的设计和生产已有相当大的进步,但对电池供电有要求的不仅有驱动电动机,还有任务载荷和通信系统。因此,无人机系统的续航时间、飞行速度以及任务载荷和通信系统的能力都受到了电池的限制。为了保证电力供应,短距离使用要携带必需的备份电池,并定期充电。

　　为了获得持续的电力供应,扩展电驱动无人机的航程和能力,并兼顾无人机系统的要求,目前正在研究开发太阳能光伏电池和燃料电池。

7.2.3　起落架权衡

起落架的主要作用是着陆时吸收和分散冲击能量,为无人机在地面时提供稳定的基础。对于水平起降无人机,起落架用于支撑无人机起飞和降落的加速和减速。

对于有人机或无人机,起落架的设计技术是相同的,结构尺寸效应将会对无人机的重量比例有利,但其他影响,如冲击速度大,会抵消这个潜在优点。

造成无人机冲击速度较大的原因有:

① 小型水平起降无人机的机翼载荷低于有人机,因此在着陆时,受大气扰流的影响较大。

② 除非无人机在高精度传感器辅助下自动着陆,相比于机上飞行员,无人机遥控操作员估计无人机高度的能力较差,这是因为机上飞行员可利用更多的位置和加速度信息。

因此,无人机设计人员在设计起落架时应考虑以上因素。通常垂直撞击速度要低于 2 m/s,起落架形变减速过载最大值为 4 g。

如果起落架采用轮式结构,则与有人机相比,其起落架要小。滑行跑道表面的不平整,意味着有与轮子直径相当的窝坑,一旦轮子进入这种窝坑,起落架及其支撑结构将受到非常大的载荷阻力。

起落架的结构多样,从非常简单的形式到相对复杂的形式。最简单的是垂直起降无人机那样的起落架。这些装置可能是固定式管状滑撬,有灵活的垫底吸收撞击的初始能量,利用金属垫之间的摩擦或合成物的迟滞效应,提供有限的阻尼缓冲。

以舰船为基地的垂直起降无人机要求有较长的起落架变形缓冲,以适应较大速度撞击,要具有较大阻尼以抑制着舰时的反弹,这种阻尼可通过不同的方法实现。其中,一种方法是使用较高阻尼的复合材料,并与分离的气压或液压阻尼器结合;另一种方法是在着舰冲击时,起落架张开其“脚”或轮子,通过与甲板的摩擦提供阻尼。

水平起降无人机的轮式起落架采用了上面提到的类似形式的能量吸收器和阻尼手段。轮式起落架支撑无人机,以适应起飞和降落时的加速度。着陆时大轮子比小轮子吸收更多的撞击能量,小轮子仅支持垂直起降无人机在地面或甲板上运动。

无人机在地面操作时,需要考虑地面的坚硬程度。相对于硬地面,在软地面操作时,轮胎的尺寸要求大、胎压要求小。

当无人机在甲板或地面着陆时,起落架要为无人机提供一个稳定的支撑。这一要求对起落架的设计影响很大。首先必须确定不稳定力的大小,还要考虑风对机体或旋翼系统的影响,地面、甲板的不平整以及甲板的移动带来的影响。

对于水平起降和垂直起降无人机来说,由于大风的干扰、甲板的倾斜和移动,海军使用的条件最恶劣。考虑这些影响,无人机有效重心将会偏移,这些都应和起落架一并考虑,以免无人机倾倒。

起落架的稳定锥体是指锥体的顶点在无人机的重心,其底部将包含起落架占用的空间。锥体的顶角越大,稳定性越高。通过降低无人机重心可以增大顶角,即重心尽可能地接近地面,稳定锥体底部面积要大。

如图 7 - 40 所示,四脚起落架的稳定性比三脚起落架要大。鉴于此,海军无人直升机多采用四脚起落架。

如果旋翼之间是铰接的,无人机机体安置在起落架上,则在设计旋翼无人机的起落架时,必须考虑不同旋翼之间气动力的相互作用。这种现象称为地面共振。要抑制这种现象,需要在起落架和平面运动的旋翼中增加一些阻尼。

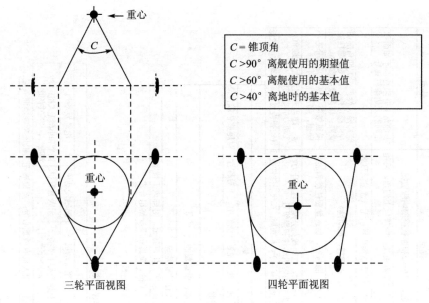

C = 锥顶角
$C > 90°$　离舰使用的期望值
$C > 60°$　离舰使用的基本值
$C > 40°$　离地时的基本值

三轮平面视图　　　　　　　　四轮平面视图

图 7 - 40　起落架稳定性

本章小结

　　本章介绍了水平起降、垂直起降和混合式无人机气动布局,对比了各类布局的优缺点;分析了无人机结构与材料、动力系统、起落装置系统在不同种类无人机中的应用和权衡。本章重点是能够运用前面所学飞行原理知识分析不同气动布局的优缺点,结合前面的结构与动力知识分析不同种类和用途的无人机在部件选择上的权衡。图 7 - 41 所示为本章思维导图。

思考题

1. 比较水平起降无人机气动布局的优缺点。
2. 分析垂直起降无人机气动布局的特点。
3. 对比不同类型无人机结构材料、发动机和起落架的选型原则。
4. 设想更多的无人机气动布局。

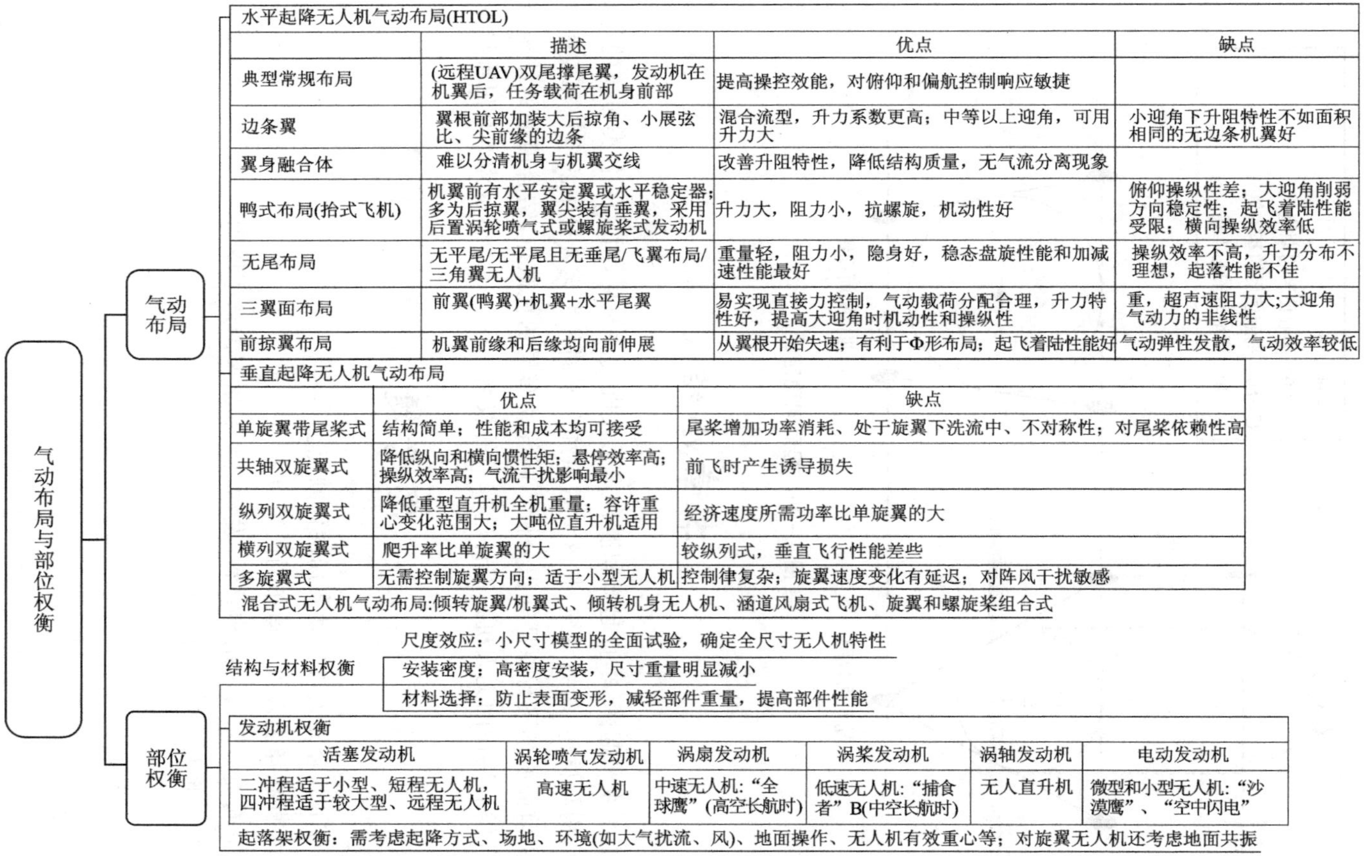
气动布局与部位权衡
气动布局
水平起降无人机气动布局(HTOL)
描述
优点
缺点
典型常规布局
(远程UAV)双尾撑尾翼，发动机在机翼后，任务载荷在机身前部
提高操控效能，对俯仰和偏航控制响应敏捷
边条翼
翼根前部加装大后掠角、小展弦比、尖前缘的边条
混合流型，升力系数更高；中等以上迎角，可用升力大
小迎角下升阻特性不如面积相同的无边条机翼好
翼身融合体
难以分清机身与机翼交线
改善升阻特性，降低结构质量，无气流分离现象
鸭式布局(抬式飞机)
机翼前有水平安定翼或水平稳定器；多为后掠翼，翼尖装有垂翼，采用后置涡轮喷气式或螺旋桨式发动机
升力大，阻力小，抗螺旋，机动性好
俯仰操纵性差；大迎角削弱方向稳定性；起飞着陆性能受限；横向操纵效率低
无尾布局
无平尾/无平尾且无垂尾/飞翼布局/三角翼无人机
重量轻，阻力小，隐身好，稳态盘旋性能和加减速性能最好
操纵效率不高，升力分布不理想，起落性能不佳
三翼面布局
前翼(鸭翼)+机翼+水平尾翼
易实现直接力控制，气动载荷分配合理，升力特性好，提高大迎角时机动性和操纵性
重，超声速阻力大;大迎角气动力的非线性
前掠翼布局
机翼前缘和后缘均向前伸展
从翼根开始失速；有利于Φ形布局；起飞着陆性能好
气动弹性发散，气动效率较低
垂直起降无人机气动布局
优点
缺点
单旋翼带尾桨式
结构简单；性能和成本均可接受
尾桨增加功率消耗、处于旋翼下洗流中、不对称性；对尾桨依赖性高
共轴双旋翼式
降低纵向和横向惯性矩；悬停效率高；操纵效率高；气流干扰影响最小
前飞时产生诱导损失
纵列双旋翼式
降低重型直升机全机重量；容许重心变化范围大；大吨位直升机适用
经济速度所需功率比单旋翼的大
横列双旋翼式
爬升率比单旋翼的大
较纵列式，垂直飞行性能差些
多旋翼式
无需控制旋翼方向；适于小型无人机
控制律复杂；旋翼速度变化有延迟；对阵风干扰敏感
混合式无人机气动布局:倾转旋翼/机翼式、倾转机身无人机、涵道风扇式飞机、旋翼和螺旋桨组合式
部位权衡
结构与材料权衡
尺度效应：小尺寸模型的全面试验，确定全尺寸无人机特性
安装密度：高密度安装，尺寸重量明显减小
材料选择：防止表面变形，减轻部件重量，提高部件性能
发动机权衡
活塞发动机
涡轮喷气发动机
涡扇发动机
涡桨发动机
涡轴发动机
电动发动机
二冲程适于小型、短程无人机，四冲程适于较大型、远程无人机
高速无人机
中速无人机:“全球鹰”(高空长航时)
低速无人机:“捕食者”B(中空长航时)
无人直升机
微型和小型无人机:“沙漠鹰”、“空中闪电”
起落架权衡：需考虑起降方式、场地、环境(如大气扰流、风)、地面操作、无人机有效重心等；对旋翼无人机还考虑地面共振

图7－41　本章思维导图

附录 A 失效树分析法

所谓失效树分析法,就是首先写出分析的系统故障事件作为第一阶(第一行),再将导致该事件发生的直接原因(包括硬件故障、环境因素、人为差错等)并列地作为第二阶,然后用适当的事件符号表示,并用适当的逻辑门把它们与系统故障事件连接起来;其次,将导致第二阶各故障事件发生的原因分别并列在第二阶故障事件的下面,作为第三阶,也用适当的事件符号表示,并用适当的逻辑门与第二阶相应的事件连接起来。如此逐阶展开,直到把最基本的原因都分析出来为止。这样的一张逻辑图叫作失效树(Fault Tree,FT),也称故障树。

失效树分析法(Fault Tree Analysis,FTA),就是在系统设计过程中,通过对引起系统故障的各种因素(包括硬件、软件、环境、人为因素等)进行逻辑因果分析,确定导致故障发生的各种可能的原因,并通过定性分析和定量计算,找出系统设计的薄弱环节,采取纠正措施,以提高系统可靠性和安全性的一种设计分析方法和评估方法。

在失效树分析法中,把要分析的系统故障事件称为顶事件,把不能再分解的基本事件称为底事件,把其他事件称为中间事件。

A.1 失效树建立的基本过程

1. 失效树中的常用符号

失效树中的常用符号如表 A-1 所列。

表 A-1 失效树常用符号

符 号		含 义
初始事件	(椭圆形)	条件事件:施加于任何逻辑门的特定条件或限制(主要与优先与门及禁门一起使用)
	(圆形)	基本事件:不要求进一步展开的事件,它是元部件在设计的工作条件下所发生的随机故障事件,且只能作为逻辑门的输入,不能作为输出
	(菱形)	未展开事件:可能发生,但概率较小,或对系统而言不需要进一步分析的故障事件,这些故障事件在定性、定量分析中一般都可忽略不计
	(五边形)	外部事件:由所分析系统边界外的因素造成的可能发生的事件
中间事件	(矩形)	中间事件:因通过逻辑门作用的一个或多个先行原因而发生的故障事件,该故障事件下面与逻辑门连接,它包括除底事件之外的所有中间事件及顶事件
门	(与门符号) A, B_1 B_2 … B_n	逻辑"与"门:全部输入故障发生才发生输出。设 $B_i(i=1,2,\cdots,n)$ 为门的输入事件,A 为门的输出事件。所有 B_i 发生时 A 才发生,这种关系称为事件"交",这种逻辑门称为"与"门,相应的逻辑表达式为 $A=B_1 \cap B_2 \cap \cdots \cap B_n$

符　号		含　义
门	（逻辑"或"门图示） A $+$ B_1　B_2 … B_n	逻辑"或"门：一个或多个输入故障发生即发生输出，即当输入事件 $B_i(i=1,2,\cdots,n)$ 中至少有一个发生时则输出事件 A 发生，这种关系称为"并"，这种逻辑门称为"或"门，相应的逻辑表达式为 $A＝B_1\cup B_2\cup\cdots B_n$
	（优先"与"门图示）	优先"与"门：全部输入故障按一特定顺序发生时，输出事件发生（顺序由门右边的条件事件确定）
	（禁门图示）（条件）	禁门：当给定条件满足时，输入事件直接引起输出事件的发生，否则输出事件不发生（给定条件由门右边的条件事件所规定）
	（表决门图示）r/n	表决门：表示仅当 n 个事件中有 r 个或 r 个以上的事件发生时，输出事件才发生
	（转入图示）转入	转入：表示故障树进一步展开的情况示于相应的转出处
	（转出图示）转出	转出：表示这部分故障树必须连接到相应的转入处

2. 建立失效树的基本原则与步骤

（1）建立失效树的基本原则

① 正确地选择并定义顶事件。

② 对系统中各事件的逻辑关系必须分析清楚，不能有逻辑上的矛盾，条件要统一。

③ 在对某个门的全部输入事件中的任一输入事件进一步分析之前，应先对该门的全部输入事件做出完整的定义。

④ 合理地确定系统的边界条件，明确故障树分析到哪个层次。

⑤ 建树应从上到下按逻辑关系逐步进行，门的输入应当是经过恰当定义的故障，门与门之间不能直接相连。

⑥ 对失效树不同部分出现的"共因事件"必须使用同一故障标号，若此共因故障不是底事件，则必须使用相同符号简化表示。

（2）建立失效树的步骤

1）收集、分析有关技术资料

建树者在进行失效树分析之前，必须对所分析的系统进行深入了解，并广泛收集系统设计意图、使用说明书、原理图、流程图、结构图、技术规范、维修规程及有关数据和资料信息。

在失效树建成后，要尽可能征求有关人员包括使用和维修人员的意见，找出失效树中的错误、矛盾和遗漏之处。

2）选择顶事件

顶事件是指系统不希望发生的，显著影响系统技术性能、经济性、可靠性和安全性的故障事件，仔细地选择顶事件对于成功地进行分析是十分重要的，要求建树者必须慎重、仔细并广

泛地掌握设计和使用知识。在进行故障树分析时,根据下述原则来选择顶事件:

① 顶事件的发生对系统有着决定性的影响;

② 顶事件必须有明确的定义;

③ 顶事件能分解成若干个独立事件;

④ 若要定量计算顶事件发生的概率,则该顶事件必须有度量的条件,便于定量分析。

若对同一系统选择不同的顶事件,则失效树也不同。

3)建立失效树

将已选择的顶事件写在顶部的矩形符号内,用相应的符号在下面画出导致顶事件发生的直接原因,并用适合于它们之间逻辑关系的逻辑门与顶事件相连接,再把导致第二行那些故障发生的原因作为第三行,用适当的逻辑门与第二行的故障事件相连接,以此类推。用演绎法一直追溯到引起系统发生故障的基本原因,或其故障机理和概率分布都是已知的,因而不需继续分析其原因为止。这样便建成了一个以顶事件为"根"、中间事件为"节"、底事件为"叶"的,具有级倒置的失效树。

3.失效树的简化

为了便于进行定性、定量分析,必须对所建造的失效树进行简化,有时对失效树边建造边简化,有时在建造后再简化。简化分逻辑简化、工程简化和规范化三种。

(1)逻辑简化

逻辑简化就是去掉多余事件来简化故障树。常用的方法有修剪法、模块法和割顶点法。

1)修剪法

修剪法就是去掉逻辑多余。对于简单的小失效树,可以目测直接将多余去掉;对于复杂的大失效树,要利用计算机,运用布尔代数运算法则进行吸收运算,从而去掉逻辑多余。运算法则如表 A-2 所列。

表 A-2 布尔代数运算法则

名　称	数学符号	工程符号
交换律	$X \cap Y = Y \cap X$	$X \cdot Y = Y \cdot X$
	$X \cup Y = Y \cup X$	$X + Y = Y + X$
结合律	$X \cap (Y \cap Z) = (X \cap Y) \cap Z$	$X \cdot (Y \cdot Z) = (X \cdot Y) \cdot Z$
	$X \cup (Y \cup Z) = (X \cup Y) \cup Z$	$X + (Y + Z) = (X + Y) + Z$
分配律	$X \cap (Y \cup Z) = (X \cap Y) \cup (X \cap Z)$	$X \cdot (Y + Z) = X \cdot Y + X \cdot Z$
	$X \cup (Y \cap Z) = (X \cup Y) \cap (X \cup Z)$	$X + (Y \cdot Z) = (X + Y) \cdot (X + Z)$
幂等律	$X \cap X = X$	$X \cdot X = X$
	$X \cup X = X$	$X + X = X$
吸收律	$X \cap (X \cup Y) = X$	$X \cdot (X + Y) = X$
	$X \cup (X \cap Y) = X$	$X + (X \cdot Y) = X$
互补法	$X \cap \overline{X} = \Phi$	$X \cdot \overline{X} = \Phi$
	$X \cup \overline{X} = \Omega = 1^*$	$X + \overline{X} = \Omega = 1$
	$(\overline{X}) = X$	$\overline{\overline{X}} = X$

续表 A-2

名　称	数学符号	工程符号
摩根定理	$\overline{(X \cap Y)} = \overline{X} \cup \overline{Y}$	$\overline{(XY)} = \overline{X} + \overline{Y}$
	$\overline{(X \cup Y)} = \overline{X} \cap \overline{Y}$	$\overline{X+Y} = \overline{X}\,\overline{Y}$
用 Φ 和 Ω 运算	$\Phi \cap X = \Phi$	$\Phi \cdot X = \Phi$
	$\Phi \cup X = X$	$\Phi + X = X$
	$\Omega \cap X = X$	$\Omega \cdot X = X$
	$\overline{\Phi} = \Omega$	$\overline{\Phi} = \Omega$
	$\overline{\Omega} = \Phi$	$\overline{\Omega} = \Phi$
其他	$\overline{X} \cup (\overline{X} \cap Y) = X \cup Y$	$X + \overline{X} \cdot Y = X + Y$
	$\overline{X} \cup (X \cup \overline{Y}) = \overline{X} \cap \overline{Y} = \overline{(X+Y)}$	$\overline{X} \cdot (X + \overline{Y}) = \overline{X} \cdot \overline{Y} = \overline{(X+Y)}$

注：符号 1 常用来代替 Ω 来表示泛集。工程中常用 1 来代替 Ω，用 0 代替 Φ，表中均为布尔代数变量。

2）模块法

将没有重复事件的故障树的底事件化为若干个底事件的集合，每个集合都不包含其他集合中的底事件，每个底事件的集合就是一个模块，而每个模块又被看作一个底事件。在对复杂故障树进行定量分析时，将故障树模块化非常重要，这样可以按指数率降低计算量。

3）割顶点法

对于有重复事件的故障树，不能简单地采取模块法进行简化，而要采用割顶点法，即将顶点 V 和 W 分割成 V'，V'' 和 W'，W''，则 V'' 和 W'' 即为不含重复底事件的模块，如图 A-1 所示。

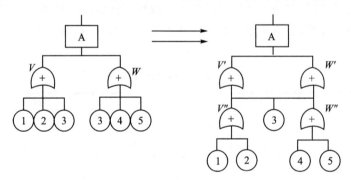

图 A-1　事件模块化

（2）工程简化

在进行故障树分析时，为减少计算的复杂性，可采用下述保守的、工程可接受的简化：

① 在满足工程分析精度的前提下，删除故障率很低的底事件或中间事件。

② 未探明事件可根据重要性（如发生概率的大小、后果严重程度等）和数据的完备性，或者当作基本事件对待或者删除。重要且数据完备的未探明事件当作基本事件对待；不重要且数据不完备的未探明事件则删除；其他情况由分析者酌情决定。

（3）规范化

规范化故障树是仅含有基本事件、结果事件以及"与""或""非"三种逻辑门的故障树。要将建好的故障树变为规范化的故障树，必须确定对特殊事件的处理规则以及对特殊逻辑门进行逻辑等效的变换规则。

① 顺序与门变换为与门。输出不变，顺序与门变为与门，其余输入不变，顺序条件事件作

为一个新的输入事件,如图 A-2 所示。

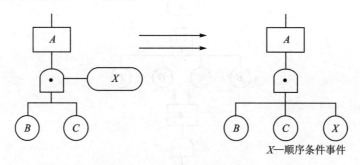

X—顺序条件事件

图 A-2　顺序与门变换为与门

② 表决门变换为或门和与门的组合。一个 r/n 表决门有两种或门和与门的等效变换。

原输出事件下接一个或门,或门之下有 $\binom{n}{r}$ 个输入事件,每个输入事件之下再接一个与门,每个与门之下有 r 个原输入事件,如图 A-3 所示。

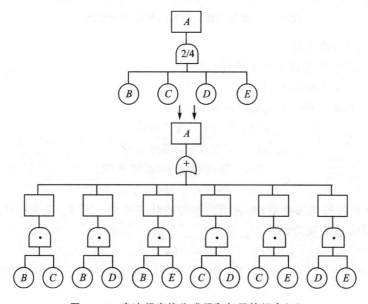

图 A-3　表决门变换为或门和与门的组合(1)

原输出事件下接一个与门,与门之下有 $\binom{n}{n-r+1}$ 个输入事件,每个输入事件下再接一个或门,每个或门下有 $n-r+1$ 个原输入事件,如图 A-4 所示。

③ 禁门变换为与门。原输入事件不变,禁门变换为与门,与门之下有两个输入,其中,一个为原输入事件,另一个为禁止条件事件。

A.2　失效树的定性分析

失效树定性分析的任务就是求出失效树的数学表达式(失效树的结构函数)及寻找失效树的最小割集和最小路集。

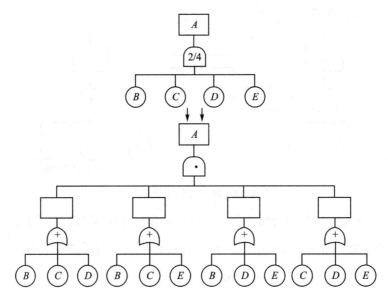

图 A-4　表决门变换为或门和与门的组合(2)

1. 失效树的数学表达式

如果系统、元部件满足以下两个条件：

① 元部件和系统的故障互相独立；

② 元部件和系统只有正常或故障两种状态，即

$$X_i = \begin{cases} 1, & 底事件\ i\ 发生(元部件故障) \\ 0, & 底事件\ i\ 不发生(元部件正常) \end{cases}, \quad i = 1, 2, \cdots, n$$

$$\Phi = \begin{cases} 1, & 顶事件发生(系统故障) \\ 0, & 顶事件不发生(系统正常) \end{cases}$$

式中：X_i 表示底事件的状态变量；Φ 表示顶事件的状态变量。于是，顶事件状态 Φ 完全由失效树中的底事件状态 $\boldsymbol{X}$ 决定，即

$$\Phi = \Phi(\boldsymbol{X})$$

式中：$\boldsymbol{X} = (X_1, X_2, \cdots, X_n)$，则称 $\Phi(\boldsymbol{X})$ 为失效树的结构函数。以下为三种重要结构形式的结构函数：

① 与门的结构函数：

$$\Phi(\boldsymbol{X}) = \bigcap_{i=1}^{n} X_i$$

式中：$i = 1, 2, \cdots, n$，n 为底事件数。当 X_i 仅取 0 或 1 时，有 $\Phi(\boldsymbol{X}) = \prod_{i=1}^{n} X_i$。

② 或门的结构函数：

$$\Phi(\boldsymbol{X}) = \bigcup_{i=1}^{n} X_i$$

式中：$i = 1, 2, \cdots, n$，n 为底事件数。当 X_i 仅取 0 或 1 时，则有 $\Phi(\boldsymbol{X}) = 1 - \prod_{i=1}^{n}(1 - X_i)$。

③ n 中取 k 系统的结构函数：

$$\Phi(\boldsymbol{X}) = \begin{cases} 1, & \sum X_i \geqslant k \\ 0, & 其他 \end{cases}$$

式中:k 是系统发生故障的最小底事件数。

2. 最小割集及其求法

(1) 最小割集的概念

假定底事件的集合为 $C=(e_1,e_2,\cdots,e_n)$,将向量 $\boldsymbol{X}$ 对应的底事件集合分为两个子集,即

$$C_0(\boldsymbol{X})=\{e_i\,|\,x_i=0\}, \quad i=1,2,\cdots,n$$
$$C_1(\boldsymbol{X})=\{e_i\,|\,x_i=1\}, \quad i=1,2,\cdots,n$$

其中,$C_0(\boldsymbol{X})$ 是由 $\boldsymbol{X}$ 的分量中状态为 0 的底事件组成的集合;$C_1(\boldsymbol{X})$ 是由 $\boldsymbol{X}$ 的分量中状态为 1 的底事件组成的集合。

若状态向量 $\boldsymbol{X}$ 能使 $\varPhi(\boldsymbol{X})=1$,则称 $\boldsymbol{X}$ 为割向量。割向量 $\boldsymbol{X}$ 对应的底事件集合 $C_1(\boldsymbol{X})$ 称为割集。又设 $\boldsymbol{X}$ 是割向量,同时满足 $\boldsymbol{Z}<\boldsymbol{X}$ 的任意向量 $\boldsymbol{Z}$ 能使 $\varPhi(\boldsymbol{Z})=0$ 成立,则称 $\boldsymbol{X}$ 为最小割向量。最小割向量所对应的底事件集合 $C_1(\boldsymbol{X})$ 称为最小割集,即最小割集是指属于它的底事件都发生就能使顶事件发生的必要的底事件的集合。

(2) 最小割集的求法

下面介绍适用于单调关联系统的两种求最小割集的方法。

1) 富塞尔·凡斯列(Fussel‐Vesely)算法——下行法

这种算法是沿失效树从上往下进行,即从顶事件开始,顺次将上排事件置换为下排事件。依据"与"门直接增加割集的容量,"或"门直接增加割集的数目这一性质,遇到"与"门将门的输入横向并列写出,遇到"或"门将门的输入竖向串列写出,直到全部门都置换为底事件为止。但这样得到的底事件集合只是割集,还必须用集合运算法则加以简化、吸收,方能够得到全部最小割集。

例　如图 A‐5 所示的失效树,求割集和最小割集。

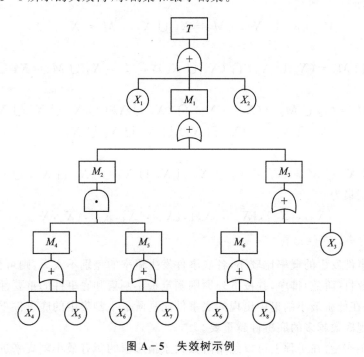

图 A‐5　失效树示例

求解过程见表 A - 3。

表 A - 3　上例求解过程

步　骤	1	2	3	4	5	6
	X_1	X_1	X_1	X_1	X_1	X_1
	M_1	M_2	M_4,M_5	X_4,M_5	X_4,X_5	X_4,X_6
	X_2	M_3	M_3	X_5,M_5	X_4,X_7	X_4,X_7
		X_2	X_3	M_6	X_5,X_6	X_5,X_6
			X_2	X_3	X_5,X_7	X_5,X_7
				X_2	M_6	X_6
					X_3	X_8
					X_2	X_3
						X_2

从步骤 1 到步骤 2 时,因 M_1 下面是"或"门,所以在步骤 2 中,将 M_1 的位置置换成 M_2、M_3,且竖向串列。从步骤 2 到步骤 3 时,因 M_2 下面是"与"门,所以 M_4、M_5 横向并列,依次下去,直到第 6 步,共得如下 9 个割集:

$$\{X_1\},\{X_4,X_6\},\{X_4,X_7\},\{X_5,X_6\},\{X_5,X_7\},\{X_3\},\{X_6\},\{X_8\},\{X_2\}$$

再用集合运算规则进行吸收简化,即可得到最小割集为

$$\{X_1\},\{X_4,X_7\},\{X_5,X_7\},\{X_3\},\{X_6\},\{X_8\},\{X_2\}$$

2) 西门德勒斯法(Semanderes)——上行法

此法是利用集合运算法则进行简化、吸收。下行法中所列举的失效树可做如下简化:失效树的最下一级为

$$M_4 = X_4 \bigcup X_5, \quad M_5 = X_6 \bigcup X_7, \quad M_6 = X_6 \bigcup X_8$$

往上一级为

$$M_2 = M_4 \bigcap M_5 = (X_4 \bigcup X_5) \bigcap (X_6 \bigcup X_7), \quad M_3 = X_3 \bigcup M_6 = X_3 \bigcup X_6 \bigcup X_8$$

再往上一级为

$$M_1 = M_2 \bigcup M_3 = (X_4 \bigcup X_5) \bigcap (X_6 \bigcup X_7) \bigcup X_3 \bigcup X_6 \bigcup X_8$$
$$= (X_4 \bigcap X_7) \bigcup (X_5 \bigcap X_7) \bigcup X_3 \bigcup X_6 \bigcup X_8$$

最上一级为

$$T = X_1 \bigcup X_2 \bigcup M_1 = X_1 \bigcup X_2 \bigcup X_3 \bigcup X_6 \bigcup X_8 \bigcup (X_4 \bigcap X_7) \bigcup (X_5 \bigcap X_7)$$

得到 7 个最小割集为

$$\{X_1\},\{X_2\},\{X_3\},\{X_6\},\{X_8\},\{X_4,X_7\},\{X_5,X_7\}$$

(3) 最小割集的定性比较

假设各底事件发生的概率比较小,各底事件发生概率的差别不太大,则可根据每个最小割集所含底事件数目(阶数)排序,并按下列原则确定最小割集和底事件的重要性:阶数越小的最小割集越重要;在低阶最小割集中出现的底事件比高阶最小割集中的底事件重要;在不同最小割集中重复出现次数越多的底事件越重要。

为了减少工作量,在工程上可以忽略阶数大于指定值的所有最小割集来进行近似计算。

3. 最小路集及其求法

（1）最小路集的概念

若状态向量 X 能使 $\Phi(X)=0$，则称 X 为路向量。路向量 X 对应的底事件集合 $C_0(X)$ 称为路集。又设 X 是路向量，同时满足 $Z>X$ 的任意向量 Z 都能使 $\Phi(Z)=1$ 成立，则称 X 为最小路向量。最小路向量所对应的底事件集合 $C_0(X)$ 称为最小路集，即最小路集是指属于它的底事件都不发生就能保证顶事件不发生的必要的底事件的集合。

（2）最小路集的求法

当失效树的最小割集很多时，分析不方便，可以用最小路集来分析。直接依失效树求最小路集很困难，一般是借助于失效树的对偶树来求。

1）失效树的对偶树

失效树的对偶树 T^D（Dual Fault Tree）简称对偶树，它表示失效树中的全部事件都不发生时，这些事件间的逻辑关系。因此，实际上它是系统的成功树。

通常是根据已知失效树的变化来画它的对偶树的，即将失效树中每一事件都变成其对立事件，将全部或门变成与门，将全部与门变成或门。图 A-5 所示失效树的对偶树如图 A-6 所示。

对偶树具有这样的性质：对偶树的全部最小割集是失效树的全部最小路集，而且是一一对应的，其逆也成立。

设对偶树的结构函数为 $\Phi^D(X)$，失效树的结构函数为 $\Phi(X)$，则

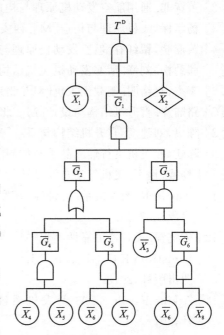

图 A-6　失效树的对偶树

$$\Phi^D(X)=1-\Phi(1-X)$$

式中：$1-X=(1-X_1,1-X_2,\cdots,1-X_n)$。

2）求失效树的最小路集

由于对偶树的最小割集就是失效树的最小路集，因此可以借助于求对偶树的最小割集来求失效树的最小路集。以图 A-5 所示的失效树为例来说明，画出其对偶树，如图 A-6 所示。

3）求对偶树的最小割集

求对偶树最小割集的方法同求失效树最小割集的方法一样，于是得到 $\{\overline{X_1},\overline{X_2},\overline{X_3},\overline{X_6},\overline{X_7},\overline{X_8}\}$ 和 $\{\overline{X_1},\overline{X_2},\overline{X_3},\overline{X_4},\overline{X_5},\overline{X_6},\overline{X_8}\}$。

写出失效树的最小路集：$\{X_1,X_2,X_3,X_6,X_7,X_8\}$ 和 $\{X_1,X_2,X_3,X_4,X_5,X_6,X_8\}$。

4. 定性分析结果的应用

失效树定性分析的主要结果是求得全部最小割集或者最小路集，在这里用严格逻辑演绎所求得的最小割集具有完整性和准确性，这些最小割集可以用于识别导致顶事件发生的所有可能的系统故障模式，有助于判明潜在的故障，避免遗漏重要的失效模式，也有助于指导故障诊断、故障定位以及维修方案的制定，定性分析结果也是定量分析的基础。

参考文献

[1] 宋静波.飞机构造基础[M].2版.北京:航空工业出版社,2011.

[2] 董彦非.通用航空发动机原理与构造[M].北京:北京航空航天大学出版社,2018.

[3] 杨华保.飞机原理与构造[M].西安:西北工业大学出版社,2011.

[4] 黄燕晓,瞿红春.航空发动机原理与构造[M].北京:航空工业出版社,2015.

[5] 郝劲松,刘峰.活塞发动机飞机结构与系统[M].2版.北京:清华大学出版社,2015.

[6] 李杰,赵绪明.舰载无人机[M].北京:解放军出版社,2011.

[7] 路陆祥.直升机结构与设计[M].北京:航空工业出版社,2009.

[8] 陈康,刘建新.直升机结构与系统[M].北京:清华大学出版社,2016.

[9] 陈廷楠.飞机飞行性能品质与控制[M].北京:国防工业出版社,2007.

[10] 杨威,杜军.飞机气动布局设计与飞行性能品质[M].北京:国防工业出版社,2017.

[11] Austin R.无人机系统:设计、开发与应用[M].陈自力,董海瑞,江涛,译.北京:国防工业出版社,2013.

[12] 宋笔锋.飞行器可靠性工程[M].西安:西北工业大学出版社,2006.

[13] Fahlstrom P G,Gleason T J.无人机系统导论[M].4版.郭正,王鹏,等译.北京:国防工业出版社,2015.

[14] Atkins E,Oliaro A.无人机系统[M].刘莉,李道春,译.北京:北京理工大学出版社,2019.

[15] 王远达.飞机结构与系统[M].北京:航空工业出版社,2019.